中国－塔吉克斯坦食品安全检测标准互通性研究

洪　霞　周李华　主编

U0331947

中国标准出版社

北　京

图书在版编目（CIP）数据

中国 – 塔吉克斯坦食品安全检测标准互通性研究 /
洪霞，周李华主编 . —北京：中国标准出版社，2023.12
ISBN 978-7-5066-9762-0

Ⅰ . ①中…　Ⅱ . ①洪…　Ⅲ . ①食品安全—安全
标准—研究—中国、塔吉克斯坦　Ⅳ . ① TS201.6

中国版本图书馆 CIP 数据核字（2020）第 225504 号

中国标准出版社出版发行

北京市朝阳区和平里西街甲 2 号（100029）

北京市西城区三里河北街 16 号（100045）

网址：www.spc.net.cn

总编室：（010）68533533　发行中心：（010）51780238

读者服务部：（010）68523946

中国标准出版社秦皇岛印刷厂印刷

各地新华书店经销

*

开本 787×1092　1/16　印张 17.75　字数 239 千字

2023 年 12 月第一版　　2023 年 12 月第一次印刷

*

定价：90.00 元

编写人员名单

（按姓氏笔画排序）

主　　编	周李华	洪　霞		

主　　编　周李华　　洪　霞

副 主 编　李羽翡　　杨金部　　吴霞明　　何海宁
　　　　　　范宁云　　周艳红　　周鑫魁　　钱滢文

编　　审　广忠勇　　王懂帅　　牛宏亮　　冯玉升
　　　　　　芮文君　　杜建泉　　李　琪　　梁　宁
　　　　　　彭　涛

编写成员　马　艳　　马文娟　　王杰斌　　王海燕
　　　　　　尤毅娜　　卢　武　　田　秀　　伏笑丽
　　　　　　刘　好　　刘　琦　　刘佳娴　　关晓艳
　　　　　　安小苹　　许敬东　　孙金龙　　李娇龙
　　　　　　李蕊岑　　杨光瑞　　吴永宝　　辛明星
　　　　　　汪永松　　宋红丽　　张　睿　　张君艳
　　　　　　张雅芳　　武建强　　金　莹　　金丽琼
　　　　　　赵　亮　　赵亚风　　柴宗龙　　徐世琴
　　　　　　高志莹　　纳西诺娃·福雷莎（Nasyrova Firuza）
　　　　　　卡里莫夫·马努切克尔（Karimov Manuchekhr）

《中华人民共和国食品安全法》第二十五条规定：食品安全标准是强制执行的标准。截至目前，我国已发布 1 400 余项食品安全国家标准，覆盖 6 000 余项食品安全指标，食品安全检测方法标准是食品安全标准中的一类。甘肃省作为传统农业省份以及丝绸之路经济带的重要通道和枢纽，其农产品品质优良，已发展形成了林果、蔬菜、中药材、草食畜、马铃薯、玉米制种等六大类农业特色产业。甘肃省融入"一带一路"高质量建设，与"一带一路"沿线国家贸易持续增长，"十三五"时期，农产品出口总值 98.7 亿元，出口国家和地区增至 125 个。甘肃省为提升本省出口食品、农产品质量安全管理水平，增强企业及产品在国际市场的竞争力和影响力，急需开展"一带一路"沿线国家食品安全检测标准互通性研究，并建立"一带一路"食品、农产品质量安全检测的国际互认机制。

自 2017 年以来，在科技部和甘肃省政府的共同支持下，甘肃省商业科技研究所有限公司先后承担了科技部"中国－塔吉克斯坦食品安全检测科技创新合作"（发展中国家科技援助）项目、甘肃省"丝绸之路经济带食品质量安全检验检测技术创新合作研究与平台建设"重大专项及"食品安全检验检测国际科技特派员"项目。该公司在完成以上项目的基础上，又开展了对中国－塔吉克斯坦食品安全标准（包括法律和法规）的研究，为"一带一路"沿线国家间食品质量安全检验检测技术合作提供了有力的技术支撑。

食品检验检测属于"信任型"产品和服务，公信力是其生命线。甘肃省商业科技研究所有限公司在做好两国贸易食品质量安全检验检测分析的同时，又开展了检验检测走出去服务配套建设工作，通过对两国食品安全国家标准的符合性研究，增进了我国与塔吉克斯坦食品检测机构之间的了解和认识，实现了技术服务的良性循环，为开展中国－塔吉克斯坦间贸易食品质量安全检验检测的交流合作奠定了基础。

　　本书主要完成单位有甘肃省商业科技研究所有限公司，甘肃中商食品质量检验检测有限公司，甘肃省食品检验研究院，甘肃省轻工研究院有限责任公司，甘肃中轻轻工产品质量检验检测有限责任公司，甘肃省分析测试中心，全国生化检测标准化技术委员会，塔吉克斯坦国家科学院，塔吉克斯坦国家科学院植物学植物生理与遗传研究所，塔吉克斯坦农业科学院兽医研究所，塔吉克斯坦共和国政府标准化、计量、认证和贸易检验局。甘肃省科学技术厅对本书的出版也给予了关心和支持。本书由主编周李华、洪霞，副主编李羽翡、杨金部、吴霞明、何海宁、范宁云、周艳红、周鑫魁、钱滢文及编写成员共同编写完成。编写分工为：前言由洪霞、周李华编写，第1章、第2章、第3章由周艳红、马文娟、王杰斌编写，第4章、第5章、第6章、第7章、第8章、第9章、第10章由周鑫魁、尤毅娜、伏笑丽、刘琦、刘佳娴、关晓艳编写，第11章、第12章、第13章、第14章由吴霞明、许敬东、张君艳、安小苹、李娇龙编写，第15章、第16章、第17章、第18章由李羽翡、李蕊岑、杨光瑞、吴永宝、赵亚风、柴宗龙编写，第19章、第20章由杨金部、马艳、卢武、田秀、辛明星、赵亮、孙金龙编写，第21章、第22章、第23章、第24章、第25章由汪永松、宋红丽、张雅芳、武建强、金莹、徐世琴编写，第26章、第27章、第28章、第29章由范宁云、张睿、王海燕编写，第30章、第31章、第32章、第33章由刘好、金丽琼、高志莹编写。全书由编审广忠勇、王懂帅、牛宏亮、冯玉升、芮文君、杜建泉、李琪、梁宁、彭涛统一审定、校阅。本书由集体编写而成，倾注了每位编者的心血，但由于编写人员学识和写作水平有限，书中难免会存在缺陷和疏漏，衷心希望读者和同行专家批评指正。

编者

2023 年 6 月

目　录

第1章　食品安全相关法律法规

20世纪90年代，由于食品行业整合、消费者需求的增加、技术的创新以及经济全球化的发展，食品行业的发展方向发生了较大的变化。消费者开始注重食品的两个主要方面，即便利和健康。这些变化成为食品行业技术创新的推动力。1996年，世界卫生组织在《加强国家级食品安全性计划指南》中提出，食品安全性是"对食品按其原定用途进行制作或消费者食用时不会对其健康产生损害的一种担保"。2009年，为了保障13多亿中国人"舌尖上的安全"，我国开始实施食品安全战略，颁布了《中华人民共和国食品安全法》（以下简称《食品安全法》）。该法是中国食品安全的基本法律，以法治方式维护食品安全，解决食品安全领域存在的突出问题，维护广大人民群众身体健康和生命安全，让人民吃得放心。2000年之后，食品行业的创新步伐在加快，整个行业在不断提升植物、动物和动植物中不同食物成分的营养价值，并对改善农业和粮食生产效率的探索进一步深化。塔吉克斯坦政府于2016年4月30日批准第190号决议，决议批准根据塔吉克斯坦宪法和法律编制《食品安全技术规章》，对食品安全建立起基于风险管理的"从农田到生产、流通"全过程的食品安全监管体系，提出了食品安全必须达到的要求，以此保障人民的生命安全和身体健康，同时保护生态环境。

本章通过比较中塔两国法律法规体系、法律法规阶位、法律法规适用范围、食品安全标准体系、食品安全过程控制等5个方面的差异来进行互通性研究。

1.1　法律法规体系差异

《食品安全法》旨在从法律层面规定"四个最严"（最严谨的标准、最严格的监管、最严厉的处罚、最严肃的问责），强调食品安全工作实行预防为主、风险管理、全程控制、社会共治、科学严格的监督管理制度。该法还明确了地方政府实行食品安全监管责任制，各监管部门按照各自职责分工，依法行使职权，承担责任。

《食品安全法》共10章154条，包括总则、食品安全风险监测和评估、食品安全标准、食品生产经营、食品检验、食品进出口、食品安全事故处置、监督管理、法律责任和附则。中国通过对食品安全立法，集中解决食品安全问题。

塔吉克斯坦制定的《食品安全技术规章》主要针对食品企业必须履行的义务和责任，包括食品的生产（制造）、保存、运输（输送）、销售和销毁过程，涵盖了食品产业链中食品安全的一般要求、专业类食品、生产制造等环节，确保消费者在食品安全方面的利益得到高度的保障。

《食品安全技术规章》共 33 章 183 条，包括总则、应用范围、基本概念、市场流通条例、食品（程序）鉴定、食品安全的一般要求、专业类食品的安全要求、滋补饮品的安全要求、生产保存运输销售过程中的要求、生产（制造）食品过程的安全要求、生产（制造）食品程序用水要求、生产食品所采用的食品原材料的安全要求、生产（制造）食品的工作间要求、生产（制造）食品所采用的工艺设备和器材要求、保存和移走生产（制造）食品废料要求、保存运输和销售食品的过程要求、销毁食品过程要求、生产未经加工过的动物类食品过程要求、确保食品符合安全要求、生产保存运输销售和销毁食品过程的要求、对食品进行产品验证申请者要求、食品的产品验证、专业食品的国家级注册、专业食品国家级注册程序、专业食品统一清单、新型食品国家级注册、新型食品国家级注册程序、新型食品统一清单、兽医卫生技术鉴定、通过兽医卫生鉴定的食品生产条件、遵守本技术规章的国家监督、食品标签要求、尾则等。《食品安全技术规章》界定了食品安全的基本概念和相关要求，避免消费者发生误解，还明确了食品生产企业所生产的产品必须达到的安全要求，重点是肉类和肉类制品、牛奶和牛奶类产品安全要求，以保护人民的健康。

1.2　法律法规阶位差异

中国的《食品安全法》于 2009 年 2 月 28 日第十一届全国人民代表大会常务委员会第七次会议通过，2015 年 4 月 24 日第十二届全国人民代表大会常务委员会第十四次会议修订，2018 年 12 月 29 日第一次修正，2021 年 4 月 29 日第二次修正。属于法律范畴。

塔吉克斯坦的《食品安全技术规章》于 2016 年 4 月 30 日由塔吉克斯坦主席签署的第 190 号决议批准，自批准之日起 6 个月后生效。《食品安全技术规章》为行政法规，属于技术规范，而不属于法律范畴。

中国的《食品安全法》规定建立健全食品安全全程监督管理工作机制和信息共享机制。食品生产经营者是其生产经营食品的第一责任人。食品生产经营者应当依照法律、法规和食品安全标准从事生产经营活动，保证食品安全，诚信自律，对社会和公众负责，接受社会监督，承担社会责任。

中国除《食品安全法》外，供食用的源于农业的初级产品（如农产品、畜产品）的质量安全管理由其他多个法律共同进行规制。塔吉克斯坦的《食品安全技术规章》则对农产品、畜产品的规范要求直接进行了规定。

塔吉克斯坦的《食品安全技术规章》为行政法规，按照塔吉克斯坦法律规定的程序，法人和自然人要为未遵守该技术规章中所列出的要求而负责。

1.3　法律法规适用范围差异

在中国境内从事下列活动，应当遵守《食品安全法》：（1）食品生产和加工；（2）食品销售和餐饮服务；（3）食品添加剂的生产经营；（4）用于食品的包装材料、容器、洗涤剂、消毒剂和用于食品生产经营的工具、设备（以下称食品相关产品）的生产经营；（5）食品生产经营者使用食品添加剂、食品相关产品；（6）食品的贮存和运输；（7）对食品、食品添加剂、食品相关产品的安全管理。供食用的源于农业的初级产品（以下称食用农产品）的质量安全管理，须遵守《中华人民共和国农产品质量安全法》的规定。

中国的《食品安全法》包含食品安全风险监测和评估、食品安全事故处置相关规定，但未包含食品销毁过程。

塔吉克斯坦的《食品安全技术规章》适用范围如下。（1）确定了对技术操控项目所提出的安全要求（包括卫生流行病安全要求、保健要求和兽医安全要求），技术操控项目鉴定规章，技术操控项目是否符合该技术规章中所列出的要求的评估形式和程序。（2）当采用《食品安全技术规章》时，应当考虑对食品所列出的要求，包括食品标签、包装材料、生产食品时与食品相接触用的产品和设备。（3）由塔吉克斯坦其他技术规章来规定同类别食品所提出的要求（包括对标签所提出的要求），以及与食品生产（制造）、保存、运输（输送）、销售和销毁过程有关的其他要求，不能够对该技术规章中所列出的要求进行更改。（4）《食品安全技术规章》不适用于家庭条件下由公民生产出的食品，及在类似的条件下由从事园艺、蔬菜种植、畜牧业养殖的公民生产出的，用于私人消耗的食品，也不适用于在自然条件下进行农业种植和家畜养殖食品的生产（制造）、保存、运输（输送）、销售和销毁过程。

塔吉克斯坦的《食品安全技术规章》侧重于规定生产过程的控制、专业食品注册的程序、销毁过程的要求，对家庭条件下的不适用情况作出了明确规定，但未包含食品安全风险监测和评估、食品安全事故处置相关规定。

1.4　食品安全标准体系差异

中国的《食品安全法》，明确规定了食品安全标准是强制执行的标准。除食品安全标准外，不得制定其他强制性食品标准。中国食品安全有专门的食品安全标准体系，该标准体系规定了食品、食品添加剂、食品相关产品中的致病性微生物，农药残留、兽药残留、生物毒素、重金属等污染物质以及其他危害人体健康物质的限量；食品添加剂的品种、使用范围、用量；专供婴幼儿和其他特定人群的主辅食品的营养成分要求；与卫生、营养等食品安全要求有关的标签、标志、说明书的要求；食品生产经营过程的卫生要求；与食品安全有关的质量要求；与食品安全有关的食品检验方法与规程；其他需要制定为食品安全标准的内容。

塔吉克斯坦标准体系是由塔吉克斯坦《食品安全技术规章》的 3 个附件，即微生物安全标准（致病微生物），食品安全卫生要求，植物清单和由其加工制得的食品、动物类清单、微生物、蘑菇和食品级生物活性添加剂中禁止使用的生物活性添加剂来制定的。这 3 个附件详细规定了相关产品的致病微生物及有害物质的限量，重点对肉类及肉类制品、牛奶和牛奶类产品、儿童食品、滋补饮品进行了详细的规定和要求。

1.5 食品安全过程控制差异

中国的《食品安全法》包含对食品生产经营过程的控制内容，重点强调食品生产经营者应履行的义务和职责。食品生产经营企业应当建立健全食品安全管理制度，加强食品检验工作，依法从事生产经营活动。食品生产经营企业须重点对原料采购、原料验收、投料等进行控制；重点对生产工序、设备、贮存、包装等生产关键环节进行控制；重点对原料检验、半成品检验、成品出厂检验等检验进行控制；对运输和交付控制方面进行详细的规定，同时对食品从业人员的健康进行管理。

塔吉克斯坦的《食品安全技术规章》规定了在生产（制造）食品的过程中，确保食品安全的要求；生产（制造）食品程序用水要求；在生产食品时所采用的食品原材料的安全要求；生产（制造）食品的工作间的要求；生产（制造）食品时所采用的工艺设备和器材的要求；保存和移走生产（制造）食品废料条件的要求；保存、运输（输送）和销售食品的过程的要求；销毁食品过程要求；生产未经加工过的动物类食品过程的要求。

综上所述，中国和塔吉克斯坦两国，虽然历史、文化、传统、法律、饮食习惯等等各个方面不尽一致，法律体系、法律规定和食品安全技术规章也不完全相同，但是两国都致力于食品安全监管、食品质量提升、消费者保护，以及保障人民生命安全和身体健康。

第 2 章 食品标签

2.1 标准名称

［中国标准］GB 7718—2011《食品安全国家标准　预包装食品标签通则》。

［塔吉克斯坦标准］塔吉克斯坦技术规范《食品标签》。

2.2 适用范围的差异

［中国标准］（1）适用于直接提供给消费者的预包装食品标签和非直接提供给消费者的预包装食品标签。（2）不适用于为预包装食品在储藏运输过程中提供保护的食品储运包装标签、散装食品和现制现售食品的标识。

［塔吉克斯坦标准］（1）适用于塔吉克斯坦境内流通的食品的标签。该技术准则规定了食品的标签要求，目的在于维护消费者食品信息知情权时，防止有些标签对消费者造成误解的情况出现。（2）不适用于由餐饮机构在餐饮环节中生产的食品，以及不以企业经营为目的的自然人或个体经营户生产的食品。（3）在使用时，应考虑与该技术准则并不冲突的个别食品标签补充要求。

2.3 规范性引用文件清单的差异

［中国标准］没有规范性引用文件清单，但会做出整体总结性描述。

［塔吉克斯坦标准］没有规范性引用文件清单。

2.4 术语和定义的差异

［中国标准］涉及以下术语和定义。（1）预包装食品：预先定量包装或者制作在包装材料和容器中的食品，包括预先定量包装以及预先定量制作在包装材料和容器中并且在一定限量范围内具有统一的质量或体积标识的食品。（2）食品标签：食品包装上的文字、图形、符号及一切说明物。（3）配料：在制造或加工食品时使用的，并存在（包括以改性的形式存在）于产品中的任何物质，包括食品添加剂。（4）生产日期（制造日期）：食品成为最终产品的日期，也包括包装或灌装日期，即将食品装入（灌入）包装物或容器中，形成最终销售单元的日期。（5）保质期：预包装食品在标签指明的

贮存条件下保持品质的期限。在此期限内，产品完全适于销售，并保持标签中不必说明或已经说明的特有品质。（6）规格：同一预包装内含有多件预包装食品时，对净含量和内含件数关系的表述。（7）主要展示版面：预包装食品包装物或包装容器上容易被观察到的版面。

[塔吉克斯坦标准]涉及以下术语和定义。（1）食品标签：关于食品的信息，以文字、图画、标志、象征物等方式，或者以上组合的方式，标记在消费性包装、运输包装上，或者标记在其他类型的信息载体上，这些信息载体，可以固定于包装上，或者置于包装内部，或者粘贴在包装上。（2）货签：信息的载体，其上标记了食品标签内容，固定于消费性包装或运输包装上。（3）食品生产日期：食品生产的工艺流程结束的日期。（4）食品的特色信息：用来说明本食品具有区别于其他食品的特色信息（其中包括：营养价值、产地、成分及其他特征）。（5）附加页：是一种标记了食品标签内容的信息载体，放置在消费性包装或运输包装的内部，或者粘贴其上。（6）消费者：预定、购买、使用商品（劳务或服务）的自然人或者个体，或者有以上意愿的自然人或者个体。（7）食品的联想名称：用于补充说明食品名称的词语或词组。联想名称可以不反映食品的消费属性，但不能取代食品名称。（8）包装好的食品：放入消费性包装内部的食品。

2.5 技术要求差异

2.5.1 基本要求

[中国标准]（1）应符合法律、法规的规定，并符合相应食品安全标准的规定。（2）应清晰、醒目、持久，应使消费者购买时易于辨认和识读。（3）应通俗易懂、有科学依据，不得标示封建迷信、色情、贬低其他食品或违背营养科学常识的内容。（4）应真实、准确，不得以虚假、夸大、使消费者误解或欺骗性的文字、图形等方式介绍食品，也不得利用字号大小或色差误导消费者。（5）不应直接或以暗示性的语言、图形、符号，误导消费者将购买的食品或食品的某一性质与另一产品混淆。（6）不应标注或者暗示具有预防、治疗疾病作用的内容，非保健食品不得明示或者暗示具有保健作用。（7）不应与食品或者其包装物（容器）分离。（8）应使用规范的汉字（商标除外）。具有装饰作用的各种艺术字，应书写正确，易于辨认。可以同时使用拼音或少数民族文字，拼音不得大于相应汉字；可以同时使用外文，但应与中文有对应关系（商标、进口食品的制造者和地址、国外经销者的名称和地址、网址除外）。所有外文不得大于相应的汉字（商标除外）。（9）预包装食品包装物或包装容器最大表面面积大于 35 cm² 时（最大表面面积计算方法见 GB 7718—2011 的附录 A），强制标示内容的

文字、符号、数字的高度不得小于 1.8 mm。（10）一个销售单元的包装中含有不同品种、多个独立包装可单独销售的食品，每件独立包装的食品标识应当分别标注。（11）若外包装易于开启识别或透过外包装物能清晰地识别内包装物（容器）上的所有强制标示内容或部分强制标示内容，可不在外包装物上重复标示相应的内容；否则应在外包装物上按要求标示所有强制标示内容。

　　[塔吉克斯坦标准]（1）应通俗易懂、真实可信，不应含有对消费者（购买者）造成误解的信息。其中的文字、标志、图样应与标签的底色形成鲜明的视觉对比效果。标签的标记方式应保证在遵守生产厂家规定的贮存条件下，在食品的整个有效期限内，标签完好无损。（2）应标记在消费性包装上。（3）如果消费性包装上有面积比较大的一面，面积不超过 10 cm²，可标记在附加页上。（4）附加页放置在每个消费性包装内或每个运输包装内，或粘贴其上。（5）应以任何方式将标签信息传达给消费者，保证为其提供选购此食品的充分信息，如果是由零售组织完成食品的分装，没有消费者在场，则应在消费性包装上或者货签上注明食品名称、生产日期、有效期及贮存条件。（6）对于直接放入运输包装内的食品，或者食品由零售组织完成分装，有消费者在场，这两种情况下，可以任意方式将标签信息传达给消费者，保证为其提供选购此食品的充分信息。（7）对于直接放入运输包装内的食品，标签应标注在运输包装上，或者货签上，或者附加页上（附加页放置在每个运输包装内，或粘贴在每个运输包装上），或者将这种食品的标签放置在食品的随货文件中。（8）食品标签中不应含有以下食品的图样：消费性包装内没有的食品，或者在消费性包装内的食品的生产过程中并未使用的食品，或者在消费性包装中的食品成分不能被味道、气味所模仿的食品，特色食品的信息除外。（9）如果食品标签中，标记了由该食品制成菜肴的图样，则应附注字样："烹制菜肴"或类似意思的字样。

2.5.2　食品名称

　　[中国标准]（1）应在食品标签的醒目位置，清晰地标示反映食品真实属性的专用名称。当国家标准、行业标准或地方标准中已规定了某食品的一个或几个名称时，应选用其中的一个，或等效的名称；无国家标准、行业标准或地方标准规定的名称时，应使用不使消费者误解或混淆的常用名称或通俗名称。（2）标示"新创名称""奇特名称""音译名称""牌号名称""地区俚语名称"或"商标名称"时，应在所示名称的同一展示版面标示规定的名称。当"新创名称""奇特名称""音译名称""牌号名称""地区俚语名称"或"商标名称"含有易使人误解食品属性的文字或术语（词语）时，应在所示名称的同一展示版面邻近部位使用同一字号标示食品真实属性的专用名

称；当食品真实属性的专用名称因字号或字体颜色不同易使人误解食品属性时，也应使用同一字号及同一字体颜色标示食品真实属性的专用名称。（3）为不使消费者误解或混淆食品的真实属性、物理状态或制作方法，可以在食品名称前或食品名称后附加相应的词或短语。如干燥的、浓缩的、复原的、熏制的、油炸的、粉末的、粒状的等。

［塔吉克斯坦标准］（1）食品标签中的食品名称，应显示其属于的食品范畴，可反映其真实特性，以区别于其他食品。（2）当塔吉克斯坦关于个别食品的技术规范生效时，食品名称应符合该项规范的要求。（3）应将食品的物理特性信息、特殊加工方式信息（脱氧、熏制、醋渍、磨碎、电离辐射、升华干燥）补充到食品名称中，或标记在旁边位置。如果缺少这些信息，会给消费者造成误解。对于个别食品的此类信息要求，在塔吉克斯坦关于个别食品的技术规范中予以规定。（4）不属于食品组成成分的物质或其加工产品，不可在食品名称中指出。（5）如果食品中添加了不属于食品成分的香精，那么香精名称可以写在食品名称中，但必须是以下样式：×××味食品。（6）对于食品命名的补充要求，如果与该技术规范没有冲突，可以写入到塔吉克斯坦关于个别食品的技术规范中。（7）如果食品标签符合该技术规范要求，且符合其他塔吉克斯坦关于个别食品的技术规范，则食品准予流通。

2.5.3　日期

［中国标准］（1）应清晰标示预包装食品的生产日期和保质期。如日期标示采用"见包装物某部位"的形式，应标示所在包装物的具体部位。日期标示不得另外加贴、补印或篡改。（2）当同一预包装内含有多个标示了生产日期及保质期的单件预包装食品时，外包装上标示的保质期应按最早到期的单件食品的保质期计算。外包装上标示的生产日期应为最早生产的单件食品的生产日期，或外包装形成销售单元的日期；也可在外包装上分别标示各单件装食品的生产日期和保质期。（3）应按年、月、日的顺序标示日期，如果不按此顺序标示，应注明日期标示顺序。

［塔吉克斯坦标准］（1）在食品标签中，根据食品的有效期，标记食品生产日期，按照如下格式要求：如果食品有效期在72小时之内，标示为"生产日期：×月×日×时"；如果食品有效期在72小时到3个月之间，标示为"生产日期：×年×月×日"；如果食品有效期在3个月以上，标示为"生产日期：×年×月"或"生产日期：×年×月×日"；针对糖，标示为"生产年份：×年"。（2）在消费性包装上，"生产日期"字样的后面，须写出食品的具体生产日期，或者注明日期的位置（例如，生产日期：见包装正面）。（3）在食品标签中，"生产日期"的字样，可以用同等含义的字样替换，比如："制造日期"。（4）个别食品，可以使用能表达食品生产工艺结束日期的词语来代替"生产日期"，比如，"饮料充装日期""鸡蛋拣选日期""农作物收

获年份""野果、坚果或蜂产品的采集年份"。对于食品标签中标记生产日期的补充要求，如果与该技术规范没有冲突，可以被写入塔吉克斯坦关于个别食品的技术规范中。（5）在食品标签中，标记食品的有效期，应使用如下格式：如果食品有效期在 72 小时之内，标示为"有效期至 × 月 × 日 × 时"；如果食品有效期在 72 小时到 3 个月之间，标示为"有效期至 × 年 × 月 × 日"；如果食品有效期在 3 个月以上，标示为"有效期至 × 年 × 月"或"有效期至 × 年 × 月 × 日"。（6）在指出食品有效期时长时，采用格式：有效期 + 天数、月数或年数。如果食品有效期在 72 小时之内，应采用格式：有效期 + 小时数。（7）在"有效期至""有效期"字样的后面，可以写出食品的具体有效期限，或者注明有效期的位置（例如，有效期：见包装正面）。（8）如果食品的生产厂家规定食品的有效期不受限制，则应在标签中注明：在遵守正确的贮存条件下，有效期不受限制。（9）在食品标签中，"有效期至""有效期"等字样，可以用其他具有相似意义的词语代替，比如"可使用至"。（10）对于食品标签中标记有效期的补充要求，如果与该技术法规没有冲突，可以被写入塔吉克斯坦关于个别食品的技术法规中。

2.5.4　净含量和规格

［中国标准］（1）净含量的标示应由净含量、数字和法定计量单位组成（标示形式参见 GB 7718—2011 的附录 C）。（2）应依据法定计量单位，按以下形式标示包装物（容器）中食品的净含量：液态食品，用体积升（L）（1）、毫升（mL）（ml），或用质量克（g）、千克（kg）；固态食品，用质量克（g）、千克（kg）；半固态或黏性食品，用质量克（g）、千克（kg）或体积升（L）（1）、毫升（mL）（ml）。（3）净含量的计量单位应按表 2-1 标示。（4）净含量字符的最小高度应符合表 2-2 的规定。（5）净含量应与食品名称在包装物或容器的同一展示版面标示。（6）容器中含有固、液两相物质的食品，且固相物质为主要食品配料时，除标示净含量外，还应以质量或质量分数的形式标示沥干物（固形物）的含量（标示形式参见 GB 7718—2011 的附录 C）。（7）同一预包装内含有多个单件预包装食品时，大包装在标示净含量的同时还应标示规格。（8）规格的标示应由单件预包装食品净含量和件数组成，或只标示件数，可不标示"规格"二字。单件预包装食品的规格即指净含量（标示形式参见 GB 7718—2011 的附录 C）。

表 2-1　净含量计量单位的标示方式

计量方式	净含量（Q）的范围	计量单位
体积	$Q<1\,000$ mL $Q\geq1\,000$ mL	毫升（mL）（ml） 升（L）（1）
质量	$Q<1\,000$ g $Q\geq1\,000$ g	克（g） 千克（kg）

表 2-2 净含量字符的最小高度

净含量（Q）的范围	字符的最小高度 /mm
$Q \leqslant 50$ mL；$Q \leqslant 50$ g	2
50 mL$<Q \leqslant 200$ mL；50 g$<Q \leqslant 200$ g	3
200 mL$<Q \leqslant 1$ L；200 g$<Q \leqslant 1$ kg	4
$Q>1$ kg；$Q>1$ L	6

[塔吉克斯坦标准]（1）食品的计量应按照以下单位在食品标签中指出：体积［毫升（mL）、厘升（cL）或升（L）］，质量［克（g）或千克（kg）］，数量（个）。这种情况下，单位书写的时候，可以使用英文全称，如克 /gram（g）。按个数出售的鸡蛋、水果、蔬菜，可以不指出质量或体积。（2）对于食品的计量方式（按个数出售的食品除外），应按照以下规范：如果是液体食品，按体积计量；如果是膏状食品，或者黏稠、黏塑食品，可以按体积或者质量计量；如果是固体食品或者颗粒状食品，或者是固体与液体混合物，则应按质量计量。描述食品的质量，可以同时使用两种计量方式，比如：质量与个数，质量与体积。（3）对于组合包装的食品，在描述食品数量时，必须按照以下方式：如果是同一名称的食品，包装在多个消费性包装内，那么在食品的组合包装上，应指出食品的总数量与消费性包装的个数；如果组合包装的特征允许，可以很直观地看出食品的数量与消费性包装的个数，则组合包装上可以不标出食品的数量与消费性包装的个数；如果组合包装的食品，分成多个消费性包装，每个消费性包装中的食品种类、名称不同，或包装中装有多个名称不同的制品，那么在组合包装上，应指出每个消费性包装中食品的数量与名称，以及每个制品的名称、个数及质量。（4）装在运输包装里的食品应采用以下计量单位指出：体积［毫升（mL）、厘升（cL）或升（L）］，质量［克（g）或千克（kg）］，或运输包装中的运输单位数量（个），并指出每个运输单位中的食品质量或体积。这种情况下，单位书写的时候，可以使用英文全称。（5）如果食品放置在液体介质中，比如：水、糖溶液、酸溶液、盐溶液、盐水、醋、水果汁或蔬菜汁，那么除了要指出食品连带液体介质的体积或质量外，还应指出除去液体介质外食品的体积或质量。（6）不允许包装食品的计量指示不明确，仅仅指出计量的大致范围。

2.5.5 生产者、经销者的名称、地址和联系方式

[中国标准]（1）应当标注生产者的名称、地址和联系方式。生产者名称和地址应当是依法登记注册、能够承担产品安全质量责任的生产者的名称、地址。有下列情形之一的，应按下列要求予以标示。依法独立承担法律责任的集团公司、集团公司的

子公司，应标示各自的名称和地址；不能依法独立承担法律责任的集团公司的分公司或集团公司的生产基地，应标示集团公司和分公司（生产基地）的名称、地址；或仅标示集团公司的名称、地址及产地，产地应当按照行政区划标注到地市级地域；受其他单位委托加工预包装食品的，应标示委托单位和受委托单位的名称和地址；或仅标示委托单位的名称和地址及产地，产地应当按照行政区划标注到地市级地域。（2）依法承担法律责任的生产者或经销者的联系方式应标示以下至少一项内容：电话、传真、网络联系方式等，或与地址一并标示的邮政地址。（3）进口预包装食品应标示原产国国名或地区区名（如香港、澳门、台湾），以及在中国依法登记注册的代理商、进口商或经销者的名称、地址和联系方式，可不标示生产者的名称、地址和联系方式。

　　[塔吉克斯坦标准]（1）生产厂家的名称与地址，应在食品标签中指出。食品生产厂家的地址，应为组织或个体经营者进行国家注册时的地址。（2）在提供给消费者（购买者）的信息当中，应使用生产厂家官方注册的名称与地址（地址包括州或城市名称）。如果与生产厂家的地址不符，也可以指出生产厂家授权方的生产地址（如有）。（3）如果食品由其他国家生产，则食品生产厂家的地址名称，允许使用拉丁字母与阿拉伯数字，或者采用生产厂家所在地的官方语言，但需要指出食品生产厂家的所在地。（4）如果食品由多个生产厂家生产，应在食品标签中标识每个生产厂家的名称与地址，向消费者（购买者）清楚地传递具体食品生产厂家的信息（应使用字母、数字、标志、其他字体区分）。（5）如果食品的包装地与生产地不一致（一种情况除外：由零售商业组织将食品装到消费性包装内），则食品标签中应包含食品生产厂家、法人或个体经营者的信息。（6）如果生产厂家有授权方，则该授权方的名称与地址应在食品标签中指出。（7）如果食品由其他国家生产，则应在食品标签中指出进口商的名称与地址。

2.5.6　转基因成分

　　[中国标准] 转基因食品的标示应符合相关法律、法规的规定。

　　[塔吉克斯坦标准]（1）对于转基因食品，包括不含有脱氧核糖核酸与蛋白质的食品，应标注信息"转基因食品""利用转基因微生物获得的食品"或"含有转基因成分的食品"。如果生产者在食品生产中没有使用转基因生物，但由于偶然原因或技术无法剔除导致食品中出现了不到总质量 0.9% 的转基因生物，则该食品不属于转基因食品，在食品标签中不能标注"含有转基因生物"。（2）如果在食品生产过程中使用了转基因微生物（细菌、酵母、菌丝体的遗传物质通过基因工程学方法发生改变），则必须说明以下信息：对于含有活的转基因微生物的食品，应注明"食品中含有活的转基因微生

物"；对于含有无活力的转基因微生物的食品，应注明"食品利用转基因微生物获得"；对于脱离了转基因微生物的食品，或者食品由脱离了转基因微生物的成分获得，应注明"食品中含有转基因成分"。（3）如果食品生产中，使用了辅助的技术性转基因生物制剂，则食品标签中不应标注"食品中含有转基因生物"。

2.5.7 配料表

[中国标准]（1）预包装食品的标签上应标示配料表，配料表中的各种配料应标示其具体名称，食品添加剂按照食品添加剂的要求标示名称。配料表应以"配料"或"配料表"为引导词。当加工过程中所用的原料已改变为其他成分（如酒、酱油、食醋等发酵产品）时，可用"原料"或"原料与辅料"代替"配料""配料表"，并按该标准相应条款的要求标示各种原料、辅料和食品添加剂。加工助剂不需要标示。各种配料应按制造或加工食品时加入量的递减顺序——排列；加入量不超过 2% 的配料可以不按递减顺序排列。如果某种配料是由两种或两种以上的其他配料构成的复合配料（不包括复合食品添加剂），应在配料表中标示复合配料的名称，随后将复合配料的原始配料在括号内按加入量的递减顺序标示。当某种复合配料已有国家标准、行业标准或地方标准，且其加入量小于食品总量的 25% 时，不需要标示复合配料的原始配料。食品添加剂应当标示其在 GB 2760 中的食品添加剂通用名称。食品添加剂通用名称可以标示为食品添加剂的具体名称，也可标示为食品添加剂的功能类别名称并同时标示食品添加剂的具体名称或国际编码（INS 号）（标示形式见 GB 7718—2011 附录 B）。在同一预包装食品的标签上，应选择 GB 7718—2011 附录 B 中的一种形式标示食品添加剂。当采用同时标示食品添加剂的功能类别名称和国际编码的形式时，若某种食品添加剂尚不存在相应的国际编码，或因致敏物质标示需要，可以标示其具体名称。食品添加剂的名称不包括其制法。加入量小于食品总量 25% 的复合配料中含有的食品添加剂，若符合 GB 2760 规定的带入原则且在最终产品中不起工艺作用的，不需要标示。在食品制造或加工过程中，加入的水应在配料表中标示。在加工过程中已挥发的水或其他挥发性配料不需要标示。可食用的包装物也应在配料表中标示原始配料，国家另有法律法规规定的除外。（2）表 2-3 中的食品配料，可以选择按表中所列的方式标示。（3）配料的定量标示。如果在食品标签或食品说明书上特别强调添加了或含有一种或多种有价值、有特性的配料或成分，应标示所强调配料或成分的添加量或在成品中的含量；如果在食品的标签上特别强调一种或多种配料或成分的含量较低或无时，应标示所强调配料或成分在成品中的含量；食品名称中提及了某种配料或成分而未在标签上特别强调，不需要标示该种配料或成分的添加量或在成品中的含量。（4）致敏物质。

以下食品及其制品可能导致过敏反应，如果用作配料，宜在配料表中使用易辨识的名称，或在配料表邻近位置加以提示：含有麸质的谷物及其制品（如小麦、黑麦、大麦、燕麦、斯佩尔特小麦或它们的杂交品系）；甲壳纲类动物及其制品（如虾、龙虾、蟹等）；鱼类及其制品；蛋类及其制品；花生及其制品；大豆及其制品；乳及乳制品（包括乳糖）；坚果及其果仁类制品。如加工过程中可能带入上述食品或其制品，宜在配料表邻近位置加以提示。

表 2-3　配料标示方式

配料类别	标示方式
各种植物油或精炼植物油，不包括橄榄油	"植物油"或"精炼植物油"；如经过氢化处理，应标示为"氢化"或"部分氢化"
各种淀粉，不包括化学改性淀粉	"淀粉"
加入量不超过 2% 的各种香辛料或香辛料浸出物（单一的或合计的）	"香辛料""香辛料类"或"复合香辛料"
胶基糖果的各种胶基物质制剂	"胶姆糖基础剂""胶基"
添加量不超过 10% 的各种果脯蜜饯水果	"蜜饯""果脯"
食用香精、香料	"食用香精""食用香料""食用香精香料"

［塔吉克斯坦标准］（1）该技术规范中没有对个别食品另做规定的，应按照食品生产时各成分质量分数递减的次序写出。在具体成分名称的前面必须加上"成分："字样。（2）如果食品成分中采用了合成成分（由两种及以上成分合成），则在食品成分中，应列出合成成分中包含的所有子成分，或者在合成成分的后面加个括号。所有子成分按照质量分数递减的次序列出，子成分的质量分数低于 2% 则可以不列出，但以下子成分除外：食品添加剂、生物活性剂、药草植物、转基因成分、致过敏反应的成分以及个别疾病的禁忌食物。（3）该技术规范中没有对个别食品另做规定的，质量分数低于 2% 的成分，可以不按次序排列，直接写到质量分数高于 2% 的成分后面。（4）可以代表食品的成分，其名称应写在食品成分表中。塔吉克斯坦《食品安全技术规章》中的食品标签附件 1 中指出的成分名称，可以写到食品成分表中，位于对应食品类型的名称下面，一种情况除外：如果该成分的名称已经出现在食品名称中。（5）如果食品中含有香精，则成分标签应带有"香精"字样。香精方面的食品联想名称，可以不体现在食品的成分中。（6）如果食品成分中含有食品添加剂，则应指出该添加剂的功能用途（酸度调节剂、稳定剂、乳化剂及其他），并指出可能用国际编码系统（INS）或欧盟编码系统（E）代替的食品添加剂名称。如果食品添加剂有多种功能用途，则需

要有针对性地指出其在该食品中的实际功能用途。当食品成分中含有二氧化碳时，如果食品标签中已经注明"碳酸类食品"，则食品成分表中无须另外注明含二氧化碳。（7）以下情况下，食品成分无须指出：新鲜水果（包括浆果）与蔬菜（包括土豆）未被去皮或切削，或进行其他类似的处理；由一种粮食原材料酿造的醋（没有添加任何其他成分）；由一种成分构成的食品，且通过食品名称可明确地确定存在这种成分。（8）致过敏反应的成分以及个别疾病的禁忌食物除外，以下物质不属于食品的成分，不应被列入食品成分表：在食品生产过程中，该物质首先从食品指定成分中被剔除，但在后续的工艺阶段又被加入到食品中，且这些物质的数量没有增加；该物质包含在一种成分或者几种成分中，且没有改变含有那些成分的食品的性质；在生产具体的食品时，使用的辅助工艺制剂；包含在香精或食品添加剂的组成成分中，充当溶剂或香料的载体。（9）以下情况，水可以不体现在食品成分表中：在食品生产过程中，水用于复原浓缩食品或干制食品；包含在食品成分表中的液体成分中（其中包括：汤汁、腌泡汁、盐溶液、糖浆、盐水）。（10）在食品生产过程中，从浓缩食品或干制食品中复原回来的成分，允许在其复原后，根据各自质量分数，写入食品成分表。（11）如果水果（包括浆果）、蔬菜（包括土豆）、坚果、禾本科植物、蘑菇、香料、药材等，包括在相应的混合物当中，质量分数无从辨认，在这种情况下，以上物质可以不按顺序标记在食品成分表中，但须标注"配比不定"。（12）对于含有甜味剂——糖醇的食品，其食品标签上，在食品成分的后面，应补充说明"含有甜味剂"。过量食用甜味剂，可能导致腹泻。（13）如果食品中含有一些成分（包括食品添加剂、香料）、生物活性剂，可能会导致过敏反应，或是个别疾病的禁忌食物，无论用量多少，均应标记在食品成分表中。（14）下面列举一些常见的，可能会导致过敏反应，或是个别疾病的禁忌食物或成分：花生、核桃及其加工食品；阿斯巴甜、阿斯巴甜安赛蜜盐；芥末及其加工产品；二氧化硫、亚硫酸盐，如果此类物质的总含量超过 10 mg/kg 或 10 kg/L，以二氧化硫计算；含有谷蛋白的禾本科植物及其加工产品；芝麻及其加工产品；羽扇豆及其加工产品；软体动物、甲壳动物及其加工产品；牛奶及其加工产品（其中包括乳糖）；鱼类及其加工产品（除了鱼胶，作为含有维生素与类胡萝卜素制剂的基础成分）；芹菜及其加工产品；大豆及其加工产品；鸡蛋及其加工产品。（15）致过敏反应的成分以及个别疾病的禁忌食物的过敏原特征，无须在食品标签中指出，但是关于阿斯巴甜、阿斯巴甜安赛蜜盐的信息除外，如果在食品生产过程中使用了这种成分，则应在食品成分表之后注明"含有苯基丙氨酸"。（16）对于含有谷物成分的食品，如果谷物成分中不含谷蛋白，或者谷蛋白被剔除，则应在食品成分表后注明"不含谷蛋白"。（17）如果致过敏反应的成分以及个别疾病的禁忌食物，在食品生产过程中没有使用，但其确实存在且没法完全避免，则应在食品成分表后注明"可能存在该成分"。（18）如果食品中含有色素（偶氮玉红 E122、喹啉黄 E104、日落黄 FCF E110、诱惑红 AC E129、胭脂红 4R E124、酒石黄 E102），则应注明警示语"含色素，可能对儿童的活力与注意力造成负面影响"。以下情况除外：含酒精饮料；食品中色素用来给屠宰食品与肉类食品打标签，或者用于鸡蛋打标签、装饰鸡蛋。

2.5.8　营养价值

[中国标准]（1）特殊膳食类食品和专供婴幼儿的主辅类食品，应当标示主要营养成分及其含量，标示方式按照 GB 13432 执行。（2）其他预包装食品如需标示营养标签，标示方式参照相关法规标准执行。

[塔吉克斯坦标准] 指出无须标示营养标签的情况。（1）食品标签中的营养价值应包括能量值（卡路里值），蛋白质、脂肪、碳水化合物含量，矿物质、维生素含量等指标。（2）如果技术规范没有另做规定，以下这些食品的营养价值无须指出：香精、口香糖、咖啡、天然矿泉水、瓶装饮用水、食品添加剂、生料食品［蘑菇、动物、禽类、鱼类的屠宰品，蔬菜（包括土豆），水果（包括浆果）］、食盐、调味料、药材、醋、茶。如果个别食品的技术规范有相关规定，则其他一些食品的营养价值无须指出。（3）食品营养价值的计算，通常以 100 g、100 mL 或一份食品来衡量（在食品标签中必须指明一份的量）。（4）食品的能量值（卡路里值），应以 J 或 cal 表示，或采用其分数单位、倍数单位。（5）食品中有些营养物质的含量，包括：蛋白质、脂肪、碳水化合物，应以 g 或其分数单位、倍数单位表示。（6）食品中的维生素、矿物质含量，应采用国际单位制的单位（mg 或 μg），或采用塔吉克斯坦测量统一性保障法允许的其他测量单位。（7）如果蛋白质、脂肪、碳水化合物、能量值（卡路里值），在每 100 g、100 mL 或一份食品（食品以份数计算）中的含量超过 2%（这是一个成年人对以上营养物质的平均昼夜需求量），则这些物质的含量需要指出。（8）如果维生素、矿物质是在食品生产过程中加入到食品中的，则其含量需要指出。如果是其他情况，维生素、矿物质在每 100 g、100 mL 或一份食品（食品以份数计算）中的含量超过 5%（这是一个成年人对维生素、矿物质的平均昼夜需求量），则维生素、矿物质的含量也可以指出。（9）一个成年人对于其他物质的平均昼夜需求量，见塔吉克斯坦《食品安全技术规章》中的食品标签附件 2。（10）对于生物活性剂中的活性源、浓缩食品的浓缩剂，应指出其食品特色信息的数值百分比。（11）对于需要消费者自行配制的食品，其营养价值的指标数值，应在食品标签中指出，但无须考虑食品的后续配制。（12）食品营养价值的指标，由生产厂家分析、计算确定。（13）在指出食品所含能量值（卡路里值），

蛋白质、脂肪、碳水化合物时，需根据塔吉克斯坦技术规范《食品标签》附件3的要求（如果塔吉克斯坦关于个别食品的技术法规没有另做规定）对营养价值指标数值进行四舍五入。（14）在标记食品营养价值指标时，标签上可以添加字样"平均值"。在确定食品能量值（卡路里值）时，应根据塔吉克斯坦技术规范《食品标签》附件4要求将主要营养物质换算成能量值（卡路里值）。（15）在确定食品中的碳水化合物含量时，应计算碳水化合物在食品中的含有量（膳食纤维除外）、参与到人体中进行物质交换的含量以及甜味剂 - 糖醇的含量。（16）在确定维生素A、维生素A原的量时，应使用换算系数，即1 μg的视黄醇或视黄醇当量，相当于6 μg的β- 胡萝卜素。（17）对于食品营养价值标记的补充要求，如果与该技术规范没有冲突，可以被写入塔吉克斯坦关于个别食品的技术规范中。

2.6 其他差异

[中国标准]（1）贮存条件。预包装食品标签应标示贮存条件。（2）食品生产许可证编号。预包装食品标签应标示食品生产许可证编号的，标示形式按照相关规定执行。（3）产品标准代号。在中国生产并在中国销售的预包装食品（不包括进口预包装食品）应标示产品所执行的标准代号和顺序号。（4）质量（品质）等级。食品所执行的相应产品标准已明确规定质量（品质）等级的，应标示质量（品质）等级。（5）标示内容的豁免。下列预包装食品可以免除标示保质期：酒精度大于等于10%的饮料酒、食醋、食用盐、固态食糖类、味精。当预包装食品包装物或包装容器的最大表面面积小于10 cm² 时（最大表面面积计算方法见 GB 7718—2011 附录 A），可以只标示产品名称、净含量、生产者（或经销商）的名称和地址。（6）推荐标示内容批号。根据产品需要，可以标示产品的批号。（7）食用方法。根据产品需要，可以标示容器的开启方法、食用方法、烹调方法、复水再制方法等对消费者有帮助的说明。（8）辐照食品。经电离辐射线或电离能量处理过的食品，应在食品名称附近标示"辐照食品"；经电离辐射线或电离能量处理过的任何配料，应在配料表中标明。

[塔吉克斯坦标准]（1）在食品标签中，是否注明食品的特色信息，完全根据自愿原则。（2）关于食品特色的信息，其中包括食品中有无转基因物质，应有相关证明文件，该证明文件由信息的提出者制作，或有其他人参与。关于食品特色信息的证明文件，应保存在食品生产组织或个体经营者手中，并在塔吉克斯坦规范要求时出示。（3）只有在符合塔吉克斯坦技术规范《食品标签》附件5规定的条件下，允许在标签中使用附件5中指出的食品特色信息（如果塔吉克斯坦关于个别食品的技术准

则没有另做规定）。附件 5 中没有列举的食品特色信息，只要符合食品特色的信息要求或者塔吉克斯坦关于个别食品的技术规范要求，也可以在食品标签中使用。（4）如果关于食品特色的信息是营养价值的特色，则应在食品标签中指出代表营养价值的营养成分的含量。

第3章 饲料与饲料添加剂

3.1 标准名称

[中国标准] NY 5032—2006《无公害食品 畜禽饲料和饲料添加剂使用准则》。

[塔吉克斯坦标准]《饲料与饲料添加剂安全技术规范》。

3.2 适用范围的差异

[中国标准]（1）规定了生产无公害畜禽产品所需的各种饲料的使用技术要求，及加工过程、标签、包装、贮存、运输、检验的规则。（2）适用于生产无公害畜禽产品所需的单一饲料、饲料添加剂、药物饲料添加剂、配合饲料、浓缩饲料和添加剂预混合饲料。

[塔吉克斯坦标准]（1）规定了用于饲养商品牲畜与非商品牲畜的饲料及饲料添加剂的要求，饲料原料的要求，饲料的研制、生产、使用、贮存、运输、销售以及废物回收与销毁的要求。（2）适用于在塔吉克斯坦境内生产、进口以及流通的饲料与饲料添加剂，包括动物的饲料、半制品或生产其他饲料的原料。（3）不适用于家庭生产、供私人使用的饲料与饲料添加剂，或采用转基因原材料生产的饲料与饲料添加剂。该技术规范的要求针对参与饲料与饲料添加剂的生产、运输、贮存、销售的所有自然人与法人。

3.3 规范性引用文件清单的差异

[中国标准]

规范性引用文件有：

GB/T 10647《饲料工业通用术语》；

GB 10648《饲料标签》；

GB 13078《饲料卫生标准》；

GB/T 16764《配合饲料企业卫生规范》；

《饲料添加剂品种目录》（中华人民共和国农业部公告第 318 号）；

《饲料药物添加剂使用规范》（中华人民共和国农业部公告第 168 号）；

《饲料和饲料添加剂管理条例》（中华人民共和国国务院令第 327 号）。

[塔吉克斯坦标准] 没有规范性引用文件清单。

3.4 术语和定义的差异

[中国标准] 涉及以下术语和定义。不期望物质：污染物和其他出现在用于饲养动物的产品中的外来物质，它们的存在对人类健康，包括与动物性食品安全相关的动物健康构成威胁。包括病原微生物、霉菌毒素、农药及杀虫剂残留、工业和环境污染产生的有害污染物等。

[塔吉克斯坦标准] 涉及以下术语和定义。（1）饲料与饲料添加剂的安全性：在饲料与饲料添加剂的研制、生产、流通、回收利用、销毁的各个阶段，不会造成不容许的风险。（2）转基因生物：通过转基因工程制造的活生物（植物、动物、细菌、病毒）。（3）颗粒饲料：压制成的细粒饲料，它们有固定形状与尺寸，其中的干物质含量符合相关标准技术文件的要求。（4）粗饲料：含有不超过 22% 的水分，不超过 0.65 个饲料单位的饲料。（5）动物：所有的家养、野生、动物园、马戏团、实验室、海洋的动物及其他水生生物、禽类、蜂类及鱼类。（6）商品牲畜：用来获取畜牧产品的动物。（7）非商品畜类：不是以获取畜牧产品为目的的动物。（8）青饲料：割下的植物，或牧场上供农业牲畜食用的植物。（9）饲料：采用植物、动物、矿物、微生物、化学物或以上的混合物制成的产品，用于牲畜的饲养，其中含有易吸收的营养物质，不会对牲畜身体造成伤害。（10）饲料添加剂：采用植物、动物、矿物、微生物、化学物或以上物质的混合物制成的产品，用于添加到饲料中，以保证牲畜的生理机能健全，预防疾病（除了药物帮助），促进牲畜生长、高产（除了药物帮助），维持饲料成分的完好性，促进营养物质的吸收，改善饲料的口感与工艺特性。（11）饲料营养价值：能满足动物对必需物质与能量的生理需求。（12）配合饲料：将去除杂质、磨碎到指定尺寸的各种饲料及饲料添加剂，搅拌混合在一起制成的饲料，以保证对特定种类、产量的牲畜进行全营养的饲养。（13）磁性金属物：包含在饲料与饲料添加剂中的不同尺寸、不同形状的金属颗粒，可以吸附在磁铁上。（14）不容许风险：法律规定的、超出食品安全标准等级的风险。（15）病原微生物：能引起动物与人类疾病的微生物。（16）风险：对人身、财产、周围环境、动植物生命或健康造成危害的可能性与危害后果的组合。（17）确定是否符合技术规范的鉴定标准：用于保证遵守该技术规范所采用的国际标准、地区标准、国家标准包含了试验、测量的方法与规范，以及执行该技术规范进行产品相符性认证时必须遵守的取样要求。（18）有效期：一段期限，在遵守生产厂家规定的贮存条件下，在这段期限之内，饲料或饲料添加剂功能有效、使用安全。

（19）干草饲料：青草经过脱水，含水量不超过 17% 的饲料。（20）青贮饲料：植物生长早期被收割的青草，将其晾晒到含水量不低于 40%，然后贮存在厌氧环境下的饲料。（21）青贮多汁饲料：由贮存起来的绿色植物制成的饲料（玉米或一年生、多年生的新割、晾干的植物）。（22）多汁饲料：处于耦合态的高含水量的植物饲料（含水量不超过 70%），包括：块根植物、块茎植物、瓜类饲料作物、块根植物的茎叶、块茎植物的茎叶、饲草和青贮草。（23）原料：饲料与饲料添加剂生产所使用的植物、动物、微生物、化学物质和矿。（24）毒性：饲料与饲料添加剂中含有的有毒物质，其浓度超过了允许限值，会导致动物患病或死亡。（25）饲料与饲料添加剂的回收利用：将饲料与饲料添加剂另作他用，并非其常规的用途。销毁低劣、有害的饲料与饲料添加剂，可避免其对动物身体造成不利的影响。

3.5 技术要求差异

［中国标准］（1）总则。感官要求：具有该饲料应有的色泽、嗅、味及组织形态特征，质地均匀；无发霉、变质、结块、虫蛀及异味、异嗅、异物。饲料和饲料添加剂的生产、使用，应是安全、有效、不污染环境的产品。符合单一饲料、饲料添加剂、配合饲料、浓缩饲料和添加剂预混合产品的饲料质量标准规定。饲料和饲料添加剂应在稳定的条件下取得或保存，确保饲料和饲料添加剂在生产加工、贮存和运输过程中免受害虫、化学、物理、微生物或其他不期望物质的污染。所有饲料和饲料添加剂的卫生指标应符合 GB 13078 的规定。（2）单一饲料。对单一饲料的监督可包括检查和抽样，及基于合同风险协定规定的污染物和其他不期望物质的分析；进口的单一饲料应取得国务院农业行政主管部门颁发的有效期内进口产品登记证；单一饲料中加入饲料添加剂时，应注明饲料添加剂的品种和含量；制药工业副产品不应用于畜禽饲料中；除乳制品外，哺乳动物源性饲料不得用作反刍动物饲料；饲料如经发酵处理，所使用的微生物制剂应是《饲料添加剂品种目录》中所规定的微生物品种和经国务院农业行政主管部门批准的新饲料添加剂品种。（3）饲料添加剂。营养性饲料添加剂和一般饲料添加剂产品应是《饲料添加剂品种目录》所规定的品种，或取得国务院农业行政主管部门颁发的有效期内饲料添加剂进口登记证的产品，亦或是国务院农业行政主管部门批准的新饲料添加剂品种；国产饲料添加剂产品应是由取得饲料添加剂生产许可证的企业生产，并具有产品批准文号或中试生产产品批准文号；饲料添加剂产品的使用应遵照产品标签所规定的用法、用量使用；接收、处理和贮存应保持安全有序，防止误用和交叉污染。（4）药物饲料添加剂。药物饲料添加剂的使用应遵守《饲料药物添

加剂使用规范》，并应注明使用的添加剂名称及用量；接收、处理和贮存应保持安全有序，防止误用和交叉污染；使用药物饲料添加剂应严格执行休药期规定。（5）配合饲料、浓缩饲料和添加剂预混合饲料。产品成分分析保证值应符合所执行标准的规定；使用药物饲料添加剂时，应符合《饲料药物添加剂使用规范》，并应注明使用的添加剂名称及用量；使用时，应遵照产品饲料标签所规定的用法、用量使用。（6）饲料加工过程。①饲料企业的工厂设计与设施卫生、工厂卫生管理和生产过程的卫生应符合GB/T 16764 的要求。②单一饲料和饲料添加剂的采购和使用应符合总则和单一饲料的要求，否则不得接收和使用；使用的饲料添加剂应符合总则、饲料添加剂和药物饲料添加剂的规定，否则不得接收和使用。③饲料配方遵循安全、有效、不污染环境的原则。饲料配方的营养指标应达到该产品所执行标准中的规定；饲料配方应由饲料企业专职人员负责制定、核查，并标注日期，签字认可，以确保其正确性和有效性；应保存每批饲料生产配方的原件和配料清单。④配料加工过程使用的所有计量器具和仪表，应进行定期检验、校准和正常维护，以保证精确度和稳定性，其误差应在规定范围内；微量和极微量组分应进行预稀释，并用专用设备在专门的配料室内进行，应有翔实的记录，以备追溯；配料室应有专人管理，保持卫生整洁。⑤混合工序投料应按先投入占比例大的原料，依次投入用量少的原料和添加剂。混合时间，根据混合机性能确定，混合均匀度符合标准的规定。生产含有药物饲料添加剂的饲料时，应根据药物类型，先生产药物含量低的饲料，再依次生产药物含量高的饲料。同一班次应先生产不添加药物饲料添加剂的饲料，然后生产添加药物饲料添加剂的饲料。为防止加入药物饲料添加剂的饲料产品生产过程中的交叉污染，在生产加入不同药物添加剂的饲料产品时，对所用的生产设备、工具、容器等应进行彻底清理。用于清洗生产设备、工具、容器的物料应单独存放和标示，或者报废，或者回放到下一次同品种的饲料中。⑥制粒过程的温度、蒸汽压力严格控制，应符合要求；充分冷却，以防止水分高而引起饲料发霉变质。更换品种时，应清洗制粒系统。可用少量单一谷物原料清洗，如清洗含有药物饲料添加剂的颗粒饲料，所用谷物的处理同用于清洗生产设备、工具、容器的物料应单独存放和标示，或者报废，或者回放到下一次同品种的饲料中。⑦留样。新进厂的单一饲料、饲料添加剂应保留样品，其留样标签应注明准确的名称、来源、产地、形状、接收日期、接收人等有关信息，保持可追溯性。加工生产的各个批次的饲料产品均应留样保存，其留样标签应注明饲料产品品种、生产日期、批次、样品采集人。留样应装入密闭容器内，贮存于阴凉、干燥的样品室，保留至该批产品保质期满后 3 个月。⑧记录。生产企业应建立生产记录制度。生产记录包括单一饲料原料接收、饲料加工过程和产品去向等全部详细信息，便于饲料产品的追溯。（7）标签。商品饲料应在包装物上附有饲料标签，标签应符合 GB 10648 中的有关规定。（8）包装、贮存和运输。①饲料包装应完整，无漏洞，无污染和异味；包装材料应符合 GB/T 16764 的要求；包装印刷油墨无毒，不应向内容物渗漏；包装物的重复使用应遵守《饲料和饲料添加剂管理条例》的有关规定。②饲料的贮存应符合 GB/T 16764 的要求；不合格和变质饲料应做无害化处理，不应存放在饲料贮存场所内；饲料贮存场地不应使用化学灭鼠药和杀鸟剂。③运输工具应符合 GB/T 16764 的要求；运输作业应防止污染，保持包装的完整性；不应使用运输畜禽等动物的车辆运输饲料产品；饲料运输工具和装卸场地应定期清洗和消毒。

[塔吉克斯坦标准]（1）饲料与饲料添加剂的流通规范。只有符合该技术规范的要求，且通过了该规范规定的鉴定程序，饲料与饲料添加剂方可在塔吉克斯坦境内流通；流通中的饲料与饲料添加剂，应带有质量安全证明文件；以下饲料与饲料添加剂不准予流通：不符合该技术规范的，过了有效期的，有明显变质特征的，没有生产源文件或缺少信息的，与其随货文件上信息不符，没有标签的，没有注明该技术规范规定的信息的；处于流通中的饲料与饲料添加剂，不应含有传染性、寄生性疾病的病原体及毒素，以免对人类、动物的身体造成伤害；处于流通中的饲料与饲料添加剂，包括其生产原料，均应具有随货文件，保证该产品的可追踪性与安全性；对于化学、微生物合成的饲料添加剂的流通，在有生产企业出具的质量安全证明文件的情况下，可以没有兽医证明文件；饲料与饲料添加剂的进口，必须遵守其生产厂家规定的质量指标安全性与完好性的保证条件，以及与该技术法规相符的评定标准。（2）饲料与饲料添加剂生产原料的安全要求。禁止使用来自动物与禽类发生重大疾病的重病区的原料来生产饲料与饲料添加剂（此区域对人类与动物身体健康造成危害的动物、食品与动物原料必须停止流通并销毁）。多汁饲料（饲草、青贮饲料、半干青饲料）通常可以以整颗方式或加工方式喂食，作为营养充足的饲料及饲料混合物的原料应符合生产厂家技术文件中规定的质量指标，多汁饲料不应出现发霉迹象，不应散发有毒植物的异味。粗饲料（干草、稻草）可单独作为饲料使用，或者作为饲料混合物的原料用于生产颗粒饲料，粗饲料中不应含有发霉物、有毒植物（顶羽菊、小冠花、茧荚黄耆）、病原真菌及病原微生物，不应有异味（发霉、腐烂）。用于生产配合饲料的谷物原料（小麦、大麦、燕麦、黑麦、玉米、稷米、花生、葵花籽、小黑麦），以及豆类饲料作物（箭筈豌豆、鹰嘴豆、饲料豆、小扁豆、羽扇豆、大豆、豌豆），不应含有麦角菌、黑穗病菌、害虫、霉菌毒素等毒素及病虫害等。根茎类作物与瓜类作物原料，不应有发霉迹象，其含有的危险物质、有毒物质的含量应不超过指定标准。原料、设备、包装材料与辅助材料的贮存，应保证饲料与饲料添加剂的安全性，避免对其造成污染。生产厂家应

保证罐封的酵母、酵素、益生菌、奶粉、干乳清的安全，用于制备饲料、饲料添加剂的每一批产品，均应有质量安全证明文件。（3）在生产过程中饲料与饲料添加剂的安全要求。生产工艺流程的安全性应符合技术规范与要求，通过进行生产监督，来保证饲料与饲料添加剂生产流程的安全。在饲料与饲料添加剂的生产过程中，务必遵守以下要求：对于反刍商品牲畜的饲料，不应包含从任何一种动物身上获得的成分（奶类成分除外），除了鱼类及其他不属于哺乳动物的水生生物；对于商品禽类的饲料，不应包含从反刍动物、食肉动物以及禽类身上获得的成分；对于来自大型有角牲畜海绵状脑病国家的商品牲畜，其饲料中不应包含从任何动物身上获得的成分，除了鱼类及其他不属于哺乳动物的水生生物。罐封饲料的安全性，应符合工业无菌等级要求。饲料与饲料添加剂应符合该技术规范附件 1 规定的安全指标。（4）饲料与饲料添加剂生产设施的要求。饲料与饲料添加剂的生产设施，应位于没有畜类、禽类传染病的地区，且在生产时应严格遵守兽医学卫生规范的要求。生产厂房与设施应保证以下要求：可置备生产线与设备用于生产及原料、材料的贮存，根据标准文件的要求，用隔板分出隔间或者用独立的房间储备原料，饲料与饲料添加剂的生产及贮存应防止受到污染；根据工业企业的现行规范要求，应保证生产间、辅助间、生活间、隔离间（需要采取隔离与保护，防止禽类、畜类、昆虫进入）的通风。酵母与益生菌的生产应在一个专用的酵母厂房内进行，该厂房应满足下列要求：厂房安置在一个生产大楼内，含几个主要车间，设置有单独的房间，要装有排气通风装置，或其他有效的空气净化处理系统，以防酵母、益生菌受到微生物、细菌及其他污染物的污染；在生产酵母与活性浓缩细菌的制备过程中，应由生产质检部在生产流程的各个阶段对酵母与益生菌进行质量检测。（5）饲料与饲料添加剂在贮存、运输、包装过程中的安全要求。饲料与饲料添加剂应贮存在专用库房内，库房内的贮存条件应保证产品在整个有效期内的安全性；根据饲料与饲料添加剂的类型与生产方法，生产厂家确定其有效期、贮存条件与运输条件；饲料与饲料添加剂的有效期，生产厂家根据技术文件或国际标准及地区标准来规定，如果没有以上标准，生产厂家自愿采用国家标准，并遵守该技术规范要求；饲料与饲料添加剂在贮存时，不允许与燃滑油料及有特殊气味的食品存放在一起；饲料与饲料添加剂的运输设备应保证干燥、清洁，没有遭到储备饲料害虫的污染，并根据兽医学领域的授权机构规定的流程进行运输；饲料与饲料添加剂的包装材料应确保产品在整个有效期内流通时的安全。（6）饲料与饲料添加剂的标签要求。为了避免对购买者造成误解，饲料与饲料添加剂应带有标签。饲料的标签应包含以下信息：饲料名称，饲料成分（按照饲料生产时使用成分质量分数的递减顺序排列），饲料的营养价值，生产厂家的地址与公司名称，净重，饲料生产日期、有效期、贮存条件，饲料用途及其使用建议，相符性认证信息，如果转基因生物在饲料中的含量超过 0.9% 则应注明 "饲料中含有转基因生物"。饲料添加剂的标签应包含以下信息：饲料添加剂的名称，饲料添加剂的主要消费特性信息，饲料添加剂的成分，饲料添加剂的营养价值，生产厂家的地址与公司名称，净重或体积，饲料添加剂的生产日期、有效期、贮存条件，饲料添加剂的用途及其使用建议，相符性认证信息。统一流通标志，如果转基因生物在饲料添加剂中的含量超过 0.9%，则应在标签中注明 "饲料添加剂中含有转基因生物"，还需标明使用饲料添加剂的禁忌证（如有）以及在流通中的预防措施（如有）。饲料及饲料添加剂标签中列出的信息应标记在产品包装、铭牌或货签上。如果饲料与饲料添加剂中含有 0.9% 以下的转基因成分，属偶然事件，或技术无法去除的原因，则此类饲料与饲料添加剂，不属于含有转基因成分的饲料与饲料添加剂。对于不分装的饲料与饲料添加剂，则其产品信息，应体现在产品使用说明书或附加页中。（7）饲料与饲料添加剂在销毁时的安全要求。如果在流通过程中，发现饲料与饲料添加剂不符合该技术规范的要求，其中包括：产品过期，有明显变质迹象，缺少质量相符性认证证书，标签不符合规定要求，缺少随货文件，与随货文件上显示的信息不符等情况，需由授权机构采取措施，对产品进行没收销毁，取消流通；被取消流通的饲料与饲料添加剂，应由委托实验室进行研究，根据研究结果，制定其后续的处理方案（回收利用或销毁）；根据实验室研究结果，被鉴定为对动物身体有危害的饲料与饲料添加剂，应按照法律规定程序对其销毁。（8）符合安全要求的保证。确保饲料与饲料添加剂与该技术规范相符，需要遵守以下要求：直接执行该规范的要求，或者执行国际标准及地区标准，如果没有以上标准，则自愿采用国家标准，并遵守该技术规范的要求；试验与测量的规范及方法，包括执行该技术规范进行产品相符性认证时必须遵守的取样要求，应依据国际标准与地区标准的规定，如果没有以上标准，则依据国家标准。（9）饲料与饲料添加剂的相符性认证。在饲料与饲料添加剂进入流通之前（不包括青贮饲料、多汁饲料与粗饲料）必须对其是否符合该技术规范进行认证；对于在塔吉克斯坦境内准备流通的饲料与饲料添加剂其相符性认证采用以下方式：进行必需的质量认证，对产品是否符合该技术规范进行国家监督；必须的质量认证由饲料与饲料添加剂行业的委托认证机构完成，根据申请者与认证机构之间的合约及申请书，申请者必须保证饲料与饲料添加剂符合本技术规范的要求；饲料与饲料添加剂的相符性认证方式是由供货方进行必需的质量认证，以委托实验室参与获取的证据为基础；在进行必要的相符性认证时生产方或者卖方为申请者；对于运入塔吉克斯坦境内的进口饲料与饲料添加剂，生产方（执行方、供货方、卖方）必须保证其产品符合该技术规范的要求；在对产品进行必需的相符性认证时，生产方必须进行生产检测，采取一切有效措施确保产品的生产流程符合该技术规范的要求，并对每一批产品进行预试验，按照规定在生产实验室内进行内部检测，检测产品是否符合该技术规范的要求；饲料添加剂必须由兽医学领域的授权机构进行国家注册；在质量管理与安全系统的推广与认证领域中，从事咨询活动的组织机构其注册流程应由国家授权的技术标准机构确定。

3.6　其他差异

［中国标准］（1）检验规则。①感官指标通过感官检验方法鉴别，有的指标可通过显微镜检验方法进行。感官要求应符合该标准中相关指标。②饲料中的卫生指标应按 GB 13078 规定的参数和试验方法执行；按饲料和饲料添加剂产品质量标准中检验规则规定的感官要求、营养指标及必检的卫生指标为出厂检验项目，由生产企业质检部门进行检验。标准中规定的全部指标为型式检验项目。（2）判定指标。①营养指标、卫生指标、限用药物、禁用药物为判定合格指标。②饲料中所检的各项指标应符合所执行标准中的要求。③检验结果中如卫生指标、限用药物、禁用药物指标不符合该标准要求时，则整批产品为不合格，不得复检。营养指标不合格，应自两倍量的包装中重新采样复验。复验结果有一项指标不符合相应标准的要求时，则整批产品为不合格。

［塔吉克斯坦标准］（1）违反该技术规范的责任追究。对于违反该技术规范的自然人及法人，必须根据塔吉克斯坦的法律规定承担相关责任。（2）自然人及法人是否遵守该技术规范，由国家进行监督；其监督程序应由国家授权的技术标准机构确定；对于饲料与饲料添加剂的生产流程与流通流程，需对其是否符合该技术规范进行国家监督，由国家授权的技术标准机构完成。

第4章 饲料酶联免疫测定霉菌毒素

4.1 标准名称

［中国标准］GB/T 17480—2008《饲料中黄曲霉毒素 B_1 的测定 酶联免疫吸附法》。

［塔吉克斯坦标准］GOST 31653—2012《饲料 酶联免疫法测定霉菌毒素的方法》。

4.2 适用范围的差异

［中国标准］（1）适用于各种饲料原料、配合饲料及浓缩饲料中黄曲霉毒素 B_1 的测定。（2）规定了饲料中黄曲霉毒素 B_1 的酶联免疫吸附测定（ELISA）法。

［塔吉克斯坦标准］适用于谷物饲料、豆科饲料作物、人工干燥和粗饲料、配合饲料工业产品（营养充足的配合饲料，混合精饲料）的饲料生产原料和饲料添加剂，但矿物来源的饲料添加剂和有机合成产品除外。

4.3 规范性引用文件清单的差异

［中国标准］

规范性引用文件有：

GB/T 20195《动物饲料 试样的制备》。

［塔吉克斯坦标准］

规范性引用以下标准文件：

GOST 8.315—1997《国家统一计量系统 物质和材料的成分和特性的标准样品基本原则》；

GOST 12.1.004—1991《劳动安全标准系统 消防安全 总要求》；

GOST 12.1.019—1979《劳动安全标准系统 用电安全 总要求及保护方式分类》；

GOST 12.4.009—1983《劳动安全标准系统 消防设备 基本类型 位置与维护》；

GOST 334—1973《比例和坐标纸 技术规范》；

GOST 1770—1974（ISO 1042：1983、ISO 4788：1980）《实验室玻璃计量容器 量筒、量杯、烧瓶和试管 总技术规范》；

GOST 4204—1977《试剂 硫酸 技术规范》；

GOST 6709—1972《蒸馏水　技术规范》；

GOST 12026—1976《实验室滤纸　技术规范》；

GOST 13496.0—1980《配合饲料、饲料原料　取样方法》；

GOST 13586.3—1983《谷物　验收规则和取样方法》；

GOST 13979.0—1986《油饼、油粕和芥末粉验收规则和取样方法》；

GOST 24104—2001《实验室天平　通用技术要求》；

GOST 25336—1982《实验室玻璃容器与设备　基本参数与尺寸》；

GOST 27262—1987《植物性饲料取样方法》；

GOST 27668—1988《面粉和麸皮验收及取样方法》。

4.4　术语和定义的差异

[中国标准]没有术语和定义的描述。

[塔吉克斯坦标准]涉及以下术语和定义。（1）测试系统：一组（一套）专用试剂，用于测定一种或多种具体物质。（2）储备溶液：预先配制的，是配制其他溶液所必需的试剂溶液。（3）辅助溶液：由储备溶液预先配制的，是配制其他溶液所必需的溶液。（4）工作溶液：一种或多种试剂混合成的溶液，在使用前直接配制，是进行分析所必需的溶液。

4.5　技术要求差异

4.5.1　方法原理

[中国标准]试样中黄曲霉毒素 B_1、酶标黄曲霉毒素 B_1 抗原与包被于微量反应板中的黄曲霉毒素 B_1 特异性抗体进行免疫竞争性反应，加入酶底物后显色，试样中黄曲霉毒素 B_1 的含量与颜色成反比。用目测法或仪器法通过与黄曲霉毒素 B_1 标准溶液比较判断或计算试样中黄曲霉毒素 B_1 的含量。

[塔吉克斯坦标准]（1）酶联免疫测定法的原理：通过对提取物工作溶液进行间接固相竞争酶联免疫分析，来测量样品中霉菌毒素的含量（图4-1）。（2）间接酶联免疫分析的原理：霉菌毒素与涂在平板孔格表面的霉菌毒素蛋白轭合物（固体抗原）在竞争的条件下，与特定抗体相互作用的能力。测量得到的抗体与抗原相互作用程度的分析信号（光学密度的记录值），与工作溶液中霉菌毒素的质量浓度成反比。

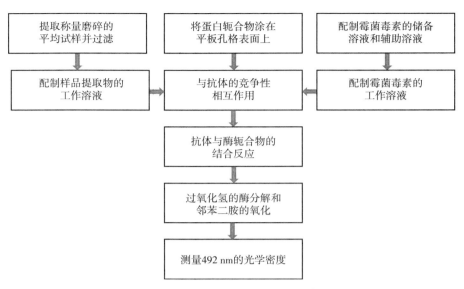

图 4-1　酶联免疫测定法的主要阶段

4.5.2　仪器和设备、标准物质

［中国标准］（1）仪器和设备：小型粉碎机、分样筛、分析天平、滤纸、具塞三角瓶、电动振荡器、微量连续可调取液器及配套吸头、恒温培养箱、酶标测定仪。（2）标准物质：黄曲霉毒素 B_1 标准溶液为 1.00 μg/L、50.00 μg/L。

［塔吉克斯坦标准］（1）测量仪器和辅助设备：垂直型测光光度计、实验室天平、任何类型的干燥柜、任何类型的冰箱、任何类型的蒸馏器、任何类型的具有对数函数的计算器、量筒、量瓶、移液器、微型注射器、96- 孔格的聚苯乙烯装配平板、试管、锥形烧瓶、漏斗、2 cm³ 的小瓶、实验室滤纸、坐标纸、其他设备和测量仪器。（2）标准物质：浓度范围为 0.000 04 μg/cm³～0.001 μg/cm³ 的黄曲霉毒素 B_1（A6636 类）、浓度范围为 0.000 04 μg/cm³～0.001 μg/cm³ 的漆斑菌素 A（R 7502 类）、浓度范围为 0.000 08 μg/cm³～0.002 μg/cm³ 的赭曲霉毒素 A（O 1877 类）、浓度范围为 0.000 08 μg/cm³～0.002 μg/cm³ 的杂色曲霉素（S 3255 类）、浓度范围为 0.000 4 μg/cm³～0.01 μg/cm³ 的 T-2 毒素（T 4887 类）、浓度范围为 0.000 4 μg/cm³～0.01 μg/cm³ 的玉米赤霉烯酮（Z 2125 类）、浓度范围为 0.001 μg/cm³～0.1 μg/cm³ 的伏马菌素 B_1（A1147 类）。

4.5.3　精密度、检出限和定量限

［中国标准］（1）精密度：重复测定结果的相对偏差不得超过 10%。（2）检出限：0.1 μg/kg。（3）定量限：没有定量限的描述。

［塔吉克斯坦标准］精密度指标见表 4-1。

表 4-1　酶联免疫测定法的精密度指标

待测定的成分	含量 mg/kg	重复性的相对标准偏差 s_r %	中间精密度的相对标准偏差 $s_{I(TOE)相对}$ %	重复性的极限值 $r_{相对}$ %	中间精密度的极限值 $R_{I(TOE)}$ %
黄曲霉毒素 B_1	0.002～0.050	15	18	42	50
漆斑菌素 A 赭曲霉毒素 A 杂色曲霉素	0.004～0.100	13	16	36	45
T-2 毒素 玉米赤霉烯酮	0.020～0.500	12	14	34	39
伏马菌素 B_1	0.050～5.000	12	14	34	39

在重复性条件下获得的两次平行测定结果之间的差值，不超过相对重复性极限值 r 的 5%。

在中间精密度条件下（实验室内部的不同时间、不同操作员、不同设备），获得的两个分析结果之间的差值，不得超过中间精密度的极限值 $R_{I(TOE)}$ 的 5%。

检出限：没有检出限的描述。

定量限：没有定量限的描述。

4.6　其他差异

4.6.1　操作方法

［中国标准］在已包被好抗原的酶标板中进行后续实验。

［塔吉克斯坦标准］在空的酶标板上经过低温、16 h 孵育后，将抗原包被在酶标板上，再进行后续实验。

4.6.2　实验耗时

［中国标准］抗原抗体反应耗时 15 min，显色耗时 15 min，样品可在 40 min 内完成检测。

［塔吉克斯坦标准］抗原抗体反应耗时 60 min，显色耗时 45 min，样品可在 110 min 内完成检测。

从实验抗原抗体反应耗时对比看，中国采用的试剂盒明显比塔吉克斯坦采用的试剂盒检测速度快，说明中国的快速检测试剂盒效果更好。

第 5 章　食品、饲料、配合饲料中黄曲霉毒素 B_1 的测定（氧化铝柱净化－高效液相色谱法）

5.1　标准名称

[中国标准] GB 5009.22—2016《食品安全国家标准　食品中黄曲霉毒素 B 族和 G 族的测定》。

[塔吉克斯坦标准] GOST 33780—2016《食品、饲料、配合饲料　氧化铝柱净化－高效液相色谱法测定黄曲霉毒素 B_1 的含量》。

5.2　适用范围的差异

[中国标准]（1）规定了食品中黄曲霉毒素 B_1、黄曲霉毒素 B_2、黄曲霉毒素 G_1、黄曲霉毒素 G_2（以下简称 AFT B_1、AFT B_2、AFT G_1 和 AFT G_2）的测定方法。（2）第一法为同位素稀释液相色谱－串联质谱法，适用于谷物及其制品、豆类及其制品、坚果及籽类、油脂及其制品、调味品、婴幼儿配方食品和婴幼儿辅助食品中 AFT B_1、AFT B_2、AFT G_1 和 AFT G_2 的测定。（3）第二法为高效液相色谱柱前衍生法，适用于谷物及其制品、豆类及其制品、坚果及籽类、油脂及其制品、调味品、婴幼儿配方食品和婴幼儿辅助食品中 AFT B_1、AFT B_2、AFT G_1 和 AFT G_2 的测定。（4）第三法为高效液相色谱－柱后衍生法，适用于谷物及其制品、豆类及其制品、坚果及籽类、油脂及其制品、调味品、婴幼儿配方食品和婴幼儿辅助食品中 AFT B_1、AFT B_2、AFT G_1 和 AFT G_2 的测定。（5）第四法为酶联免疫吸附筛查法，适用于谷物及其制品、豆类及其制品、坚果及籽类、油脂及其制品、调味品、婴幼儿配方食品和婴幼儿辅助食品中 AFT B_1 的测定。（6）第五法为薄层色谱法，适用于谷物及其制品、豆类及其制品、坚果及籽类、油脂及其制品、调味品中 AFT B_1 的测定。

[塔吉克斯坦标准]（1）适用于食品、饲料、配合饲料及其生产原料，其中规定了对提取物在氧化铝柱上进行净化后采用高效液相色谱法测定黄曲霉毒素 B_1 含量的方法。（2）不适用于咖啡、咖啡制品以及儿童、妊娠人群、哺乳人群食用的食品。

5.3　规范性引用文件清单的差异

[中国标准] 虽没有规范性引用文件清单，但会做出整体总结性描述，如：除非另有说明，该标准所用试剂均为分析纯，水为 GB/T 6682 规定的一级水。

[塔吉克斯坦标准]

规范性引用以下标准文件：

GOST 12.1.004—1991《劳动安全标准系统　消防安全　总要求》；

GOST 12.1.007—1976《劳动安全标准系统　有害物质　分类与总安全要求》；

GOST 12.1.010—1976《劳动安全标准系统　防爆安全　总要求》；

GOST 12.1.019—1979《劳动安全标准系统　用电安全　总要求及保护方式分类》；

GOST/OIML R 76-1：2011《国家统一测量系统　非自动衡器　第一部分：计量和技术要求试验》；

GOST 84—1976《试剂　十水碳酸钠　技术规范》；

GOST 1770—1974（ISO 1042：1983、ISO 4788：1980）《实验室玻璃计量容器　量筒、量杯、烧瓶和试管　总技术规范》；

GOST 4204—1977《试剂　硫酸　技术规范》；

GOST 4233—1977《试剂　氯化钠　技术规范》；

GOST 5556—1981《医用吸水棉　技术规范》；

GOST/ISO 5725-2：2003《测量方法与测量结果的准确性（正确性与精准度）　第 2 部分：标准测量方法的重复性与再现性测定方法》；

GOST 6709—1972《试剂蒸馏水　技术规范》；

GOST 16317—1987《日用电制冷器　总技术规范》；

GOST/ISO/IEC 17025：2009《试验实验室与校准实验室的权威性要求》；

GOST 25336—1982《实验室玻璃容器与设备　基本参数与尺寸》；

GOST 28311—1989《实验室医用定量器　总技术要求与试验方法》；

GOST 29227—1991（ISO 835-1：1981）《实验室玻璃容器　刻度滴管　第一部分：总要求》；

GOST 33303—2015《食品　用于测定霉菌毒素的取样方法》。

5.4　术语和定义的差异

[中国标准] 没有术语和定义的描述。

[塔吉克斯坦标准] 没有术语和定义的描述。

5.5 技术要求差异

5.5.1 方法原理

[中国标准] 5 种检测方法。

第一法　同位素稀释液相色谱－串联质谱法

试样中的黄曲霉毒素 B_1、黄曲霉毒素 B_2、黄曲霉毒素 G_1、黄曲霉毒素 G_2，用乙腈－水溶液或甲醇－水溶液提取，提取液用含 1% Triton X-100（或吐温 -20）的磷酸盐缓冲溶液稀释后（必要时经黄曲霉毒素固相净化柱初步净化），通过免疫亲和柱净化和富集，净化液浓缩、定容和过滤后经液相色谱分离，串联质谱检测，同位素内标法定量。

第二法　高效液相色谱－柱前衍生法

试样中的黄曲霉毒素 B_1、黄曲霉毒素 B_2、黄曲霉毒素 G_1、黄曲霉毒素 G_2，用乙腈－水溶液或甲醇－水溶液的混合溶液提取，提取液经黄曲霉毒素固相净化柱净化去除脂肪、蛋白质、色素及碳水化合物等干扰物质，净化液用三氟乙酸柱前衍生，液相色谱分离，荧光检测器检测，外标法定量。

第三法　高效液相色谱－柱后衍生法

试样中的黄曲霉毒素 B_1、黄曲霉毒素 B_2、黄曲霉毒素 G_1、黄曲霉毒素 G_2，用乙腈－水溶液或甲醇－水溶液的混合溶液提取，提取液经免疫亲和柱净化和富集，净化液浓缩、定容和过滤后经液相色谱分离，柱后衍生（碘或溴试剂衍生、光化学衍生、电化学衍生等），经荧光检测器检测，外标法定量。

第四法　酶联免疫吸附筛查法

试样中的黄曲霉毒素 B_1 用甲醇水溶液提取，经均质、涡旋、离心（过滤）等处理获取上清液。被辣根过氧化物酶标记或固定在反应孔中的黄曲霉毒素 B_1，与试样上清液或标准品中的黄曲霉毒素 B_1 竞争性结合特异性抗体。在洗涤后加入相应显色剂显色，经无机酸终止反应，于 450 nm 或 630 nm 波长下检测。样品中的黄曲霉毒素 B_1 与吸光度在一定浓度范围内成反比。

第五法　薄层色谱法

样品经提取、浓缩、薄层分离后，黄曲霉毒素 B_1 在紫外光（365 nm）下产生蓝紫色荧光，根据其在薄层上显示荧光的最低检出量来测定含量。

[塔吉克斯坦标准] 首先使用乙腈－水的混合物从样品中提取黄曲霉毒素 B_1，然后在氧化铝柱中对提取物进行净化，使用三氟乙酸将黄曲霉毒素 B_1 转化为强荧光化合

物，最后以三氟乙酸衍生物的形式，通过荧光检测反相高效液相色谱，确定黄曲霉毒素 B$_1$ 的质量分数。

5.5.2　仪器和设备、标准物质

[中国标准]

第一法　同位素稀释液相色谱 – 串联质谱法

（1）仪器和设备：匀浆机、高速粉碎机、组织捣碎机、超声波 / 涡旋振荡器或摇床、天平、涡旋混合器、高速均质器、离心机、玻璃纤维滤纸、固相萃取装置（带真空泵）、氮吹仪、液相色谱 – 串联质谱仪、液相色谱柱、免疫亲和柱、微孔滤头、筛网、pH 计。（2）标准物质。AFT B$_1$ 标准品：纯度≥98%；同位素内标 $^{13}C_{17}$–AFT B$_1$：纯度≥98%，浓度为 0.5 μg/mL。

第二法　高效液相色谱 – 柱前衍生法

（1）仪器和设备：匀浆机、高速粉碎机、组织捣碎机、超声波 / 涡旋振荡器或摇床、天平、涡旋混合器、高速均质器、离心机、玻璃纤维滤纸、氮吹仪、液相色谱仪、色谱分离柱、黄曲霉毒素专用型固相萃取净化柱，或相当者；一次性微孔滤头、筛网、恒温箱、pH 计。（2）标准物质。AFT B$_1$ 标准品：纯度≥98%。

第三法　高效液相色谱 – 柱后衍生法

（1）仪器和设备：匀浆机、高速粉碎机、组织捣碎机、超声波 / 涡旋振荡器或摇床、天平、涡旋混合器、高速均质器、离心机、玻璃纤维滤纸、固相萃取装置（带真空泵）、氮吹仪、液相色谱仪、液相色谱柱、光化学柱后衍生器、溶剂柱后衍生装置、电化学柱后衍生器、免疫亲和柱、黄曲霉毒素固相净化柱或相当的固相萃取柱、一次性微孔滤头、筛网。（2）标准物质。AFT B$_1$ 标准品：纯度≥98%。

第四法　酶联免疫吸附筛查法

（1）仪器和设备：微孔板酶标仪、研磨机、振荡器、电子天平、离心机、快速定量滤纸、筛网、试剂盒所要求的仪器。（2）标准物质。AFT B$_1$ 标准品：纯度≥98%。

第五法　薄层色谱法

（1）仪器和设备：圆孔筛、小型粉碎机、电动振荡器、全玻璃浓缩器、玻璃板、薄层板涂布器、展开槽、紫外光灯、微量注射器或血色素吸管。（2）标准物质。AFT B$_1$ 标准品：纯度≥98%。

[塔吉克斯坦标准]（1）测量装置和辅助设备：液相色谱仪、非自动衡器、反相色谱柱、预切割柱、旋转蒸发器、实验室真空泵、样品摇动器、干燥箱、样品研磨机、日用制冷器、实验室离心机、刻度滴管、量筒、量瓶、一次性试管、可调式定量器、

尖底烧瓶、平底烧瓶、分液漏斗、实验室漏斗、色谱玻璃柱、红色滤纸、玻璃容器、沙漏或计时器、药棉、分光光度计、其他测量装置与辅助设备。（2）标准物质。黄曲霉素 B_1 标准样品：黄曲霉素 B_1 溶解在乙腈中，其质量浓度为 10 μg/cm³，误差不超过 ±0.5 μg/cm³，以及基本物质质量分数不低于 98% 的晶体黄曲霉素 B_1 标准样品。

5.5.3 精密度、检出限和定量限

[中国标准]

第一法 同位素稀释液相色谱–串联质谱法

（1）精密度：在重复性条件下获得的两次独立测定结果的绝对差值不得超过算术平均值的20%。（2）检出限和定量限：当称取样品 5 g 时，AFT B_1 的检出限为 0.03 μg/kg；AFT B_1 的定量限为 0.1 μg/kg。

第二法 高效液相色谱–柱前衍生法

（1）精密度：在重复性条件下获得的两次独立测定结果的绝对差值不得超过算术平均值的20%。（2）检出限和定量限：当称取样品 5 g 时，AFT B_1 的检出限为 0.03 μg/kg；AFT B_1 的定量限为 0.1 μg/kg。

第三法 高效液相色谱–柱后衍生法

（1）精密度：在重复性条件下获得的两次独立测定结果的绝对差值不得超过算术平均值的20%。（2）检出限和定量限：当称取样品 5 g 时，柱后光化学衍生法、柱后溴衍生法、柱后碘衍生法、柱后电化学衍生法的 AFT B_1 的检出限为 0.03 μg/kg；无衍生器法的 AFT B_1 的检出限为 0.02 μg/kg；柱后光化学衍生法、柱后溴衍生法、柱后碘衍生法、柱后电化学衍生法：AFT B_1 的定量限为 0.1 μg/kg；无衍生器法：AFT B_1 的定量限为 0.05 μg/kg。

第四法 酶联免疫吸附筛查法

（1）精密度：每个试样称取两份进行平行测定，以其算术平均值为分析结果。其分析结果的相对相差应不大于20%。（2）检出限和定量限：当称取谷物、坚果、油脂、调味品等样品 5 g 时，方法检出限为 1 μg/kg，定量限为 3 μg/kg。当称取特殊膳食用食品样品 5 g 时，方法检出限为 0.1 μg/kg，定量限为 0.3 μg/kg。

第五法 薄层色谱法

（1）精密度：每个试样称取两份进行平行测定，以其算术平均值为分析结果。其分析结果的相对相差应不大于60%。（2）检出限和定量限：薄层板上黄曲霉毒素 B_1 的最低检出量为 0.000 4 μg/kg，检出限为 5 μg/kg。

[塔吉克斯坦标准]（1）精密度：绝对误差限度（不确定度）的数值应不超过两位

有效数字，最终测量结果数值的保留位数，应与绝对误差限度（不确定度）数值的保留位数一致。（2）检出限和定量限：如果黄曲霉素 B$_1$ 的质量分数低于测量范围下限，则测量结果记录为"低于 $0.000\ 2 \times 10^{-6}$"；如果黄曲霉素 B$_1$ 的质量分数高于测量范围上限（见表 5-1），则测量结果记录为"高于 0.05×10^{-6}"，黄曲霉素 B$_1$ 质量分数的测定范围：$0.000\ 2 \times 10^{-6} \sim 0.05 \times 10^{-6}$。

表 5-1　计量特性参数的限量值

测量范围 /$\times 10^{-6}$	重复性的极限值（在重复性条件下，测得的两个结果之间允许偏差的相对值，置信概率 p=0.95 时）r_{omH}/%	临界差（在再现性条件下，测得的两个结果之间允许偏差的相对值，置信概率 p=0.95 时）$CD_{0.95omH}$/%	相对标准偏差（相对误差限度 [a]，置信概率 p=0.95 时）δ/%
$0.000\ 2 \sim 0.002\ 5$（含）	31	59	±42
$0.002\ 5 \sim 0.05$（含）	20	36	±26
[a] 当包含因子 k=2 时，相对误差限度数值应符合相对扩展不确定度 U_{omH}。			

5.5.4　样品制备过程中的黄曲霉毒素 B$_1$ 损失计算

［中国标准］没有样品制备过程中的黄曲霉毒素 B$_1$ 损失计算的描述。

［塔吉克斯坦标准］为了计算黄曲霉毒素 B$_1$ 损失量，在样品准备时，应在样品中加入黄曲霉毒素 B$_1$ 添加剂，在这之前，样品中不应含有黄曲霉毒素 B$_1$。向 4.5 g～5.5 g 的样品中，加入 0.5 cm^3 的质量浓度为 50 mg/cm^3 的黄曲霉毒素 B$_1$ 溶液（如果是对油脂产品样品进行分析，则加入 0.25 cm^3 的溶液），所有操作应根据标准要求（根据样品类型）。分析样品浓缩液，以同样方式获取。

第6章 饲料中赭曲霉毒素 A 的测定（酶联免疫吸附法）

6.1 标准名称

[中国标准] GB/T 19539—2004《饲料中赭曲霉毒素 A 的测定》。

[塔吉克斯坦标准] GOST 31653—2012《饲料 酶联免疫法测定霉菌毒素的方法》。

6.2 适用范围的差异

[中国标准] 适用于配合饲料、饲用谷物原料中赭曲霉毒素 A 的测定，规定了赭曲霉毒素 A（Ochratoxin A，以下简称 OA）的薄层色谱测定方法和酶联免疫吸附测定方法。

[塔吉克斯坦标准] 适用于谷物饲料、豆科饲料作物、人工干燥和粗饲料、配合饲料工业产品（营养充足的配合饲料、混合精饲料）的饲料生产原料和饲料添加剂，但矿物来源的饲料添加剂和有机合成产品除外。

6.3 规范性引用文件清单的差异

[中国标准]

规范性引用文件有：

GB/T 6682《分析实验用水规格和试验方法》；

GB/T 14699.1《饲料采样方法》。

[塔吉克斯坦标准]

规范性引用以下标准文件：

GOST 8.315—1997《国家统一计量系统 物质和材料的成分和特性的标准样品基本原则》；

GOST 12.1.004—1991《劳动安全标准系统 消防安全 总要求》；

GOST 12.1.019—1979《劳动安全标准系统 用电安全 总要求及保护方式分类》；

GOST 12.4.009—1983《劳动安全标准系统 消防设备 基本类型 位置与维护》；

GOST 334—1973《比例和坐标纸　技术规范》；

GOST 1770—1974（ISO 1042：1983、ISO 4788：1980）《实验室玻璃计量容器　量筒、量杯、烧瓶和试管　总技术规范》；

GOST 4204—1977《试剂　硫酸　技术规范》；

GOST 6709—1972《蒸馏水　技术规范》；

GOST 12026—1976《实验室滤纸　技术规范》；

GOST 13496.0—1980《配合饲料、饲料原料　取样方法》；

GOST 13586.3—1983《谷物　验收规则和取样方法》；

GOST 13979.0—1986《油饼、油粕和芥末粉验收规则和取样方法》；

GOST 24104—2001《实验室天平　通用技术要求》；

GOST 25336—1982《实验室玻璃容器与设备　基本参数与尺寸》；

GOST 27262—1987《植物性饲料取样方法》；

GOST 27668—1988《面粉和麸皮验收及取样方法》。

6.4　术语和定义的差异

［中国标准］没有术语和定义的描述。

［塔吉克斯坦标准］涉及以下术语和定义。（1）测试系统：一组（一套）专用试剂，用于测定一种或多种具体物质。（2）储备溶液：预先配制的，是配制其他溶液所必需的试剂溶液。（3）辅助溶液：由储备溶液预先配制的，是配制其他溶液所必需的溶液。（4）工作溶液：一种或多种试剂混合成的溶液，在使用前直接配制，是进行分析所必需的溶液。

6.5　技术要求差异

6.5.1　方法原理

［中国标准］2 种检测方法。

第一法　薄层色谱法（仲裁法）

试样中的 OA 经提取，液 - 液分配萃取，浓缩，然后进行薄层分离，限量定量，或用薄层扫描仪测定荧光斑点的荧光强度，外标法定量。

第二法　酶联免疫吸附测定法（快速筛选法）

该方法的检测依据是抗原 - 抗体反应。将 OA 抗体的羊抗体吸附在固相载体表面，加入 OA 抗体、酶标 OA 结合物、OA 标准或试样液，在 OA 抗体与固相载体表面羊抗体结合的同时，游离的 OA、酶标 OA 结合物与结合在固体表面 OA 抗体竞争，未结合的酶标 OA 结合物洗涤除去。加入酶底物，在结合酶的催化作用下，无色底物降解产生有蓝色物质，加入终止剂后颜色转变为黄色。通过酶标检测仪，在 450 nm 波长处测吸收值。吸光强度与试样中 OA 的浓度成反比。

酶联免疫吸附测定法具有操作简单，快速灵敏，结果可靠的特点。目前有专门测定 OA 的酶联免疫检测试剂盒的商品。在分析时适当参考操作说明书。

[塔吉克斯坦标准]（1）酶联免疫测定法的原理：通过对提取物工作溶液进行间接固相竞争酶联免疫分析，来测量样品中 OA 的含量（图 4-1）。（2）间接酶联免疫分析的原理：OA 与涂在平板孔格表面的霉菌毒素蛋白轭合物（固体抗原）在竞争的条件下，与特定抗体相互作用的能力。测量得到的抗体与抗原相互作用程度的分析信号（光学密度的记录值），与工作溶液中 OA 的质量浓度成反比。

6.5.2 仪器和设备、标准物质

[中国标准]

第一法 薄层色谱法（仲裁法）

（1）仪器和设备：小型粉碎机、电动振荡器、薄层板涂布器、玻璃器皿、快速定性滤纸、展开槽、紫外光灯、点样器、薄层扫描仪。（2）标准物质：OA 标准储备溶液。警告：凡接触 OA 的容器，须浸入 4% 次氯酸钠溶液，半天后清洗备用。

第二法 酶联免疫吸附测定法（快速筛选法）

（1）仪器和设备：酶标测定仪、小型粉碎机、微量移液器、电动振荡器、玻璃器皿、快速滤纸。（2）标准物质：OA 标准储备溶液。

[塔吉克斯坦标准]（1）测量仪器和辅助设备：垂直型测光光度计、实验室天平、任何类型的干燥柜、任何类型的冰箱、任何类型的蒸馏器、任何类型的具有对数函数的计算器、量筒、量瓶、移液器、微型注射器、96- 孔格的聚苯乙烯装配平板、试管、锥形烧瓶、漏斗、2 cm³ 的小瓶、实验室滤纸、坐标纸、其他设备和测量仪器。（2）标准物质：OA（O 1877 类）浓度范围为 0.000 08 µg/cm³～0.002 µg/cm³。

6.5.3 精密度、检出限和定量限

[中国标准]

第一法 薄层色谱法（仲裁法）

（1）精密度：在重复性条件下获得的两次独立测试结果的相对差值不大于 10%。（2）检出限：薄层色谱测定方法的最低检测量为 2 ng。（3）定量限：没有定量限的描述。

第二法　酶联免疫吸附测定法（快速筛选法）

（1）精密度：在重复性条件下获得的两次独立测试结果的相对差值不大于 15%。
（2）检出限：酶联免疫吸附测定方法的最低检测量为 0.05 ng。（3）定量限：没有定量限的描述。

[塔吉克斯坦标准] 精密度指标见表 4-1。

6.6　其他差异

6.6.1　操作方法

[中国标准] 在已包被好抗原的酶标板中进行后续实验。

[塔吉克斯坦标准] 在空的酶标板上经过低温、16 h 孵育后，将抗原包被在酶标板上，再进行后续实验。

6.6.2　实验耗时

[中国标准] 抗原抗体反应耗时 15 min，显色耗时 15 min，样品可在 40 min 内完成检测。

[塔吉克斯坦标准] 抗原抗体反应耗时 60 min，显色耗时 45 min，样品可在 110 min 内完成检测。

从实验抗原抗体反应耗时对比来看，中国采用的试剂盒明显比塔吉克斯坦采用的试剂盒检测速度快，说明中国的快速检测试剂盒效果更好。

第7章　饲料中杂色曲霉素的测定

7.1　标准名称

[中国标准] GB 5009.25—2016《食品安全国家标准　食品中杂色曲霉素的测定》。

[塔吉克斯坦标准] GOST 31653—2012《饲料　酶联免疫法测定霉菌毒素的方法》。

7.2　适用范围的差异

[中国标准]（1）适用于大米、玉米、小麦、黄豆及花生中杂色曲霉素的测定。（2）规定了液相色谱－串联质谱法和高效液相色谱法测定杂色曲霉素的测定方法。

[塔吉克斯坦标准] 适用于谷物饲料、豆科饲料作物、人工干燥和粗饲料、配合饲料工业产品（营养充足的配合饲料、混合精饲料）的饲料生产原料和饲料添加剂，但矿物来源的饲料添加剂和有机合成产品除外。

7.3　规范性引用文件清单的差异

[中国标准] 虽没有规范性引用文件清单，但会做出整体总结性描述，如：除非另有说明，该标准所用试剂均为分析纯，水为 GB/T 6682 规定的一级水。

[塔吉克斯坦标准]

规范性引用以下标准文件：

GOST 8.315—1997《国家统一计量系统　物质和材料的成分和特性的标准样品基本原则》；

GOST 12.1.004—1991《劳动安全标准系统　消防安全　总要求》；

GOST 12.1.019—1979《劳动安全标准系统　用电安全　总要求及保护方式分类》；

GOST 12.4.009—1983《劳动安全标准系统　消防设备　基本类型　位置与维护》；

GOST 334—1973《比例和坐标纸　技术规范》；

GOST 1770—1974（ISO 1042：1983、ISO 4788：1980）《实验室玻璃计量容器　量筒、量杯、烧瓶和试管　总技术规范》；

GOST 4204—1977《试剂　硫酸　技术规范》；

GOST 6709—1972《蒸馏水　技术规范》；

GOST 12026—1976《实验室滤纸 技术规范》；

GOST 13496.0—1980《配合饲料、饲料原料 取样方法》；

GOST 13586.3—1983《谷物 验收规则和取样方法》；

GOST 13979.0—1986《油饼、油粕和芥末粉验收规则和取样方法》；

GOST 24104—2001《实验室天平 通用技术要求》；

GOST 25336—1982《实验室玻璃容器与设备 基本参数与尺寸》；

GOST 27262—1987《植物性饲料取样方法》；

GOST 27668—1988《面粉和麸皮验收及取样方法》。

7.4 术语和定义的差异

[中国标准] 没有术语和定义的描述。

[塔吉克斯坦标准] 涉及以下术语和定义。（1）测试系统：一组（一套）专门用试剂，用于测定一种或多种具体物质。（2）储备溶液：预先配制的，是配制其他溶液所必需的试剂溶液。（3）辅助溶液：由储备溶液预先配制的，是配制其他溶液所必需的溶液。（4）工作溶液：一种或多种试剂混合成的溶液，在使用前直接配制，是进行分析所必需的溶液。

7.5 技术要求差异

7.5.1 方法原理

[中国标准] 3 种检测方法。

第一法 液相色谱－串联质谱法

试样中的杂色曲霉素用乙腈－水溶液提取，经涡旋、超声、离心，取上清液经稀释，通过固相萃取柱或免疫亲和柱净化、浓缩、甲醇－水溶液定容、微孔滤膜过滤，液相色谱分离，电喷雾离子源离子化，多反应离子监测检测，同位素内标法定量。

第二法 液相色谱法

样品中的杂色曲霉素用乙腈－水溶液提取，经均质、涡旋、超声、离心等处理，取上清液用磷酸盐缓冲液稀释，免疫亲和柱净化、洗脱，氮气吹干浓缩、流动相定容、微孔滤膜过滤，液相色谱分离紫外检测器检测。外标法定量。

第三法 薄层色谱法

试样中的杂色曲霉素经提取、净化、浓缩、薄层展开后，用三氯化铝显色，再经加热产生一种在紫外光下显示黄色荧光的物质，根据其在薄层上显示的荧光最低检出量来测定样品中杂色曲霉素的含量。

[塔吉克斯坦标准]（1）酶联免疫测定法的原理：通过对提取物工作溶液进行间接固相竞争酶联免疫分析，来测量样品中杂色曲霉素的含量（图4-1）。（2）间接酶联免疫分析的原理：杂色曲霉素与涂在平板孔格表面的霉菌毒素蛋白轭合物（固体抗原）在竞争的条件下，与特定抗体相互作用的能力。测量得到的抗体与抗原相互作用程度的分析信号（光学密度的记录值），与工作溶液中杂色曲霉素的质量浓度成反比。

7.5.2 仪器和设备、标准物质

[中国标准]

第一法　液相色谱－串联质谱法

（1）仪器和设备：液相色谱－串联质谱仪、高速粉碎机、涡旋混合器、超声波发生器、天平、离心机、固相萃取装置（带真空泵）、氮吹仪、试验筛。（2）标准物质：杂色曲霉素标准品纯度≥99%、$^{13}C_{18}$－杂色曲霉素同位素内标为25 μg/mL。

第二法　液相色谱法

（1）仪器和设备：液相色谱仪、高速粉碎机、涡旋混合器、超声波发生器、天平、离心机、固相萃取装置（带真空泵）、氮吹仪、试验筛。（2）标准物质：杂色曲霉素标准品纯度≥99%。

第三法　薄层色谱法

（1）仪器和设备：小型粉碎机、样筛、电动振荡器、全玻璃浓缩器、玻璃板、展开槽、玻璃喷雾器、空气泵或油泵。（2）标准物质：杂色曲霉素标准品纯度≥99%。

[塔吉克斯坦标准]（1）测量仪器和辅助设备：垂直型测光光度计、实验室天平、任何类型的干燥柜、任何类型的冰箱、任何类型的蒸馏器、任何类型的具有对数函数的计算器、量筒、量瓶、移液器、微型注射器、96-孔格的聚苯乙烯装配平板、试管、锥形烧瓶、漏斗、2 cm³ 的小瓶、实验室滤纸、坐标纸、其他设备和测量仪器。（2）标准物质：杂色曲霉素（S 3255 类）浓度范围为 0.000 08 μg/cm³～0.002 μg/cm³。

7.5.3 精密度、检出限和定量限

[中国标准]

第一法　液相色谱－串联质谱法

（1）精密度：在重复性条件下获得的两次独立测定结果的相对差值不得超过算术平均值的20%。（2）检出限和定量限：称取大米、玉米及小麦试样 5 g 时，其检出限为 0.6 μg/kg，定量限为 2 μg/kg；称取黄豆及花生试样 2 g 时，其检出限为 1.5 μg/kg，定

量限为 5 μg/kg。

第二法　液相色谱法

（1）精密度：在重复性条件下获得的两次独立测定结果的绝对差值不得超过算术平均值的 20%。（2）检出限和定量限：称取大米、玉米、小麦、黄豆及花生 5 g 时，其检出限为 6 μg/kg，定量限为 20 μg/kg。

第三法　薄层色谱法

没有精密度、检出限和定量限的描述。

[塔吉克斯坦标准]精密度：指标见表 4-1。检出限：没有检出限的描述。定量限：没有定量限的描述。

第8章　饲料中玉米赤霉烯酮的测定

8.1　标准名称

［中国标准］GB/T 19540—2004《饲料中玉米赤霉烯酮的测定》。

［塔吉克斯坦标准］GOST 31653—2012《饲料　酶联免疫法测定霉菌毒素的方法》。

8.2　适用范围的差异

［中国标准］（1）适用于配合饲料和饲用谷物原料中玉米赤霉烯酮（zearalenone，以下简称 ZEN）的测定。（2）规定了 ZEN 的薄层色谱测定方法和酶联免疫吸附测定法。

［塔吉克斯坦标准］适用于谷物饲料、豆科饲料作物、人工干燥和粗饲料、配合饲料工业产品（营养充足的配合饲料、混合精饲料）的饲料生产原料和饲料添加剂，但矿物来源的饲料添加剂和有机合成产品除外。

8.3　规范性引用文件清单的差异

［中国标准］

规范性引用文件有：

GB/T 6682《分析实验室用水规格和试验方法》；

GB/T 14699.1《饲料采样方法》。

［塔吉克斯坦标准］

规范性引用以下标准文件：

GOST 8.315—1997《国家统一计量系统　物质和材料的成分和特性的标准样品基本原则》；

GOST 12.1.004—1991《劳动安全标准系统　消防安全　总要求》；

GOST 12.1.019—1979《劳动安全标准系统　用电安全　总要求及保护方式分类》；

GOST 12.4.009—1983《劳动安全标准系统　消防设备　基本类型　位置与维护》；

GOST 334—1973《比例和坐标纸　技术规范》；

GOST 1770—1974（ISO 1042：1983、ISO 4788：1980）《实验室玻璃计量容器　量筒、量杯、烧瓶和试管　总技术规范》；

GOST 4204—1977《试剂　硫酸　技术规范》；

GOST 6709—1972《蒸馏水　技术规范》；

GOST 12026—1976《实验室滤纸　技术规范》；

GOST 13496.0—1980《配合饲料、饲料原料　取样方法》；

GOST 13586.3—1983《谷物　验收规则和取样方法》；

GOST 13979.0—1986《油饼、油粕和芥末粉验收规则和取样方法》；

GOST 24104—2001《实验室天平　通用技术要求》；

GOST 25336—1982《实验室玻璃容器与设备　基本参数与尺寸》；

GOST 27262—1987《植物性饲料取样方法》；

GOST 27668—1988《面粉和麸皮验收及取样方法》。

8.4　术语和定义的差异

[中国标准]没有术语和定义的描述。

[塔吉克斯坦标准]涉及以下术语和定义。（1）测试系统：一组（一套）专用试剂，用于测定一种或多种具体物质。（2）储备溶液：预先配制的，是配制其他溶液所必需的试剂溶液。（3）辅助溶液：由储备溶液预先配制的，是配制其他溶液所必需的溶液。（4）工作溶液：一种或多种试剂混合成的溶液，在使用前直接配制，是进行分析所必需的溶液。

8.5　技术要求差异

8.5.1　方法原理

[中国标准]2 种检测方法。

第一法　薄层色谱法（仲裁法）

试样中的 ZEN 用三氯甲烷提取，提取液经液 - 液萃取、浓缩，然后进行薄层色谱分离，限量定量，或用薄层扫描仪测定荧光斑点的吸收值，外标法定量。

第二法　酶联免疫吸附测定法（快速筛选法）

该方法的检测依据是抗原 - 抗体反应。将 ZEN 抗体的羊抗体吸附在固相载体表面，加入 ZEN 抗体、酶标 ZEN 结合物、ZEN 标准或试样液，在 ZEN 抗体与固相载体表面羊抗体结合的同时，游离的 ZEN、酶标 ZEN 结合物与结合在固体表面的 ZEN 抗体竞争，未结合的酶标 ZEN 结合物洗涤除去。加入酶底物，在结合酶的催化作用下，无色底物降解产生蓝色物质。加入终止剂后颜色转变为黄色。通过酶标检测仪，在

450 nm 波长处测吸收值。吸收强度与试样中 ZEN 的浓度成反比。

酶联免疫吸附测定法具有操作简单，快速灵敏，结果可靠的特点。目前有专门测定 ZEN 的酶联免疫检测试剂盒的商品。在分析时适当参考操作说明书。

[塔吉克斯坦标准]（1）酶联免疫测定法的原理：通过对提取物工作溶液进行间接固相竞争酶联免疫分析，来测量样品中 ZEN 的含量（图 4-1）。（2）间接酶联免疫分析的原理：ZEN 与涂在平板孔格表面的霉菌毒素蛋白轭合物（固体抗原）在竞争的条件下与特定抗体相互作用。测量抗体与抗原相互作用程度的分析信号（光学密度的记录值），与工作溶液中 ZEN 的质量浓度成反比。

8.5.2 仪器和设备、标准物质

[中国标准]

第一法 薄层色谱法（仲裁法）

（1）仪器和设备：小型粉碎机、电动振荡器、薄层板涂布器、玻璃器皿、旋转蒸发器、慢速滤纸、展开槽、点样器、紫外光灯、薄层色谱扫描仪。（2）标准物质：ZEN 标准储备溶液。

第二法 酶联免疫吸附测定法（快速筛选法）

（1）仪器和设备：酶标检测仪，小型粉碎机，50 μL、100 μL、1 000 μL 微量移液器，电动振荡器，玻璃器皿，快速滤纸。（2）标准物质：ZEN 标准储备溶液。

[塔吉克斯坦标准]（1）测量仪器和辅助设备：垂直型测光光度计、实验室天平、任何类型的干燥柜、任何类型的冰箱、任何类型的蒸馏器、任何类型的具有对数函数的计算器、量筒、量瓶、移液器、微型注射器、96- 孔格的聚苯乙烯装配平板、试管、锥形烧瓶、漏斗、2 cm³ 的小瓶、实验室滤纸、坐标纸、其他设备和测量仪器。（2）标准物质：玉米赤霉烯酮（Z 2125 类）浓度范围为 0.000 4 μg/cm³～0.01 μg/cm³。

8.5.3 精密度、检出限和定量限

[中国标准]

第一法 薄层色谱法（仲裁法）

（1）精密度：在重复性条件下获得的两次独立测试结果的相对差值不大于 10%。（2）检出限：薄层色谱测定方法的最低检测量为 20 ng。（3）定量限：没有定量限的描述。

第二法 酶联免疫吸附测定法（快速筛选法）

（1）精密度：在重复性条件下获得的两次独立测试结果的相对差值不大于 15%。（2）检出限：酶联免疫吸附测定方法的最低检测量为 0.25 ng。（3）定量限：没有定量

限的描述。

[塔吉克斯坦标准] 精密度指标见表 4-1。

8.6　其他差异

8.6.1　操作方法

[中国标准] 在已包被好抗原的酶标板中进行后续实验。

[塔吉克斯坦标准] 在空的酶标板上经过低温、16 h 孵育后将抗原包被在酶标板上，再进行后续试验。

8.6.2　实验耗时

[中国标准] 抗原抗体反应耗时 15 min，显色耗时 15 min，样品可在 40 min 内完成检测。

[塔吉克斯坦标准] 抗原抗体反应耗时 60 min，显色耗时 45 min，样品可在 110 min 内完成检测。

从实验抗原抗体反应耗时对比可看出，中国采用的试剂盒明显比塔吉克斯坦采用的试剂盒检测速度快，说明中国的快速检测试剂盒效果更好。

第 9 章　奶及奶制品中黄曲霉毒素 M₁ 的测定

9.1　标准名称

［中国标准］GB 5009.24—2016《食品安全国家标准　食品中黄曲霉毒素 M 族的测定》。

［塔吉克斯坦标准］GOST 33601—2015《奶及奶制品　黄曲霉毒素 M_1 的快速测定法》。

9.2　适用范围的差异

［中国标准］（1）规定了食品中黄曲霉毒素 M_1 和黄曲霉毒素 M_2（以下简称 AFT M_1 和 AFT M_2）的测定方法。（2）第一法为同位素稀释液相色谱－串联质谱法，适用于乳、乳制品和含乳特殊膳食用食品中 AFT M_1 和 AFT M_2 的测定。（3）第二法为高效液相色谱法，适用范围同第一法。（4）第三法为酶联免疫吸附筛查法，适用于乳、乳制品和含乳特殊膳食用食品中 AFT M_1 的筛查测定。

［塔吉克斯坦标准］（1）适用于生牛奶、热处理牛奶及还原奶，规定了测定黄曲霉毒素 M_1 的免疫色谱法。（2）食品中 AFT M_1 的含量极限值为 0.000 02 mg/kg。

9.3　规范性引用文件清单的差异

［中国标准］没有规范性引用文件清单，但做出了整体总结性描述，如：除非另有说明，该标准所用试剂均为分析纯，水为 GB/T 6682 规定的一级水。

［塔吉克斯坦标准］

规范性引用以下标准文件：

GOST 12.1.004—1991《劳动安全标准系统　消防安全　总要求》；

GOST 12.1.005—1988《劳动安全标准系统　工作区域空气的总卫生要求》；

GOST 12.1.007—1976《劳动安全标准系统　有害物质　分类与总安全要求》；

GOST 12.1.019—1979《劳动安全标准系统　用电安全　总要求及保护方式分类》；

GOST 12.4.009—1983《劳动安全标准系统　消防设备　基本类型　位置与维护》；

GOST 12.4.021—1975《劳动安全标准系统　通用系统　总要求》；

GOST 3145—1984《带信号装置的机械表　总技术规范》;

GOST 6709—1972《蒸馏水　技术规范》;

GOST 12026—1976《实验室滤纸　技术规范》;

GOST 25336—1982《实验室玻璃容器与设备　基本参数与尺寸》;

GOST 26809.1—2014《奶及奶制品　验收规范、取样方法及分析前的试样准备工作　第一部分: 奶、奶制品和含奶制品》;

GOST 27752—1988《电子机械石英台钟、挂钟、闹钟总技术规范》;

GOST 28498—1990《玻璃液体温度计总技术要求测定方法》;

GOST 29227—1991(ISO 835-1: 1981)《实验室玻璃容器　刻度滴管　第一部分: 总要求》;

GOST 29245—1991《罐装牛奶物理指标、感官指标的测定方法》。

9.4　术语和定义的差异

[中国标准] 没有术语和定义的描述。

[塔吉克斯坦标准] 没有术语和定义的描述。

9.5　技术要求差异

9.5.1　方法原理

[中国标准] 3 种检测方法。

第一法　同位素稀释液相色谱 - 串联质谱法

试样中的 AFT M_1 和 AFT M_2 用甲醇 - 水溶液提取,上清液用水或磷酸盐缓冲液稀释后,经免疫亲和柱净化和富集,净化液浓缩、定容和过滤后经液相色谱分离,串联质谱检测,同位素内标法定量。

第二法　高效液相色谱法

试样中的 AFT M_1 和 AFT M_2 用甲醇 - 水溶液提取,上清液稀释后,经免疫亲和柱净化和富集,净化液浓缩、定容和过滤后经液相色谱分离,荧光检测器检测。外标法定量。

第三法　酶联免疫吸附筛查法

试样中的 AFT M_1 经均质、冷冻离心、脱脂或有机溶剂萃取等处理获得上清液。利用被辣根过氧化物酶标记或固定在反应孔中的 AFT M_1 与样品或标准品中的 AFT M_1 竞争性结合特异性抗体。在洗涤后加入相应显色剂显色,经无机酸终止反应,于 450 nm 或 630 nm 波长下检测。样品中的 AFT M_1 与吸光度在一定浓度范围内成反比。

［塔吉克斯坦标准］第一种检测方法——免疫色谱法。采用 Aflasensor 试剂盒测定奶粉中的 AFT M$_1$。该方法的原理为：目标物 AFT M$_1$ 与免疫蛋白胶体金标记物发生反应，剩余的免疫蛋白胶体金标记物通过纸色谱法，在纸色谱显色区域呈红色，颜色的深浅与 AFT M$_1$ 含量成反比，利用目测比色法进行检测。第二种检测方法——酶联免疫法。采用 IDEXX SNAP® 试剂盒测定奶粉中的 AFT M$_1$。该方法的原理基于竞争性酶联免疫法。AFT M$_1$ 生成的络合物与特效试剂发生反应，后续目测评定涂色标志的颜色变化。

9.5.2　仪器和设备、标准物质

［中国标准］

第一法　同位素稀释液相色谱－串联质谱法

（1）仪器和设备：天平、水浴锅、涡旋混合器、超声波清洗器、离心机、旋转蒸发仪、固相萃取装置（带真空泵）、氮吹仪、液相色谱－串联质谱仪、圆孔筛、玻璃纤维滤纸、一次性微孔滤头、免疫亲和柱。（2）标准物质：AFT M$_1$ 标准品，纯度≥98%，或经国家认证并授予标准物质证书的标准物质；AFT M$_2$ 标准品，纯度≥98%，或经国家认证并授予标准物质证书的标准物质；$^{13}C_{17}$－AFT M$_1$ 同位素溶液，浓度为 0.5 μg/mL。

第二法　高效液相色谱法

（1）仪器和设备：天平、水浴锅、涡旋混合器、超声波清洗器、离心机、旋转蒸发仪、固相萃取装置（带真空泵）、氮吹仪、液相色谱仪、圆孔筛、液相色谱仪（带荧光检测器）、玻璃纤维滤纸、一次性微孔滤头、免疫亲和柱。（2）标准物质：AFT M$_1$ 标准品，纯度≥98%，或经国家认证并授予标准物质证书的标准物质；AFT M$_2$ 标准品，纯度≥98%，或经国家认证并授予标准物质证书的标准物质。

第三法　酶联免疫吸附筛查法

（1）仪器和设备：微孔板酶标仪、天平、离心机、旋涡混合器。（2）标准物质：AFT M$_1$ 标准品，纯度≥98%。

［塔吉克斯坦标准］（1）测量装置和辅助设备：测定黄曲霉素 M$_1$ 的 Aflasensor 试剂盒、液体温度计、机械表、恒温器、恒温水槽、允许使用的其他测量装置与辅助设备。（2）标准物质：黄曲霉毒素 M$_1$ 标准品。

9.5.3　精密度、检出限和定量限

［中国标准］

第一法　同位素稀释液相色谱－串联质谱法

（1）精密度：在重复性条件下获得的两次独立测定结果的绝对差值不得超过算术

平均值的 20%。（2）检出限和定量限：称取液态乳、酸奶 4 g 时，该方法 AFT M_1 检出限为 0.005 μg/kg，AFT M_2 检出限为 0.005 μg/kg，AFT M_1 定量限为 0.015 μg/kg，AFT M_2 定量限为 0.015 μg/kg；称取乳粉、特殊膳食用食品、奶油和奶酪 1 g 时，该方法 AFT M_1 检出限为 0.02 μg/kg，AFT M_2 检出限为 0.02 μg/kg，AFT M_1 定量限为 0.05 μg/kg，AFT M_2 定量限为 0.05 μg/kg。

第二法　高效液相色谱法

（1）精密度：在重复性条件下获得的两次独立测定结果的绝对差值不得超过算术平均值的 20%。（2）检出限和定量限：称取液态乳、酸奶 4 g 时，该方法 AFT M_1 检出限为 0.005 μg/kg，AFT M_2 检出限为 0.002 5 μg/kg，AFT M_1 定量限为 0.015 μg/kg，AFT M_2 定量限为 0.007 5 μg/kg；称取乳粉、特殊膳食用食品、奶油和奶酪 1 g 时，该方法 AFT M_1 检出限为 0.02 μg/kg，AFT M_2 检出限为 0.01 μg/kg，AFT M_1 定量限为 0.05 μg/kg，AFT M_2 定量限为 0.025 μg/kg。

第三法　酶联免疫吸附筛查法

（1）精密度：重复性条件下获得的两次独立测定结果的绝对差值不得超过算术平均值的 20%。（2）检出限和定量限：称取液态乳 10 g 时，该方法检出限为 0.01 μg/kg，定量限为 0.03 μg/kg；称取乳粉和含乳特殊膳食用食品 10 g 时，该方法检出限为 0.1 μg/kg，定量限为 0.3 μg/kg；称取奶酪 5 g 时，该方法检出限为 0.02 μg/kg，定量限为 0.06 μg/kg。

［塔吉克斯坦标准］（1）精密度：没有精密度描述。（2）检出限和定量限：采用 Aflasensor 试剂盒测定食品中黄曲霉毒素 M_1 的含量极限值为 0.000 02 mg/kg；使用 IDEXX SNAP® 黄曲霉毒素 M_1 检测试剂盒测定奶粉中的黄曲霉毒素 M_1 的含量极限值为 0.000 5 mg/kg。

9.6　其他差异

［中国标准］整个分析操作过程应在指定区域内进行。该区域应避光（直射阳光），具备相对独立的操作台和废弃物存放装置。在整个实验过程中，操作者应按照接触剧毒物的要求采取相应的保护措施。

［塔吉克斯坦标准］有"安全性要求"，提出了工作时必须遵守的要求，包括：（1）实验室内应装有排气通风装置，根据 GOST 12.4.021 的要求，工作区空气中有害物质含量不应超过 GOST 12.1.005 规定的标准值。（2）使用化学试剂时的安全技术要求应依据 GOST 12.1.007。（3）电气设备的安全技术要求应依据 GOST 12.1.019。（4）依据 GOST 12.1.004，实验室应符合消防安全要求；依据 GOST 12.4.009，实验室内应装有灭火装置。

第10章　食品谷类、坚果及加工产品中黄曲霉毒素 B_1、B_2、G_1 和 G_2 的总含量测定

10.1　标准名称

[中国标准] GB 5009.22—2016《食品安全国家标准　食品中黄曲霉毒素 B 族和 G 族的测定》。

[塔吉克斯坦标准] GOST 31748—2012（ISO 16050：2003）《食品　谷类、坚果及加工产品中黄曲霉毒素 B_1、B_2、G_1 和 G_2 总含量的测定　高效液相色谱法》。

10.2　适用范围的差异

[中国标准] 规定了食品中黄曲霉毒素 B_1、黄曲霉毒素 B_2、黄曲霉毒素 G_1 和黄曲霉毒素 G_2（以下分别表示为 AFT B_1、AFT B_2、AFT G_1 和 AFT G_2）的测定方法。（1）第一法同位素稀释液相色谱－串联质谱法，适用于谷物及其制品、豆类及其制品、坚果及籽类、油脂及其制品、调味品、婴幼儿配方食品和婴幼儿辅助食品中 AFT B_1、AFT B_2、AFT G_1 和 AFT G_2 的测定。（2）第二法高效液相色谱－柱前衍生法，适用于谷物及其制品、豆类及其制品、坚果及籽类、油脂及其制品、调味品、婴幼儿配方食品和婴幼儿辅助食品中 AFT B_1、AFT B_2、AFT G_1 和 AFT G_2 的测定。（3）第三法高效液相色谱柱后衍生法，适用于谷物及其制品、豆类及其制品、坚果及籽类、油脂及其制品、调味品、婴幼儿配方食品和婴幼儿辅助食品中 AFT B_1、AFT B_2、AFT G_1 和 AFT G_2 的测定。（4）第四法酶联免疫吸附筛查法，适用于谷物及其制品、豆类及其制品、坚果及籽类、油脂及其制品、调味品、婴幼儿配方食品和婴幼儿辅助食品中 AFT B_1 的测定。（5）第五法薄层色谱法，适用于谷物及其制品、豆类及其制品、坚果及籽类、油脂及其制品、调味品中 AFT B_1 的测定。

[塔吉克斯坦标准] 规定了反相高效液相色谱法在免疫亲和柱上进行净化及柱后衍生，以测定谷类、坚果及加工产品中黄曲霉毒素的含量。该方法也适用于油料作物、干果以及其加工产品中黄曲霉毒素的测定，该方法测定玉米中黄曲霉毒素检出限为 24.5 μg/kg，花生油中黄曲霉毒素检出限为 8.4 μg/kg，花生仁中黄曲霉毒素检出限为 16 μg/kg。

10.3　规范性引用文件清单的差异

[中国标准] 虽没有规范性引用文件清单，但会做出整体总结性描述，如：除非另有说明，该标准所用试剂均为分析纯，水为 GB/T 6682 规定的一级水。

[塔吉克斯坦标准]

规范性引用以下标准文件：

GOST/ISO 5725-1—2002《测量方法及测量结果的准确性（正确性与精确性）　第 1 部分：主要条款及定义》；

GOST 4159—1979《试剂　碘酒　技术规范》；

GOST 4204—1977《试剂　硫酸　技术规范》；

GOST 4233—1977《试剂　氯化钠　技术规范》；

GOST 5789—1978《试剂　甲苯　技术规范》；

GOST 6995—1977《试剂　甲醇　技术规范》；

GOST 22524—1977《比重玻璃瓶　技术规范》。

10.4　术语和定义的差异

[中国标准] 没有术语和定义的描述。

[塔吉克斯坦标准] 没有术语和定义的描述。

10.5　技术要求差异

10.5.1　方法原理

[中国标准] 5 种检测方法。

第一法　同位素稀释液相色谱－串联质谱法

试样中的 AFT B_1、AFT B_2、AFT G_1 和 AFT G_2 用乙腈－水溶液或甲醇－水溶液提取，提取液用含 1% Triton X-100（或吐温 -20）的磷酸盐缓冲溶液稀释后（必要时经黄曲霉毒素固相净化柱初步净化），通过免疫亲和柱净化和富集，净化液浓缩、定容和过滤后经液相色谱分离，串联质谱检测，同位素内标法定量。

第二法　高效液相色谱－柱前衍生法

试样中的 AFT B_1、AFT B_2、AFT G_1 和 AFT G_2 用乙腈－水溶液或甲醇－水溶液的混合溶液提取，提取液经黄曲霉毒素固相净化柱净化去除脂肪、蛋白质、色素及碳水化合物等干扰物质，净化液用三氟乙酸柱前衍生，液相色谱分离，荧光检测器检测，外标法定量。

第三法　高效液相色谱－柱后衍生法

试样中的 AFT B$_1$、AFT B$_2$、AFT G$_1$ 和 AFT G$_2$ 用乙腈－水溶液或甲醇－水溶液的混合溶液提取，提取液经免疫亲和柱净化和富集，净化液浓缩、定容和过滤后经液相色谱分离，柱后衍生（碘或溴试剂衍生、光化学衍生、电化学衍生等），经荧光检测器检测，外标法定量。

第四法　酶联免疫吸附筛查法

试样中的 AFT B$_1$ 用甲醇水溶提取，经均质、涡旋、离心（过滤）等处理获取上清液。被辣根过氧化物酶标记或固定在反应孔中的 AFT B$_1$，与试样上清液或标准品中的 AFT B$_1$ 竞争性结合特异性抗体。在洗涤后加入相应显色剂显色，经无机酸终止反应，于 450 nm 或 630 nm 波长下检测。样品中的 AFT B$_1$ 与吸光度在一定浓度范围内成反比。

第五法　薄层色谱法

样品经提取、浓缩、薄层分离后，AFT B$_1$ 在紫外光（波长 365 nm）下产生蓝紫色荧光，根据其在薄层上显示荧光的最低检出量来测定含量。

[塔吉克斯坦标准]一种检测方法——高效液相色谱法。使用甲醇及水的混合物对样品进行提取，然后对提取物进行过滤，再用水稀释后放入亲和色谱柱，柱内包含 AFT B$_1$、AFT B$_2$、AFT G$_1$ 和 AFT G$_2$ 专用免疫体。在柱上对黄曲霉毒素进行分离、净化及浓缩，然后使用甲醇将黄曲霉毒素与免疫体分离。使用反相高效液相色谱法，借助反相，测定黄曲霉毒素含量、荧光强度及柱后衍生。

10.5.2　仪器和设备、标准物质

[中国标准]

第一法　同位素稀释液相色谱－串联质谱法

（1）仪器和设备：匀浆机、高速粉碎机、组织捣碎机、超声波/涡旋振荡器或摇床、天平、涡旋混合器、高速均质器、离心机、玻璃纤维滤纸、固相萃取装置（带真空泵）、氮吹仪、液相色谱－串联质谱仪、液相色谱柱、免疫亲和柱、黄曲霉毒素专用型固相萃取净化柱或功能相当的固相萃取柱、微孔滤头、筛网、pH 计。（2）标准物质：AFT B$_1$ 标准品，纯度≥98%，或经国家认证并授予标准物质证书的标准物质；AFT B$_2$ 标准品，纯度≥98%，或经国家认证并授予标准物质证书的标准物质；AFT G$_1$ 标准品，纯度≥98%，或经国家认证并授予标准物质证书的标准物质；AFT G$_2$ 标准品，纯度≥98%，或经国家认证并授予标准物质证书的标准物质；同位素内标 $^{13}C_{17}$-AFT B$_1$，纯度≥98%，浓度为 0.5 μg/mL；同位素内标 $^{13}C_{17}$-AFT B$_2$，纯度≥98%，浓度为 0.5 μg/mL；

同位素内标 $^{13}C_{17}$–AFT G_1，纯度≥98%，浓度为 0.5 μg/mL；同位素内标 $^{13}C_{17}$–AFT G_2，纯度≥98%。

第二法　高效液相色谱–柱前衍生法

（1）仪器和设备：匀浆机、高速粉碎机、组织捣碎机、超声波/涡旋振荡器或摇床、天平、涡旋混合器、高速均质器、离心机、玻璃纤维滤纸、氮吹仪、液相色谱仪、色谱分离柱、黄曲霉毒素专用型固相萃取净化柱或相当者、一次性微孔滤头（带 0.22 μm 微孔滤膜）、筛网、恒温箱、pH 计。（2）标准物质：AFT B_1 标准品，纯度≥98%，或经国家认证并授予标准物质证书的标准物质；AFT B_2 标准品，纯度≥98%，或经国家认证并授予标准物质证书的标准物质；AFT G_1 标准品，纯度≥98%，或经国家认证并授予标准物质证书的标准物质；AFT G_2 标准品，纯度≥98%，或经国家认证并授予标准物质证书的标准物质。

第三法　高效液相色谱–柱后衍生法

（1）仪器和设备：匀浆机、高速粉碎机、组织捣碎机、超声波/涡旋振荡器或摇床、天平、涡旋混合器、高速均质器、离心机、玻璃纤维滤纸、固相萃取装置（带真空泵）、氮吹仪、液相色谱仪、液相色谱柱、光化学柱后衍生器、溶剂柱后衍生装置、电化学柱后衍生器、免疫亲和柱、黄曲霉毒素固相净化柱或功能相当的固相萃取柱、一次性微孔滤头、筛网。（2）标准物质：AFT B_1 标准品，纯度≥98%，或经国家认证并授予标准物质证书的标准物质；AFT B_2 标准品，纯度≥98%，或经国家认证并授予标准物质证书的标准物质；AFT G_1 标准品，纯度≥98%，或经国家认证并授予标准物质证书的标准物质；AFT G_2 标准品，纯度≥98%，或经国家认证并授予标准物质证书的标准物质。

第四法　酶联免疫吸附筛查法

（1）仪器和设备：微孔板酶标仪、研磨机、振荡器、电子天平、离心机、快速定量滤纸、筛网、试剂盒所要求的仪器。（2）标准物质：AFT B_1 标准品，纯度≥98%。

第五法　薄层色谱法

（1）仪器和设备：圆孔筛、小型粉碎机、电动振荡器、全玻璃浓缩器、玻璃板、薄层板涂布器、展开槽、紫外光灯、微量注射器或血色素吸管。（2）标准物质：AFT B_1 标准品，纯度≥98%。

[塔吉克斯坦标准]（1）仪器和设备：免疫亲和柱、混合装置，体积为 500 cm³ 带搅拌罐及顶盖；波纹滤纸；玻璃微纤维材质的滤纸；光谱仪；石英玻璃比色皿；膜式过滤器；高效液相色谱仪；荧光探测器。（2）标准物质：AFT B_1、AFT B_2、AFT G_1 和 AFT G_2。

10.5.3 精密度、检出限和定量限

[中国标准]

第一法 同位素稀释液相色谱－串联质谱法

（1）精密度：在重复性条件下获得的两次独立测定结果的绝对差值不得超过算术平均值的20%。（2）检出限和定量限：当称取样品 5 g 时，AFT B_1 的检出限为 0.03 μg/kg，AFT B_2 的检出限为 0.03 μg/kg，AFT G_1 的检出限为 0.03 μg/kg，AFT G_2 的检出限为 0.03 μg/kg；AFT B_1 的定量限为 0.1 μg/kg，AFT B_2 的定量限为 0.1 μg/kg，AFT G_1 的定量限为 0.1 μg/kg，AFT G_2 的定量限为 0.1 μg/kg。

第二法 高效液相色谱－柱前衍生法

（1）精密度：在重复性条件下获得的两次独立测定结果的绝对差值不得超过算术平均值的20%。（2）检出限和定量限：当称取样品 5 g 时，AFT B_1 的检出限为 0.03 μg/kg，AFT B_2 的检出限为 0.03 μg/kg，AFT G_1 的检出限为 0.03 μg/kg，AFT G_2 的检出限为 0.03 μg/kg；AFT B_1 的定量限为 0.1 μg/kg，AFT B_2 的定量限为 0.1 μg/kg，AFT G_1 的定量限为 0.1 μg/kg，AFT G_2 的定量限为 0.1 μg/kg。

第三法 高效液相色谱－柱后衍生法

（1）精密度：在重复性条件下获得的两次独立测定结果的绝对差值不得超过算术平均值的20%。（2）检出限和定量限：当称取样品 5 g 时，柱后光化学衍生法、柱后溴衍生法、柱后碘衍生法、柱后电化学衍生法的 AFT B_1 的检出限为 0.03 μg/kg，AFT B_2 的检出限为 0.01 μg/kg，AFT G_1 的检出限为 0.03 μg/kg，AFT G_2 的检出限为 0.01 μg/kg；无衍生器法的 AFT B_1 的检出限为 0.02 μg/kg，AFT B_2 的检出限为 0.003 μg/kg，AFT G_1 的检出限为 0.02 μg/kg，AFT G_2 的检出限为 0.003 μg/kg；柱后光化学衍生法、柱后溴衍生法、柱后碘衍生法、柱后电化学衍生法：AFT B_1 的定量限为 0.1 μg/kg，AFT B_2 的定量限为 0.03 μg/kg，AFT G_1 的定量限为 0.1 μg/kg，AFT G_2 的定量限为 0.03 μg/kg；无衍生器法：AFT B_1 的定量限为 0.05 μg/kg，AFT B_2 的定量限为 0.01 μg/kg，AFT G_1 的定量限为 0.05 μg/kg，AFT G_2 的定量限为 0.01 μg/kg。

第四法 酶联免疫吸附筛查法

（1）精密度：每个试样称取两份进行平行测定，以其算术平均值为分析结果，其分析结果的相对相差应不大于20%。（2）检出限和定量限：当称取谷物、坚果、油脂、调味品等样品 5 g 时，方法检出限为 1 μg/kg，定量限为 3 μg/kg；当称取特殊膳食用食品样品 5 g 时，方法检出限为 0.1 μg/kg，定量限为 0.3 μg/kg。

第五法　薄层色谱法

（1）精密度：每个试样称取两份进行平行测定，以其算术平均值为分析结果，其分析结果的相对相差应不大于 60%。（2）检出限和定量限：薄层板上黄曲霉毒素 B_1 的最低检出量为 0.000 4 μg/kg，检出限为 5 μg/kg。

[**塔吉克斯坦标准**]（1）精密度：通过实验室间的对比试验，来检测该方法的精确性，对比试验详见 GOST 31748—2012（ISO 16050：2003）的附件 A。对比试验所得结果可能不适用于 GOST 31748—2012（ISO 16050：2003）附件 A 之外的浓度和矩阵范围。（2）检出限和定量限：AFT B_1 和 AFT B_2、AFT G_1 和 AFT G_2 总含量的测量极限值为 8 μg/kg。

10.6　其他差异

塔吉克斯坦标准中有"试验报告"，对试验报告应包含的内容做了要求，如：所有样品识别所需的信息、采用样品的取样方法、采用的试验方法、引用的标准等。中国标准中没有该部分内容。

第 11 章　亚硝酸盐的测定

11.1　标准名称

［中国标准］GB 5009.33—2016《食品安全国家标准　食品中亚硝酸盐与硝酸盐测定》。

［塔吉克斯坦标准］GOST 8558.1—2015《肉制品　亚硝酸盐测定方法》。

11.2　适用范围的差异

［中国标准］（1）规定了食品中亚硝酸盐和硝酸盐的测定方法。（2）适用于食品中亚硝酸盐和硝酸盐的测定。

［塔吉克斯坦标准］适用于肉类、肉制品、含肉制品（肠类食品、含肉产品、半成品、烹饪食品、罐头食品）、禽肉，以及以上制品在生产过程中所使用的含有亚硝酸盐的物质（盐水、腌制混合物等）。该标准规定了亚硝酸钠质量分数的测定方法。

11.3　规范性引用文件清单的差异

［中国标准］虽没有规范性引用文件清单，但会做出整体总结性描述，如：除非另有说明，该标准所用试剂均为分析纯，水为 GB/T 6682 规定的一级水。

［塔吉克斯坦标准］

规范性引用以下标准文件：

GOST 12.1.004—1991《劳动安全标准系统　消防安全　总要求》；

GOST 12.1.007—1976《劳动安全标准系统　有害物质　分类与总安全要求》；

GOST 12.1.019—1979《劳动安全标准系统　用电安全　总要求及保护方式分类》；

GOST 12.4.009—1983《劳动安全标准系统　消防设备　基本类型　位置与维护》；

GOST 61—1975《试剂　醋酸　技术规范》；

GOST/OIML R 76-1：2011《国家统一测量系统　非自动衡器　第一部分：计量和技术要求试验》；

GOST 1770—1974（ISO 1042：1983、ISO 4788：1980）《实验室玻璃计量容器　量筒、量杯、烧瓶和试管　总技术规范》；

GOST 3118—1977《试剂　盐酸　技术规范》;

GOST 3760—1979《试剂　氨水　技术规范》;

GOST 4025—1995《日用绞肉机技术规范》;

GOST 4174—1977《试剂　七水硫酸锌　技术规范》;

GOST 4197—1974《试剂　亚硝酸钠　技术规范》;

GOST 4199—1976《试剂　十水四硼酸钠　技术规范》;

GOST 4207—1975《试剂　三水亚铁氰化钾　技术规范》;

GOST 4328—1977《试剂　氢氧化钠　技术规范》;

GOST 5556—1981《医用吸水棉　技术规范》;

GOST/ISO 5725-2：2002《测量方法与测量结果的准确性（正确性与精准度）　第 2 部分：标准测量方法的重复性与再现性测定方法》;

GOST/ISO 5725-6：2002《测量方法与测量结果的准确性（正确性与精准度）　第 6 部分：精度值的实际运用》;

GOST 5821—1978《试剂　对氨基苯磺酸　技术规范》;

GOST 5823—1978《试剂　二水醋酸锌　技术规范》;

GOST 6709—1972《蒸馏水　技术规范》;

GOST 7269—1979《肉类产品取样方法与肉质新鲜度感官鉴定法》;

GOST 7702.2.0—1995《禽肉、禽类副产品与半成品　取样方法与微生物研究的准备工作》;

GOST 8756.0—1970《罐头食品　取样与试验的准备工作》;

GOST 9792—1973《肠类制品与猪肉、羊肉、牛肉及其他肉畜、肉禽产品验收规范与取样方法》;

GOST 12026—1976《实验室滤纸　技术规范》;

GOST 20469—1995《日用电动绞肉机　技术规范》;

GOST 25336—1982《实验室玻璃容器与设备　基本参数与尺寸》;

GOST 26272—1998《电子机械式石英手表与怀表　总技术规范》;

GOST 26678—1985《日用参数列式压缩式电冰箱与冷冻设备》;

GOST 29224—1991（ISO 386：1977）《实验室玻璃容器　实验室玻璃液体温度计安装与使用规范》;

GOST 29227—1991（ISO 835-1：1981）《实验室玻璃容器　刻度滴管　第一部分：总要求》。

11.4 术语和定义的差异

[中国标准]没有术语和定义的描述。

[塔吉克斯坦标准]没有术语和定义的描述。

11.5 技术要求差异

11.5.1 方法原理

[中国标准]3种检测方法。

第一法 离子色谱法

试样经沉淀蛋白质、除去脂肪后，采用相应的方法提取和净化，以氢氧化钾溶液为淋洗液，阴离子交换柱分离，电导检测器或紫外检测器检测。以保留时间定性，外标法定量。

第二法 分光光度法

亚硝酸盐采用盐酸萘乙二胺法测定，硝酸盐采用镉柱还原法测定。试样经沉淀蛋白质、除去脂肪后，在弱酸条件下，亚硝酸盐与对氨基苯磺酸重氮化后，再与盐酸萘乙二胺偶合形成紫红色染料，外标法测得亚硝酸盐含量。采用镉柱将硝酸盐还原成亚硝酸盐，测得亚硝酸盐总量，由测得的亚硝酸盐总量减去试样中亚硝酸盐含量，即得试样中硝酸盐含量。

第三法 蔬菜、水果中硝酸盐的测定 紫外分光光度法

用 pH 为 9.6～9.7 的氨缓冲液提取样品中硝酸根离子，同时加活性炭去除色素类，加沉淀剂去除蛋白质及其他干扰物质，利用硝酸根离子和亚硝酸根离子在紫外区 219 nm 处具有等吸收波长的特性，测定提取液的吸光度，其测得结果为硝酸盐和亚硝酸盐吸光度的总和，鉴于新鲜蔬菜、水果中亚硝酸盐含量甚微，可忽略不计。测定结果为硝酸盐的吸光度，可从工作曲线上查得相应的质量浓度，计算样品中硝酸盐的含量。

[塔吉克斯坦标准]2种检测方法。

第一法 N-（1-萘）乙二胺盐酸盐试剂反应法（主要方法）

从试样中获取无蛋白滤液，使亚硝酸盐与 N-（1-萘）乙二胺盐酸盐、磺胺类发生反应，生成红色化合物，在（540±2）nm 的波长下进行光学密度的光度测量。在（540±2）nm 的波长下进行校对溶液的光学密度测量，使用分光光度计或光电比色计在 10 mm 的玻璃比色皿中进行。

第二法　格里斯试验法

亚硝酸盐与 α- 萘胺、对氨基苯磺酸发生反应后，加入醋酸，生成红色化合物。在（540±2）nm 的波长下进行光学密度的光度测量。

11.5.2　仪器和设备、标准物质

[中国标准]

第一法　离子色谱法

（1）仪器和设备：离子色谱仪、食物粉碎机、超声波清洗器、分析天平、离心机、0.22 μm 水性滤膜针头滤器、净化柱、注射器。（2）标准物质：亚硝酸钠、硝酸盐。

第二法　分光光度法

（1）仪器和设备：天平、组织捣碎机、超声波清洗器、恒温干燥箱、分光光度计、镉柱或镀铜镉柱。（2）标准物质：亚硝酸钠、硝酸盐。

第三法　蔬菜、水果中硝酸盐的测定　紫外分光光度法

（1）仪器和设备：紫外分光光度计、分析天平、组织捣碎机、可调式往返震荡机、pH 计。（2）标准物质：硝酸钾。

[塔吉克斯坦标准]（1）测量装置和辅助设备：机械均质机或绞肉机、恒温水槽、滤纸、分光光度计、非自动衡器、密封罐、冰箱、单刻度线量瓶、液体温度计、电子机械表。（2）标准物质：亚硝酸钠。

11.5.3　精密度、检出限和定量限

[中国标准]

第一法　离子色谱法

（1）精密度：在重复性条件下获得的两次独立测定结果的绝对差值不得超过算术平均值的 10%。（2）检出限和定量限：亚硝酸盐检出限为 0.2 mg/kg，没有定量限描述。

第二法　分光光度法

（1）精密度：在重复性条件下获得的两次独立测定结果的绝对差值不得超过算术平均值的 10%。（2）检出限和定量限：亚硝酸盐检出限，液体乳 0.06 mg/kg，乳粉 0.5 mg/kg，干酪及其他 1 mg/kg；没有定量限描述。

第三法　蔬菜、水果中硝酸盐的测定　紫外分光光度法

（1）精密度：在重复性条件下获得的两次独立测定结果的绝对差值不得超过算术平均值的 10%。（2）检出限和定量限：没有检出限和定量限描述。

[塔吉克斯坦标准]（1）精密度：化验结果质量指数稳定性（重复性、区间精确

性、误差）的检验流程，应根据 GOST/ISO 5725-6：2002（第 6.2 条）的要求在实验室进行；在重复性（收敛性）条件下获得的测量结果，对其进行可接受性检查，应根据 GOST/ISO 5725-2：2002 的要求；测量结果之间的偏差，应不超过 GOST 8558.1—2015 中规定的重复性极限值 r；在再现性条件下获得的测量结果，对其进行可接受性检查，应根据 GOST/ISO 5725-2：2002 的要求；两个实验室获得的测量结果之间的偏差，应不超过 GOST 8558.1—2015 的表 1 中规定的再现性极限值 R。（2）检出限和定量限：没有检出限和定量限的描述。

中国标准在重复性条件下获得的两次独立测定结果的绝对差值不得超过算术平均值的 10%。塔吉克斯坦标准在置信概率 p=0.95 时的试验方法有相应的计量学特性表，需要根据相应标准和表格进行验证。

11.6 其他差异

（1）中国标准有 3 种方法，几乎包含了所有食品。塔吉克斯坦的两种方法都只针对肉制品，而格里斯试验法仅适用于肉类、肉制品、含肉制品（肠类食品、含肉产品、半成品、烹饪食品、罐头食品）、禽肉。（2）塔吉克斯坦标准中的主要方法和中国标准中的分光光度法原理是一致的，区别在于塔吉克斯坦标准只检测亚硝酸盐，中国标准是亚硝酸盐与硝酸盐都检测，采用镉柱先将硝酸盐还原成亚硝酸盐，然后测得总量后减去试样中之前测得的亚硝酸盐就是硝酸盐含量。

第 12 章　淀粉的测定

12.1　标准名称

［中国标准］GB 5009.9—2016《食品安全国家标准　食品中淀粉的测定》。

［塔吉克斯坦标准］GOST 10574—2016《肉制品　淀粉的测定方法》。

12.2　适用范围的差异

［中国标准］（1）规定了食品中淀粉的测定方法。（2）第一法和第二法适用于食品（肉制品除外）中淀粉的测定；第三法适用于肉制品中淀粉的测定，但不适用于同时含有经水解也能产生还原糖的其他添加物的淀粉测定。

［塔吉克斯坦标准］（1）适用于所有类型的肉制品、含肉制品。（2）规定了淀粉的测定方法。

12.3　规范性引用文件清单的差异

［中国标准］没有规范性引用文件清单。

［塔吉克斯坦标准］

规范性引用以下标准文件：

GOST 12.1.004—1991《劳动安全标准系统　消防安全　总要求》；

GOST 12.1.007—1976《劳动安全标准系统　有害物质　分类与总安全要求》；

GOST 12.1.019—1979《劳动安全标准系统　用电安全　总要求及保护方式分类》；

GOST 12.4.009—1983《劳动安全标准系统　消防设备　基本类型　位置与维护》；

GOST/OIML R 76-1：2011《国家统一测量系统　非自动衡器　第一部分：计量和技术要求试验》；

GOST 1770—1974（ISO 1042：1983、ISO 4788：1980）《实验室玻璃计量容器　量筒、量杯、烧瓶和试管　总技术规范》；

GOST 3118—1977《试剂　盐酸　技术规范》；

GOST/ISO 3696：2013《实验室分析用水　技术要求与检测方法》；

GOST 4025—1995《日用绞肉机技术规范》；

GOST 4159—1979《试剂　碘酒　技术规范》;

GOST 4165—1978《试剂　五水硫酸铜　技术规范》;

GOST/ISO 5725-2：2002《测量方法与测量结果的准确性（正确性与精准度）　第2部分：标准测量方法的重复性与再现性测定方法》;

GOST/ISO 5725-3：2003《测量方法与测量结果的准确性（正确性与精准度）　第3部分：标准测量方法精确度的区间指标》;

GOST/ISO 5725-5：2003《测量方法与测量结果的准确性（正确性与精准度）　第5部分：标准测量方法精确度的备选测定方法》;

GOST/ISO 5725-6：2002《测量方法与测量结果的准确性（正确性与精准度）　第6部分：精度值的实际运用》;

GOST 5845—1979《试剂　四水酒石酸钠钾　技术规范》;

GOST 5962—2013《食品原料的精馏乙醇　技术规范》;

GOST 6016—1977《试剂　异丁醇　技术规范》;

GOST 6709—1972《蒸馏水　技术规范》;

GOST 8756.0—1970《罐头食品　取样与试验的准备工作》;

GOST 9792—1973《肠类制品与猪肉、羊肉、牛肉及其他肉畜、肉禽产品验收规范与取样方法》;

GOST 10163—1976《试剂可溶性淀粉技术规范》;

GOST 12026—1976《实验室滤纸　技术规范》;

GOST 14919—1983《家用电炉、小电炉和烤箱　技术规范》;

GOST 20469—1995《日用电动绞肉机　技术规范》;

GOST 25336—1982《实验室玻璃容器与设备　基本参数与尺寸》;

GOST 25794.2—1983《试剂　用于氧化还原滴定液的制备方法》;

GOST 26272—1998《电子机械式石英手表与怀表　总技术规范》;

GOST 26678—1985《日用参数列式压缩式电冰箱与冷冻设备》;

GOST 27068—1986《试剂　五水硫代硫酸钠　技术规范》;

GOST 29169—1991（ISO 648：1977）《实验室玻璃容器　单刻度滴管》;

GOST 29227—1991（ISO 835-1：1981）《实验室玻璃容器　刻度滴管　第一部分：总要求》;

GOST 29251—1991（ISO 385-1：1984）《实验室玻璃容器　滴定管　第一部分：总要求》。

12.4　术语和定义的差异

［中国标准］没有术语和定义的描述。

［塔吉克斯坦标准］没有术语和定义的描述。

12.5　技术要求差异

12.5.1　方法原理

［中国标准］3 种检测方法。

第一法　酶水解法

试样经去除脂肪及可溶性糖后，淀粉用淀粉酶水解成小分子糖，再用盐酸水解成单糖，最后按还原糖测定，并折算成淀粉含量。

第二法　酸水解法

试样经除去脂肪及可溶性糖类后，其中淀粉用酸水解成具有还原性的单糖，然后按还原糖测定，并折算成淀粉。

第三法　肉制品中淀粉含量测定

试样中加入氢氧化钾－乙醇溶液，在沸水浴上加热后，滤去上清液，用热乙醇洗涤沉淀除去脂肪和可溶性糖，沉淀经盐酸水解后，用碘量法测定形成的葡萄糖并计算淀粉含量。

［塔吉克斯坦标准］2 种检测方法。

第一法　定性法

碘与淀粉发生反应，生成蓝色化合物。

第二法　定量法

通过费林氏溶液的二价铜离子，对酸性介质中淀粉水解生成的单糖醛基进行氧化，将氧化铜还原成氧化亚铜，然后采用碘量滴定法进行滴定。

12.5.2　仪器和设备、标准物质

［中国标准］

第一法　酶水解法

（1）仪器和设备：天平、恒温水浴锅、组织捣碎机、电炉。（2）标准物质：D－无水葡萄糖，纯度≥98%。

第二法　酸水解法

（1）仪器和设备：天平、恒温水浴锅、回流装置、高速组织捣碎机、电炉。（2）标准物质：D- 无水葡萄糖，纯度≥98%。

第三法　肉制品中淀粉含量测定

（1）仪器和设备：天平、恒温水浴锅、冷凝管、绞肉机、电炉。（2）标准物质：D- 无水葡萄糖，纯度≥98%。

［塔吉克斯坦标准］

第一法　定性法

（1）测量装置和辅助设备：机械绞肉机、均质机、非自动衡器、冷却器、电子机械表、恒温水浴锅、日用小电炉、冷却器。（2）标准物质：没有标准物质的描述。

第二法　定量法

（1）测量装置和辅助设备：机械绞肉机、均质机、非自动衡器、冷却器、电子机械表、恒温水浴锅、日用小电炉、冷却器。（2）标准物质：硫代硫酸钠标准溶液。

12.5.3　精密度、检出限和定量限

［中国标准］第一法和第二法在重复性条件下获得的两次独立测定结果的绝对差值不得超过算术平均值的 10% 和 0.2%。没有检出限和定量限的描述。

［塔吉克斯坦标准］根据公式罗列了具体的结果处理和相应的计量特性，还有相关的测量结果的精密度检验。没有检出限和定量限的描述。

12.6　其他差异

12.6.1　取样要求

［中国标准］没有取样要求的描述。

［塔吉克斯坦标准］详细描述了取样要求。取样标准：试样应具有典型性，且在运输与贮存过程中不会损坏与变质。从典型试样中，选取试样质量不低于 200 g。试样应妥善保存，以防化学成分发生变质。肠类制品的试样应去皮，在均质机里磨碎，或在绞肉机内绞两遍，此时，试样温度应不超过 25 ℃。将准备好的试样放到密封罐中，盖好盖子，贮存在（4±2）℃ 的冷却器内，直到试验结束。

12.6.2　其他要求

（1）塔吉克斯坦标准对实验中涉及的所有实验器具及试剂的标准会具体罗列，大部分试剂都还是遵循化学纯，中国标准除非特别说明都是分析纯。（2）塔吉克斯坦标

准中会罗列严格的取样标准：根据 GOST 4288、GOST 8756.0—1970、GOST 9792—1973 进行取样。（3）中国标准中一般不会罗列试剂遵循和取样等标准，都是按照统一要求进行。（4）在中国肉制品中检测淀粉含量没有具体定性方面的标准，只有直接定量检测的标准。

第 13 章　蛋白质的测定

13.1　标准名称

[中国标准] GB 5009.5—2016《食品安全国家标准　食品中蛋白质的测定》。

[塔吉克斯坦标准] GOST 25011—2017《肉及肉制品　蛋白质测定方法》。

13.2　适用范围的差异

[中国标准]（1）第一法和第二法适用于各种食品中蛋白质的测定，第三法适用于蛋白质含量在 10 g/100 g 以上的粮食、豆类奶粉、米粉、蛋白质粉等固体试样的测定。（2）不适用于添加无机含氮物质、有机非蛋白质含氮物质的食品的测定。

[塔吉克斯坦标准]（1）适用于所有类型的肉类，包括禽肉、肉制品及含肉制品。（2）规定了蛋白质质量分数的测定方法（分光光度法：测定范围 1.0%～40.0%；微量凯氏定氮法：测定范围 1.0%～55.0%）。如果分析结果出现分歧，则蛋白质质量分数的测定结果以微量凯氏定氮法为准。

13.3　规范性引用文件清单的差异

[中国标准] 没有规范性引用文件清单。

[塔吉克斯坦标准]

规范性引用以下标准文件：

GOST 12.1.004—1991《劳动安全标准系统　消防安全　总要求》；

GOST 12.1.005—1988《劳动安全标准系统　工作区域空气的总卫生要求》；

GOST 12.1.007—1976《劳动安全标准系统　有害物质　分类与总安全要求》；

GOST 12.1.019—1979《劳动安全标准系统　用电安全　总要求及保护方式分类》；

GOST 12.4.009—1983《劳动安全标准系统　消防设备　基本类型　位置与维护》；

GOST/OIML R 76-1：2011《国家统一测量系统　非自动衡器　第一部分：计量和技术要求试验》；

GOST 83—1979《试剂　碳酸钠　技术规范》；

GOST 1692—1985《次氯酸钙　技术规范》；

GOST 1770—1974（ISO 1042：1983、ISO 4788：1980）《实验室玻璃计量容器　量筒、量杯、烧瓶和试管　总技术规范》；

GOST 3118—1977《试剂　盐酸　技术规范》；

GOST/ISO 3696：2013《实验室分析用水　技术要求与检测方法》；

GOST 3769—1978《试剂　硫酸铵　技术规范》；

GOST 4025—1995《日用绞肉机技术规范》；

GOST 4165—1978《试剂　五水硫酸铜　技术规范》；

GOST 4204—1977《试剂　硫酸　技术规范》；

GOST 4232—1974《试剂　碘化钾　技术规范》；

GOST 4288—1976《熟饪食品与碎肉半制品　验收规范与试验方法》；

GOST 4328—1977《试剂　氢氧化钠　技术规范》；

GOST/ISO 5725-2：2002《测量方法与测量结果的准确性（正确性与精密度）　第 2 部分：标准测量方法的重复性与再现性测定方法》；

GOST/ISO 5725-6：2002《测量方法与测量结果的准确性（正确性与精密度）　第 6 部分：精度值的实际运用》；

GOST 5962—2013《食品原料的精馏乙醇　技术规范》；

GOST 6709—1972《蒸馏水　技术规范》；

GOST 7269—2015《肉类产品取样方法与肉质新鲜度感官鉴定法》；

GOST 8756.0—1970《罐头食品　取样与试验的准备工作》；

GOST 9656—1975《试剂　硼酸　技术规范》；

GOST 9792—1973《肠类制品与猪肉、羊肉、牛肉及其他肉畜、肉禽产品验收规范与取样方法》；

GOST 10929—1976《试剂　过氧化氢　技术规范》；

GOST 11086—1976《试剂　次氯酸钠　技术规范》；

GOST 12026—1976《实验室滤纸　技术规范》；

GOST 20469—1995《日用电动绞肉机　技术规范》；

GOST 25336—1982《实验室玻璃容器与设备　基本参数与尺寸》；

GOST 25794.1—1983《试剂　酸碱滴定液的制备方法》；

GOST 25794.2—1983《试剂　用于氧化还原滴定液的制备方法》；

GOST 26272—1998《电子机械式石英手表与怀表　总技术规范》；

GOST 26671—2014《果蔬制品、肉罐头与肉植罐头　实验室分析的样品制备》；

GOST 26678—1985《日用参数列式压缩式电冰箱与冷冻设备》；

GOST 29169—1991（ISO 648：1977）《实验室玻璃容器　单刻度滴管》；

GOST 29227—1991（ISO 835-1：1981）《实验室玻璃容器　刻度滴管　第一部分：总要求》；

GOST 29251—1991（ISO 385-1：1984）《实验室玻璃容器　滴定管　第一部分：总要求》；

GOST 31467—2012《禽肉、食用内脏和即可烹调的禽肉　检查用样品的抽样方法和制备》。

13.4　术语和定义的差异

[中国标准]没有术语和定义的描述。

[塔吉克斯坦标准]使用的术语按照 TP TC 034/2013 关税同盟技术法规《肉及肉制品的安全性》的要求执行。

13.5　技术要求差异

13.5.1　方法原理

[中国标准]3 种检测方法。

第一法　凯氏定氮法

食品中的蛋白质在催化加热条件下被分解，产生的氨与硫酸结合生成硫酸铵。碱化蒸馏使氨游离，用硼酸吸收后以硫酸或盐酸标准滴定溶液滴定，根据酸的消耗量计算氮含量，再乘以换算系数，即为蛋白质的含量。

第二法　分光光度法

食品中的蛋白质在催化加热条件下被分解，分解产生的氨与硫酸结合生成硫酸铵，在 pH 4.8 的乙酸钠－乙酸缓冲溶液中与乙酰丙酮和甲醛反应生成黄色的 3,5- 二乙酰 -2,6- 二甲基 -1,4- 二氢化吡啶化合物。在波长 400 nm 下测定吸光度值，与标准系列比较定量，结果乘以换算系数，即为蛋白质含量。

第三法　燃烧法

试样在 900 ℃～1 200 ℃高温下燃烧，燃烧过程中产生混合气体，其中的碳、硫等干扰气体和盐类被吸收管吸收，氮氧化物被全部还原成氮气，形成的氮气气流通过热导检测器（TCD）进行检测。

[塔吉克斯坦标准]2 种检测方法。

第一法　微量凯氏定氮法

基于对试样中有机物的矿化处理，然后根据氨的生成量对氮进行测定。

第二法　分光光度法

基于对试样的矿化处理，利用分光光度法测定和换算。

13.5.2　仪器和设备、标准物质

［中国标准］

第一法　凯氏定氮法

（1）仪器和设备：天平、定氮蒸馏装置、自动凯氏定氮仪。（2）标准物质：硫酸或盐酸标准溶液。

第二法　分光光度法

（1）仪器和设备：分光光度计、电热恒温水浴锅、10 mL 具塞玻璃比色管、天平。（2）标准物质：氨氮标准溶液。

第三法　燃烧法

（1）仪器和设备：氮 / 蛋白质分析仪、天平。（2）标准物质：没有标准物质。

［塔吉克斯坦标准］

第一法　微量凯氏定氮法

（1）测量装置和辅助设备：机械绞肉机、非自动衡器、冰箱、石英电子机械表、水蒸气蒸馏装置、电燃烧器或气体燃烧器、自动电位计式滴定计、凯氏烧瓶。（2）标准物质：盐酸标准溶液。

第二法　分光光度法

（1）测量装置和辅助设备：机械绞肉机、非自动衡器、冰箱、石英电子机械表、水蒸气蒸馏装置、电燃烧器或气体燃烧器、自动电位计式滴定计、凯氏烧瓶。（2）标准物质：硫酸铵标准溶液。

13.5.3　精密度、检出限和定量限

［中国标准］

第一法　凯氏定氮法

（1）精密度：在重复条件下获得的两次独立测定结果的绝对差值不得超过算术平均值的 10%。（2）检出限和定量限：当称样量为 5.0 g 时，检出限为 8 mg/100 g；没有定量限的描述。

第二法 分光光度法

（1）精密度：在重复条件下获得的两次独立测定结果的绝对差值不得超过算术平均值的 10%。（2）检出限和定量限：当称样量为 5.0 g 时，检出限为 0.1 mg/100 g；没有定量限的描述。

第三法 燃烧法

（1）精密度：在重复条件下获得的两次独立测定结果的绝对差值不得超过算术平均值的 10%。（2）检出限和定量限：没有检出限和定量限的描述。

[塔吉克斯坦标准]（1）精密度。试验方法的精密度根据多个实验室共同试验的结果确定，符合 GOST/ISO 5725-2：2002、GOST/ISO 5725-6：2002 的要求。在置信概率 p=0.95 时，试验方法的计量特性见表 13-1。试验结果精密度指数稳定性（重复性、区间精确性、误差）的检验流程，应符合 GOST/ISO 5725-6：2002（第 6.2 条）的要求，在实验室进行。在重复性（收敛性）条件下获得的测量结果对其进行可接受性检查应符合 GOST/ISO 5725-2：2002 要求。测量结果之间的偏差，应不超过表 13-1 规定的重复性极限值 r；在再现性条件下获得的测量结果，对其进行可接受性检查，应符合 GOST/ISO 5725-2：2002 的要求；两个实验室获得的测量结果之间的偏差，应不超过表 13-1 中规定的再现性极限值 R。（2）检出限和定量限：没有检出限和定量限的描述。

表 13-1 计量特性参数的限量值

检测方法	精密度指数			
	质量分数测量范围 /%	相对误差限 $\pm\delta$/%	重复性（收敛性）极限值 r/%	再现性极限值 R %
蛋白质质量分数（微量凯氏定氮法）	1.0～20.0（含）	15	$0.10x_{平均}$[a]	$0.20X_{平均}$[b]
	20.0～55.0（含）	8	$0.05x_{平均}$	$0.10X_{平均}$
蛋白质质量分数（分光光度法）	1.0～20.0（含）	20	$0.15x_{平均}$	$0.35X_{平均}$
	20.0～40.0（含）	14	$0.09x_{平均}$	$0.18X_{平均}$
[a] $x_{平均}$：两个平行测定结果的算术平均值，%。				
[b] $X_{平均}$：不同实验室的两个测定结果的算术平均值，%。				

13.6 其他差异

（1）两国蛋白质含量测定原理基本一致仅个别细节有所差异，塔吉克斯坦标准会罗列所有应遵循的标准，包括取样要求、试样准备、安全要求等，中国标准没有一一详细罗列。（2）两国标准的适用类型都有明确规定，但依旧有个别差异，中国标准规定所有试剂都为分析纯，水为 GB/T 6682—2008 规定的三级水。塔吉克斯坦标准会全部单独详细罗列，如蒸馏水符合 GOST 6709—1972 的要求，或者实验室分析用水符合 GOST/ISO 3696：2013 的要求，纯度 1 级；盐酸符合 GOST 3118—1977 的要求，化学纯；硼酸符合 GOST 9656 的要求，化学纯；硫酸符合 GOST 4204—1977 的要求，化学纯。（3）主要差异还是在试剂及材料要求方面，中国标准要求高一些，一般是统一后不作细致罗列，塔吉克斯坦标准要求细一些，对所有涉及的要求会单个逐一罗列。

第14章 磷的测定

14.1 标准名称

[中国标准]

GB 5009.87—2016《食品安全国家标准 食品中磷的测定》;

GB 5009.268—2016《食品安全国家标准 食品中多元素的测定》。

[塔吉克斯坦标准] GOST 9794—2015《肉制品 总磷含量的测定方法》。

14.2 适用范围的差异

[中国标准] (1) GB 5009.87—2016 规定了食品中磷含量测定的分光光度法和电感耦合等离子体发射光谱法(ICP-OES)。第一法、第三法适用于各类食品中磷的测定,第二法适用于婴幼儿食品和乳品中磷的测定。(2) GB 5009.268—2016 规定了食品中多元素测定的电感耦合等离子体质谱法(ICP-MS)和电感耦合等离子体发射光谱法。第一法适用于食品中硼、钠、镁、铝、钾、钙、钛、钒、铬、锰、铁、钴、镍、铜、锌、砷、硒、锶、钼、镉、锡、锑、钡、汞、铊、铅的测定,第二法适用于食品中铝、硼、钡、钙、铜、铁、钾、镁、锰、钠、镍、磷、锶、钛、钒、锌的测定。

[塔吉克斯坦标准] (1) 适用于所有类型的肉,包括禽肉、肉制品及含肉制品。(2) 规定了测定总磷质量分数的质量法与分光光度法。如果两种测定方法的结果出现分歧则总磷质量分数以质量法的结果为准。

14.3 规范性引用文件清单的差异

[中国标准] GB 5009.87—2016 没有规范性引用文件清单。GB 5009.268—2016 没有规范性引用文件清单。

[塔吉克斯坦标准]

规范性引用以下标准文件:

GOST 12.1.004—1991《劳动安全标准系统 消防安全 总要求》;

GOST 12.1.007—1976《劳动安全标准系统 有害物质 分类与总安全要求》;

GOST 12.1.019—1979《劳动安全标准系统 用电安全 总要求及保护方式分类》;

GOST 12.4.009—1983《劳动安全标准系统　消防设备　基本类型　位置与维护》；

GOST/OIML R 76-1：2011《国家统一测量系统　非自动衡器　第一部分：计量和技术要求试验》；

GOST 83—1979《试剂　碳酸钠　技术规范》；

GOST 195—1977《试剂　亚硫酸钠　技术规范》；

GOST 1770—1974（ISO 1042：1983、ISO 4788：1980）《实验室玻璃计量容器　量筒、量杯、烧瓶和试管　总技术规范》；

GOST 2603—1979《试剂　丙酮　技术规范》；

GOST 3652—1969《试剂　单水柠檬酸、无水柠檬酸　技术规范》；

GOST 3765—1978《试剂　钼酸铵　技术规范》；

GOST 4025—1995《日用绞肉机技术规范》；

GOST 4198—1975《试剂　磷酸二氢钾　技术规范》；

GOST 4204—1977《试剂　硫酸　技术规范》；

GOST 4328—1977《试剂　氢氧化钠　技术规范》；

GOST 4461—1977《试剂　硝酸　技术规范》；

GOST/ISO 5725-2：2002《测量方法与测量结果的准确性（正确性与精准度）　第 2 部分：标准测量方法的重复性与再现性测定方法》；

GOST/ISO 5725-6：2002《测量方法与测量结果的准确性（正确性与精准度）　第 6 部分：精度值的实际运用》；

GOST 5962—2013《食品原料的精馏乙醇　技术规范》；

GOST 6709—1972《蒸馏水　技术规范》；

GOST 7269—1979《肉类产品取样方法与肉质新鲜度感官鉴定法》；

GOST 8756.0—1970《罐头食品　取样与试验的准备工作》；

GOST 9792—1973《肠类制品与猪肉、羊肉、牛肉及其他肉畜、肉禽产品验收规范与取样方法》；

GOST 10929—1976《试剂　过氧化氢　技术规范》；

GOST 10931—1974《试剂　二水钼酸钠　技术规范》；

GOST 12026—1976《实验室滤纸　技术规范》；

GOST 14919—1983《家用电炉、小电炉和烤箱　技术规范》；

GOST 19627—1974《对苯二酚（对二氯苯）　技术规范》；

GOST 20015—1988《工业氯仿　技术规范》；

GOST 20469—1995《日用电动绞肉机　技术规范》；

GOST 25336—1982《实验室玻璃容器与设备 基本参数与尺寸》；

GOST 26272—1998《电子机械石英手表与怀表 总技术规范》；

GOST 26678—1985《日用参数列式压缩式电冰箱与冷冻设备》；

GOST 29227—1991（ISO 835-1：1981）《实验室玻璃容器 刻度滴管 第一部分：总要求》；

GOST 29251—1991（ISO 385-1：1984）《实验室玻璃容器 滴定管 第一部分：总要求》。

14.4 术语和定义的差异

[中国标准] GB 5009.87—2016 没有术语和定义的描述。GB 5009.268—2016 没有术语和定义的描述。

[塔吉克斯坦标准] 涉及以下术语和定义。食品中的总磷质量分数：肉类或其他类型原料的成分中所含的磷的质量分数，该值通过 GOST 9794—2015 中给出的方法进行测定，结果以百分数形式表示。

14.5 技术要求差异

14.5.1 方法原理

[中国标准] GB 5009.87—2016 有 3 种检测方法。

第一法 钼蓝分光光度法

试样经消解，磷在酸性条件下与钼酸铵结合生成磷钼酸铵，此化合物被对苯二酚、亚硫酸钠或氯化亚锡、硫酸肼还原成蓝色化合物钼蓝。钼蓝在 660 nm 处的吸光度值与磷的浓度成正比。用分光光度计测试样溶液的吸光度，与标准系列比较定量。

第二法 钒钼黄分光光度法

试样经消解，磷在酸性条件下与钒钼酸铵生成黄色络合物钒钼黄。钒钼黄的吸光度值与磷的浓度成正比。于 440 nm 测定试样溶液中钒钼黄的吸光度值，与标准系列比较定量。

第三法 电感耦合等离子体发射光谱法（ICP-OES）

同 GB 5009.268—2016（第二法）。

样品消解后，由电感耦合等离子体发射光谱仪测定，以元素的特征谱线波长定性；待测元素谱线信号强度与元素浓度成正比进行定量分析。

[塔吉克斯坦标准] 2 种检测方法。

第一法　质量法

使用硝酸与硫酸对试样进行矿化处理，使磷以磷钼酸喹啉形式沉淀，经过过滤后测定沉淀物的质量。

第二法　分光光度法

磷与钼酸铵在对苯二酚与亚硫酸钠的参与下发生反应生成有色化合物，并在 630 nm 的波长下对光学密度进行光学测量。

14.5.2　仪器和设备、标准物质

[中国标准] GB 5009.87—2016 有 3 种检测方法。

第一法　钼蓝分光光度法

（1）仪器和设备：分光光度计、可调式电热板或可调式电热炉、马弗炉、分析天平。（2）标准物质：磷酸二氢钾，纯度＞99.99%。

第二法　钒钼黄分光光度法

（1）仪器和设备：分光光度计、可调式电热板或可调式电热炉、马弗炉、分析天平。（2）标准物质：磷酸二氢钾，纯度＞99.99%。

第三法　电感耦合等离子体发射光谱法（ICP-OES）

同 GB 5009.268—2016（第二法）。（1）仪器和设备：电感耦合等离子体发射光谱仪、天平、微波消解仪、压力消解器、恒温干燥箱、可调式控温电热板、马弗炉、可调式控温电热炉、匀浆机、高速粉碎机。（2）标准物质：磷元素储备液，1 000 mg/L 或 10 000 mg/L。

[塔吉克斯坦标准]

第一法　质量法

（1）测量装置和辅助设备：均质机或机械绞肉机、冰箱、小电炉、无磷折叠滤纸、非自动衡器、带盖密封罐、单刻度量瓶、干燥箱、凯氏烧瓶、刻度滴管、干燥器、实验室滤纸、喷射泵。（2）标准物质：没有标准物质。

第二法　分光光度法

（1）测量装置和辅助设备：均质机或机械绞肉机、冰箱、小电炉、无磷折叠滤纸、分光光度计、非自动衡器、带盖密封罐、单刻度量瓶、干燥箱、凯氏烧瓶、刻度滴管、干燥器、实验室滤纸、喷射泵。（2）标准物质：磷酸二氢钾标准溶液。

14.5.3 精密度、检出限和定量限

[中国标准] GB 5009.87—2016 有 3 种检测方法。

第一法 钼蓝分光光度法

（1）精密度：在重复性条件下获得的两次独立测定结果的绝对差值不得超过算术平均值的 5%。（2）检出限和定量限：当取样量 0.5 g（或 0.5 mL），定容至 100 mL 时，检出限为 20 mg/100 g（或 20 mg/100 mL），定量限为 60 mg/100 g（或 60 mg/100 mL）。

第二法 钒钼黄分光光度法

（1）精密度：在重复性条件下获得的两次独立测定结果的绝对差值不得超过算术平均值的 5%。（2）检出限和定量限：当取样量 0.5 g（或 0.5 mL），定容至 100 mL 时，检出限为 20 mg/100 g（或 20 mg/100 mL），定量限为 60 mg/100 g（或 60 mg/100 mL）。

第三法 电感耦合等离子体发射光谱法（ICP-OES）

同 GB 5009.268—2016（第二法）。（1）精密度。元素含量大于 1 mg/kg 时，在重复性条件下获得的两次独立测定结果的绝对差值不得超过算术平均值的 10%。元素含量小于或等于 1 mg/kg 且大于 0.1 mg/kg 时，在重复性条件下获得的两次独立测定结果的绝对差值不得超过算术平均值的 15%。元素含量小于或等于 0.1 mg/kg 时，在重复性条件下获得的两次独立测定结果的绝对差值不得超过算术平均值的 20%。（2）检出限和定量限。固体样品以 0.5 g 定容体积至 50 mL 计算，磷的检出限为 1 mg/kg，定量限为 3 mg/kg；液体样品以 2 mL 定容体积至 50 mL 计算，磷的检出限为 0.3 mg/mL，定量限为 1 mg/mL。

[塔吉克斯坦标准]（1）精密度。试验方法的精密度根据多个实验室共同试验的结果确定，符合 GOST/ISO 5725-6：2002 的要求。在置信概率 p=0.95 时，试验方法的计量特性见表 14-1。（2）检出限和定量限。没有检出限和定量限的描述。

表 14-1 计量特性参数的限量值

检测方法	精密度指数			
	质量分数测量范围 /%	相对误差限 ±δ/%	重复性（收敛性）极限值 r/%	再现性极限值 R/%
磷质量分数（质量法）	0.02～0.2（含）	15	0.10$x^a_{平均}$	0.25$X^b_{平均}$
	0.2～0.4（含）	8	0.05$x_{平均}$	0.1$X_{平均}$
磷质量分数（分光光度法）	0.04～0.1（含）	10	0.08$x_{平均}$	0.2$X_{平均}$
	0.1～0.25（含）	6	0.04$x_{平均}$	0.08$X_{平均}$
[a] $x_{平均}$：两个平行测定结果的算术平均值，%； [b] $X_{平均}$：不同实验室的两个测定结果的算术平均值，%。				

14.6 其他差异

标准适用范围的差别较大。中国标准 3 种方法中的第一法和第三法适用于各类食品中磷的测定，第二法适用于婴幼儿食品和乳品中磷的测定。塔吉克斯坦标准名称就明确了该标准适用于肉制品中总磷含量的测定，其适用范围是所有类型的肉，包括禽肉、肉制品及含肉制品。中国标准适用范围较广，塔吉克斯坦标准适用范围较单一。

标准中对实验相关条件要求的描述方式不同。塔吉克斯坦标准中详细罗列了实验的安全标准、技术规范、测量装置、辅助设备、材料与试剂等实验中涉及的各项标准指标，中国实验室均满足"检测和校准实验室能力认可准则"统一具体的要求，所以在测定标准中未具体罗列，视为必须遵守。

分光光度法原理基本一样，中国标准的波长为 660 nm，塔吉克斯坦标准的波长为 630 nm。

精密度及检出限方面的差异，中国标准统一后不做单独测量解释，塔吉克斯坦标准详细规定计量特性及精密度检验。中国标准以两次测量结果的绝对差值为依据，塔吉克斯坦标准根据计量特性和精密度检验专门给出相应查询表格，但是遵循的统计方法原理都是一致的。

第 15 章　维生素 B$_1$ 和 B$_2$ 的测定

15.1　标准名称

［中国标准］

GB 5009.84—2016《食品安全国家标准　食品中维生素 B$_1$ 的测定》；

GB 5009.85—2016《食品安全国家标准　食品中维生素 B$_2$ 的测定》。

［塔吉克斯坦标准］GOST 25999—1983《水果和蔬菜制品　维生素 B$_1$ 和 B$_2$ 的检测方法》。

15.2　适用范围的差异

［中国标准］（1）GB 5009.84—2016 规定了高效液相色谱法、荧光光度法测定食品中维生素 B$_1$ 的方法，适用于食品中维生素 B$_1$ 含量的测定。（2）GB 5009.85—2016 规定了食品中维生素 B$_2$ 的测定方法，第一法为高效液相色谱法，第二法为荧光分光光度法，适用于各类食品中维生素 B$_2$ 的测定。

［塔吉克斯坦标准］适用于蔬菜、水果、浆果、（带肉、谷粒、牛奶的）蔬菜等罐头食品中维生素 B$_1$ 和 B$_2$ 含量的测定。

15.3　规范性引用文件清单的差异

［中国标准］GB 5009.84—2016 没有规范性引用文件清单。GB 5009.85—2016 没有规范性引用文件清单。

［塔吉克斯坦标准］没有规范性引用文件清单。

15.4　术语和定义的差异

［中国标准］GB 5009.84—2016 和 GB 5009.85—2016 都没有术语和定义的描述。

［塔吉克斯坦标准］没有术语和定义的描述。

15.5 技术要求差异

15.5.1 方法原理

15.5.1.1 维生素 B_1 的测定

[中国标准] GB 5009.84—2016 有 2 种检测方法。

第一法 高效液相色谱法

试样在稀盐酸介质中恒温水解、中和，再酶解，水解液用碱性铁氰化钾溶液衍生，正丁醇萃取后，经 C_{18} 反相色谱柱分离，用高效液相色谱－荧光检测器检测，外标法定量。

第二法 荧光分光光度法

硫胺素在碱性铁氰化钾溶液中被氧化成噻嘧色素，在紫外线照射下，噻嘧色素发出荧光。在给定的条件下，以及没有其他荧光物质干扰时，此荧光之强度与噻嘧色素量成正比，即与溶液中硫胺素量成正比。如试样中含杂质过多，应经过离子交换剂处理，使硫胺素与杂质分离，然后以所得溶液用于测定。

[塔吉克斯坦标准] 对结合态的维生素 B_1 进行酸水解和酶水解，用阳离子交换柱对水解产物进行净化，将硫胺素氧化成硫色素，并在 320 nm～390 nm 波长下测量激发光的荧光强度，在 400 nm～580 nm 波长下测量发射光的荧光强度。

15.5.1.2 维生素 B_2 的测定

[中国标准] GB 5009.85—2016 有 2 种检测方法。

第一法 高效液相色谱法

试样在稀盐酸环境中恒温水解，调 pH 至 6.0～6.5，用木瓜蛋白酶和高峰淀粉酶酶解，定容过滤后，滤液经反相色谱柱分离，用高效液相色谱－荧光检测器检测，外标法定量。

第二法 荧光分光光度法

维生素 B_2 在 440 nm～500 nm 波长光照射下发生黄绿色荧光。在稀溶液中其荧光强度与维生素 B_2 的浓度成正比。在波长 525 nm 下测定其荧光强度。试液再加入连二亚硫酸钠，将维生素 B_2 还原为无荧光的物质，然后再测定试液中残余荧光杂质的荧光强度，两者之差即为试样中维生素 B_2 所产生的荧光强度。

[塔吉克斯坦标准] GOST 25999—1983 有 2 种检测方法。

第一法 核黄素法

对结合态的维生素 B_2 进行酸水解和酶水解后，用高锰酸钾氧化色素，再用连二亚硫酸钠还原核黄素，并在还原前后分别测量波长 360 nm～480 nm 下的激发光荧光强度，以及波长 510 nm～650 nm 下的发射光荧光强度。该方法用于分析浅色的蔬菜、水果和浆果罐头产品。

第二法　光黄素法

对结合态的维生素 B_2 进行酸水解和酶水解后，用高锰酸钾氧化色素，再用光照射以将核黄素转化成光黄素，用三氯甲烷提取光黄素，并在波长 360 nm～480 nm 下测量激发光的荧光强度，在 510 nm～650 nm 波长下测量发射光的荧光强度。该方法用于分析带肉和谷粒的蔬菜罐头，以及深色罐头产品。

15.5.2　仪器和设备、标准物质

15.5.2.1　维生素 B_1

［中国标准］GB 5009.84—2016 有 2 种检测方法。

第一法　高效液相色谱法

（1）仪器和设备：高效液相色谱仪、分析天平、离心机、pH 计、组织捣碎机、电热恒温干燥箱或高压灭菌锅。（2）标准物质：盐酸硫胺素，纯度≥99.0%。

第二法　荧光分光光度法

（1）仪器和设备：荧光分光光度计、离心机、pH 计、电热恒温箱、盐基交换管或层析柱、天平。（2）标准物质：盐酸硫胺素，纯度≥99.0%。

［塔吉克斯坦标准］（1）测量装置和辅助设备：实验室通用天平、实验室 pH 计、恒温器、荧光计、实验室电气干燥箱、水浴、色谱柱、通用试纸、实验室滤纸。（2）标准物质：氯化硫胺素（或溴化硫胺素），质量浓度为 0.1 g/dm³、0.001 g/dm³、0.000 1 g/dm³ 的溶液。

15.5.2.2　维生素 B_2

［中国标准］GB 5009.85—2016 有 2 种检测方法。

第一法　高效液相色谱法

（1）仪器和设备：高效液相色谱仪、天平、高压灭菌锅、pH 计、涡旋振荡器、组织捣碎机、恒温水浴锅、干燥器、分光光度计。（2）标准物质：维生素 B_2，纯度≥98%。

第二法　荧光分光光度法

（1）仪器和设备：荧光分光光度计、天平、高压灭菌锅、pH 计、涡旋振荡器、组织捣碎机、恒温水浴锅、干燥器、维生素 B_2 吸附柱。（2）标准物质：维生素 B_2，纯度≥98%。

［塔吉克斯坦标准］有 2 种检测方法。

第一法　核黄素法

（1）测量装置和辅助设备：真空干燥器、实验室玻璃烧瓶、实验室通用天平、实验室 pH 计、恒温器、荧光计、实验室电气干燥箱、水浴、色谱柱、通用试纸、实验室滤纸。（2）标准物质：核黄素，质量浓度为 0.02 g/dm³ 和 0.001 g/dm³ 的溶液。

第二法　光黄素法

（1）测量装置和辅助设备：家用风扇、通用白炽灯、真空干燥器、实验室玻璃烧瓶、实验室通用天平、实验室 pH 计、恒温器、荧光计、实验室电气干燥箱、水浴、色谱柱、通用试纸、实验室滤纸。（2）标准物质：核黄素，质量浓度为 0.02 g/dm³ 和 0.001 g/dm³ 的溶液。

15.5.3　密度、检出限和定量限

15.5.3.1　维生素 B₁

［中国标准］GB 5009.84—2016 有 2 种检测方法。

第一法　高效液相色谱法

（1）精密度：在重复性条件下获得的两次独立测定结果的绝对差值不得超过算术平均值的 10%。（2）检出限和定量限：当称样量为 10.0 g 时，按照该标准方法的定容体积，食品中维生素 B₁ 的检出限为 0.03 mg/100 g，定量限为 0.10 mg/100 g。

第二法　荧光分光光度法

（1）精密度：在重复性条件下获得的两次独立测定结果的绝对差值不得超过算术平均值的 10%。（2）检出限和定量限：检出限为 0.04 mg/100 g，定量限为 0.12 mg/100 g。

［塔吉克斯坦标准］

（1）精密度：将置信度 p 为 0.95 的两次平行测定结果的算术平均值，作为分析的最终结果，当维生素 B₁ 的质量分数不超过 5.0×10^{-5}% 时，两次平行测定结果的绝对值不得超过 4.0×10^{-6}；当维生素 B₁ 的质量分数大于 5.0×10^{-5}% 时，两次平行测定结果的绝对值不得超过 6.0×10^{-5}。（2）检出限和定量限：当置信度 p=0.95 时，维生素 B₁ 的质量分数的检测极限值为 8.0×10^{-6}%。

15.5.3.2　维生素 B₂

［中国标准］GB 5009.85—2016 有 2 种检测方法。

第一法　高效液相色谱法

（1）精密度：在重复性条件下获得的两次独立测定结果的绝对差值不得超过算术平均值的 10%。（2）检出限和定量限：当取样量为 10.00 g 时，方法检出限为

0.02 mg/100 g，定量限为 0.05 mg/100 g。

第二法　荧光分光光度法

（1）精密度：在重复性条件下获得的两次独立测定结果的绝对差值不得超过算术平均值的 10%。（2）检出限和定量限：当取样量为 10.00 g 时，方法检出限为 0.006 mg/100 g，定量限为 0.02 mg/100 g。

[塔吉克斯坦标准]

第一法　核黄素法

（1）精密度：将置信度 p 为 0.95 的两次平行测定结果的算术平均值作为分析的最终结果，当维生素 B_2 的质量分数不超过 5.0×10^{-5}% 时，两次平行测定结果的绝对值不得超过 8.0×10^{-6}；当维生素 B_2 的质量分数大于 5.0×10^{-5}% 时，两次平行测定结果的绝对值不得超过 2.0×10^{-5}。（2）检出限和定量限：当置信度 $p=0.95$ 时，维生素 B_2 的质量分数的检测极限值为 5.0×10^{-6}%。

第二法　光黄素法

（1）精密度：将置信度 p 为 0.95 的两次平行测定结果的算术平均值作为分析的最终结果，当维生素 B_2 的质量分数不超过 5.0×10^{-5}% 时，两次平行测定结果的允许偏差的绝对值不得超过 1.0×10^{-5}%；当维生素 B_2 的质量分数大于 5.0×10^{-5}% 时，两次平行测定结果的允许偏差的绝对值不得超过 7.0×10^{-5}%。（2）检出限和定量限：当置信度 $p=0.95$ 时，维生素 B_2 的质量分数的检测极限值为 5.0×10^{-6}%。

15.6　其他差异

[中国标准]针对所有食品。

[塔吉克斯坦标准]限定蔬菜、水果、浆果、（带肉、谷粒、牛奶的）蔬菜等罐头食品。

第16章 罐头食品－实验室分析的样品制备

16.1 标准名称

[中国标准]

GB 7098—2015《食品安全国家标准 罐头食品》；

GB/T 10786—2022《罐头食品的检验方法》。

[塔吉克斯坦标准] GOST 26671—2014《果蔬制品、肉罐头与肉植罐头 实验室分析的样品制备》。

16.2 适用范围的差异

[中国标准]（1）GB 7098—2015 适用于罐头食品，不适用于婴幼儿罐装辅助食品。（2）GB/T 10786—2022 描述了罐头食品感官、可溶性固形物、净含量和固形物含量、pH 值、干燥物、顶隙和真空度的检验方法。

[塔吉克斯坦标准]（1）适用于果蔬制品、肉罐头、肉植罐头。其中果蔬制品包括：果蔬果汁与浓缩果蔬果汁、果汁饮料、果汁水与浓缩果汁水、含糖果汁与浓缩含糖果汁、糖水水果、果酱、果泥、速冻果蔬。（2）不适用于腌制食品、发酵食品、干果与干菜。（3）规定了实验室分析的样品制备程序。

16.3 规范性引用文件清单的差异

[中国标准] GB 7098—2015 没有规范性引用文件清单，但在需要引用的项目后有详细描述，如：污染物限量应符合 GB 2762；真菌毒素限量应符合 GB 2761；微生物限量应符合罐头食品商业无菌要求，按 GB 4789.26 规定的方法检验。GB/T 10786—2022 没有规范性引用文件清单。

[塔吉克斯坦标准]

规范性引用以下标准文件：

GOST 12.0.004—1990《劳动安全标准系统组织劳动安全培训总要求》；

GOST 12.1.019—1979《劳动安全标准系统 用电安全 总要求及保护方式分类》；

GOST/OIML R 76-1：2011《国家统一测量系统 非自动衡器 第一部分：计量和

技术要求试验》；

GOST/ISO 3696：2013《实验室分析用水 技术要求与检测方法》；

GOST 5717.2—2003《罐头用玻璃罐 主要参数与尺寸》；

GOST 6613—1986《编织方格钢丝网 技术规范》；

GOST 6709—1972《蒸馏水 技术规范》；

GOST 8756.0—1970《罐装食品 取样与试验的准备工作》；

GOST 12026—1976《实验室滤纸 技术规范》；

GOST 15895—1977《食品质量控制的统计方法 术语和定义》；

GOST 22967—1990《多次用的医用注射器 总技术要求与试验方法》；

GOST 25336—1982《实验室玻璃容器与设备 基本参数与尺寸》；

GOST 26313—2014《水果与蔬菜加工食品的取样方法和验收规范》。

16.4 术语和定义的差异

[中国标准]（1）GB 7098—2015 涉及以下术语和定义。①罐头食品：以水果、蔬菜、食用菌、畜禽肉、水产动物等为原料，经加工处理、装罐、密封、加热杀菌等工序加工而成的商业无菌的罐装食品。②胖听：由于罐头内微生物活动形成化学作用产生气体，形成正压，使一端或两端外凸的现象。③商业无菌：罐头食品经过适度热杀菌后，不含有致病性微生物，也不含有在通常温度下能在其中繁殖的非致病性微生物的状态。（2）GB/T 10786—2022 没有术语和定义的描述。

[塔吉克斯坦标准]使用的术语和定义应符合 GOST 15895—1977、GOST 26313—2014 的要求。

16.5 技术要求差异

16.5.1 原料要求

[中国标准]GB 7098—2015 中要求原料应符合相应的食品标准和有关规定。

[塔吉克斯坦标准]取样工作，应根据 GOST 26313—2014。对于肉罐头与肉植罐头的取样，应根据 GOST 8756.0—1970。实验室的样品，应在运输与贮存过程中没有出现损坏与变质。

16.5.2 仪器和辅助设备、样品制备

[中国标准]GB/T 10786—2022 中有如下规定：

1. 组织与形态检验

（1）辅助设备：白瓷盘、卫生开罐刀、匙、不锈钢圆筛、烧杯、量筒。（2）样品制备方法：畜肉、禽、水产类罐头先经加热至汤汁溶化（有些罐头如午餐肉、凤尾鱼等无需加热），然后将内容物倒入白瓷盘中，按相应产品标准要求观察并检测其组织、形态和杂质；将糖水型水果罐头、蔬菜类罐头及食用菌罐头在室温下打开，先滤去汤汁，然后将内容物倒入白瓷盘中，按相应产品标准要求观察并检测其组织、形态和杂质；糖浆型水果罐头开罐后，将内容物平倾于不锈钢圆筛中，静置 3 min，然后将内容物倒入白瓷盘中，按相应产品标准要求观察并检测其组织、形态和杂质；果酱类罐头在室温（15 ℃～20 ℃）开罐，用匙取果酱（约 20 g）置于干燥的白瓷盘上，在 1 min 内视其酱体有无流散和汁液析出现象，按相应产品标准要求观察并检测其组织、形态和杂质；果汁类罐头打开后，内容物倒在玻璃容器内静置 30 min 后，观察其沉淀程度、分层情况和油圈现象，按相应产品标准要求观察并检测其组织、形态和杂质；粥类罐头摇匀后开罐倒入白瓷盘，均匀铺开，按产品标准要求观察并检测其组织形态和杂质。

2. 可溶性固形物含量的检验

（1）仪器：阿贝折光计或糖度计、组织捣碎器。（2）样品制备方法：液体制品及泥糊类制品充分混匀待测样品后直接测定；果蔬浆（泥）制品充分混匀待测样品，用 4 层纱布挤出滤液，用于测定；果酱、果冻等称取适当量（一般称取 40 g，精确到 0.01 g）的待测样品到已称重的烧杯中，加 100 mL～150 mL 蒸馏水，用玻璃棒搅拌，并缓和煮沸 2 min～3 min，冷却并充分混匀，20 min 后称重，精确到 0.01 g，然后用槽纹漏斗或布氏漏斗过滤到干燥容器里，留滤液供测定用。

[塔吉克斯坦标准]（1）仪器和辅助设备。非自动衡器、实验室破碎机与磨碎机、振动筛、机械搅拌机或均质机、各种结构的分样器、一套筛子、实验室离心机、实验室水浴、玻璃罐、滤纸、膜式过滤器、医用注射器、B 型或者 H 型量杯。（2）样品制备方法。①实验室样品制备的总要求：对于固体食品（其中包括肉罐头），其实验室样品的制备主要在于通过实验室样品捣碎要求、实验室样品破碎要求与研磨要求以获得均质食品；对于液体、糊状均质食品（果肉果汁、果泥、蔬菜泥、果酱、番茄酱、馅料等）在制备其实验室样品时，只需要搅拌；果酱需要在研钵中仔细研磨，直到达到均质状态。②实验室样品捣碎要求：食品的样品根据其浓稠度，选择合适的设备破碎机、均质机、搅拌机或者研钵进行捣碎，以获取均质样品；在样品捣碎前需要进行下列操作，对于有果核的水果制成的食品，应先去核；对于家禽、禽类肉罐头，应先去骨；对于其他食品应先去除香料、小枝、萼片及其他异物；对于含有动物脂肪的食品，应先放在水浴里进行加热，直到脂肪熔化；对于冷冻食品，应预先在封闭容器内进行

解冻，解冻留下的液体，应加到食品中；对于含有固体部分与液体部分，且两部分很容易分离的食品，应先将液体倒入量杯中，仅对固体部分捣碎，然后将两部分混合、搅拌、在研钵中仔细研磨，直到达到均质状态。③实验室样品破碎要求：要将样品破碎到 10 mm 以下，应使用颚式破碎机；要将样品破碎到 2 mm 以下，应使用辊式破碎机；要将样品破碎到 1 mm 以下，则需使用不同类型的粉磨机（盘式粉磨机、振动粉磨机）或研磨机（球磨机、棒磨机），以及实验室研钵；破碎机（研磨机）的内部应做好清洁，避免样品遭到污染，因此，向机器内投入的材料应不会导致样品被异物污染；在破碎（研磨）的过程中，不应有样品的损耗。④研磨要求：研磨操作的时间应尽量缩短，以保证实验室样品尽量不受空气的影响，所以，在研磨前要先将块状样品破碎或切碎到需要的尺寸大小，并且在每一个阶段之前，实验室样品必须仔细搅拌；微小粒径的实验室样品，如果样品能从 1 mm 孔眼的筛子中通过则需要仔细搅拌，然后再使用分样器或四分器对样品进行分离直到获得需要尺寸的样品；如果样品不能从 1 mm 孔眼的筛子中通过，但能通过 2.80 mm 孔眼的筛子，则需要仔细搅拌通过连续等分法以获得需要尺寸的样品，将此样品放入干净的研磨机内进行仔细研磨，直到样品能完全通过 1 mm 孔眼的筛子；如果样品不能通过 2.80 mm 孔眼的筛子，则需将其放入干净的研磨机内进行仔细研磨直到样品能完全通过 2.80 mm 孔眼的筛子，并仔细搅拌，研磨后的实验室样品应使用分样器进行分离直到获得各项分析所需要尺寸的样品，再将此样品放入干净的研磨机内进行仔细研磨，直到样品能完全通过 1 mm 孔眼的筛子。⑤果汁产品的实验室样品制备要求：果肉体积分数不超过 10% 的澄清果汁及果汁饮料（柑橘、菠萝、桃、杏等水果制成的果汁及果汁饮料），或者含有水不溶物的果汁及果汁饮料，应使用无灰滤纸进行过滤，或离心分离 15 min，分离因数不低于 990 g；果肉体积分数超过 10% 的果汁及果汁饮料（芒果、番茄、香蕉等水果制成的果汁及果汁饮料），应预先用水进行稀释，稀释比 1∶5，用于溶液的澄清，然后离心分离 15 min，分离因数不低于 990 g；如果水不溶物没有完全沉淀，则应重新使用无灰滤纸进行过滤，或离心分离 15 min，分离因数不低于 990 g；浓缩果汁与果泥，应预先用水进行稀释，稀释比 1∶5，使用称重法；如果浓缩果汁属于果泥，或其中含有水不溶物，则应根据研磨要求对样品再次离心分离；在进行色谱分析时，将果肉体积分数不超过 10% 的澄清果汁或浓缩果汁与果泥制备的样品取一部分加入医用注射器，注射器上带有圆盘式过滤器（过滤孔径 0.45 μm）将样品过滤到样品瓶中。⑥对实验室样品的制备要求：在实验室样品的制备过程中，必须采取一些特别措施来保持其特性；为了测定食品中的重金属质量分数，在进行磨碎时磨碎机的材质不应造成金属对食品的污染；为了测定食品中的维生素 C 质量分数，不允许样品与金属表面接触，以及通风与加热；为了使用浮选法测定食品中的矿物杂质质量分数，应对样品进行搅拌、破碎，但不需要磨碎；将制备好的样品放入合适尺寸的罐子内，并带有密封盖，根据 GOST 5717.2—2003 要求贴上标签，在标签上注明：生产企业的名称、食品名称及生产日期；根据果汁产品中指出的任一方法制备的样品，从中选取样品，用于后续的所有试验，而且每次取样前必须对全部样品进行仔细搅拌；为了测定食品中的维生素、类胡萝卜素及其他不稳定物质，在样品制备完毕后应立即进行分析试验。对于其他试验项目，可在样品制备完毕之后的一昼夜内进行试验，这种情况下，样品必须贮存在 0 ℃~5 ℃的温度条件下。⑦安全要求：在仪器操作过程中的用电安全应根据 GOST 12.1.019—1979 的要求，以及仪器的使用说明书；组织劳动安全培训，应根据 GOST 12.0.004—1990 的要求；只有掌握专业技术、通过相应培训的操作人员（实验员、化验员、质检员及其他专业人员）才允许进行试验操作；制备实验室样品的人员，必要时需要佩戴一次性手套及相关个人防护装备（工作服、帽子等），工作结束后，一次性防护装备，应妥善收好，防止对样品造成污染。

16.6　其他差异

中国对果蔬制品、罐头制品等没有单独专设实验室分析用样品制备标准，而是在 GB/T 10786—2022 中列出了罐头食品组织与形态检验和可溶性固形物含量的检验的样品制备方法。

塔吉克斯坦有一个专门的针对果蔬制品、肉罐头、肉植罐头等的实验室分析用样品制备标准，类似于中国的前处理集合要求，同时规定了其适用和不适用范围。中国这种样品制备没有专门集合的标准，前处理规程都会在具体的标准操作中体现。

第17章 羊肉胴体技术规范

17.1 标准名称

[中国标准]

GB/T 9961—2008《鲜、冻胴体羊肉》;

NY/T 630—2002《羊肉质量分级》;

NY/T 1564—2021《畜禽肉分割技术规程 羊肉》。

[塔吉克斯坦标准]GOST 1935—1955《羊肉胴体肉和山羊胴体肉 技术规范》。

17.2 适用范围的差异

[中国标准]（1）GB/T 9961—2008规定了鲜、冻胴体羊肉的相关术语和定义、技术要求、检验方法、检验规则、标志和标签、贮存及运输，适用于健康活羊经屠宰加工、检验检疫的鲜、冻胴体羊肉；（2）NY/T 630—2002规定了羊肉、羊肉质量等级、评定分级方法、检测方法、标志、包装、贮存与运输，适用于羊肉生产、加工、营销企业产品分类分级；（3）NY/T 1564—2021规定了羊肉分割的术语和定义、技术要求、标志、包装、储存和运输，适用于羊肉分割加工。

[塔吉克斯坦标准]适用于供零售、公共餐饮和工业加工的食用羊肉胴体肉和山羊胴体肉。

17.3 规范性引用文件清单的差异

[中国标准]

GB/T 9961—2008规范性引用文件有：

GB/T 191《包装储运图示标志》;

GB 4789.2《食品微生物学检验 菌落总数测定》;

GB 4789.3《食品微生物学检验 大肠菌群测定》;

GB 4789.4《食品微生物学检验 沙门氏菌检验》;

GB 4789.5《食品微生物学检验 志贺氏菌检验》;

GB 4789.6《食品微生物学检验 致泻大肠埃氏菌检验》;

GB 4789.10《食品微生物学检验　金黄色葡萄球菌检验》;

GB 5009.11《食品中总砷及无机砷的测定》;

GB 5009.12《食品中铅的测定》;

GB 5009.15《食品中镉的测定》;

GB 5009.17《食品中总汞及有机汞的测定》;

GB/T 5009.19《食品中六六六、滴滴涕残留量的测定》;

GB/T 5009.20《食品中有机磷农药残留量的测定》;

GB 5009.33《食品中亚硝酸盐与硝酸盐的测定》;

GB/T 5009.44《肉与肉制品卫生标准的分析方法》;

GB/T 5009.108《畜禽肉中己烯雌酚的测定》;

GB 5009.123《食品中铬的测定》;

GB/T 5009.192《动物性食品中克伦特罗残留量的测定》;

GB 7718《预包装食品标签通则》;

GB 12694《肉类加工厂卫生规范》;

GB 16548《病害动物和病害动物产品生物安全处理规程》;

GB/T 17237《畜类屠宰加工通用技术条件》;

GB 18393《牛羊屠宰产品品质检验规程》;

GB 18394《畜禽肉水分限量》;

GB/T 20575《鲜、冻肉生产良好操作规范》;

GB/T 20755—2006《畜禽肉中九种青霉素类药物残留量的测定　液相色谱－串联质谱法》;

GB 20799《鲜、冻肉运输条件》;

JJF 1070《定量包装商品净含量计量检验规则》;

SN 0208《出口肉中十种磺胺残留量检验方法》;

SN 0341《出口肉及肉制品中氯霉素残量检验方法》;

SN 0343《出口禽肉中溴氰菊酯残留量检验方法》;

SN 0349《出口肉及肉制品中左旋咪唑残留量检验方法气相色谱法》;

《定量包装商品计量监督管理办法》国家质量监督检验检疫总局〔2005〕第 75 号令;

《肉与肉制品卫生管理办法》卫生部令第 5 号。

NY/T 630—2002 规范性引用文件有：

GB/T 191《包装储运图示标志》；

GB 2708《牛肉、羊肉、兔肉卫生标准》；

GB/T 4456《包装用聚乙烯吹塑薄膜》；

GB/T 6388《运输包装收发货标志》；

GB 7718《食品标签通用标准》；

GB 9687《食品包装用聚乙烯成型品卫生标准》；

GB 9961《鲜、冻胴体羊肉》。

NY/T 1564—2021 规范性引用文件有：

GB/T 191《包装储运图示标志》；

GB/T 4456《包装用聚乙烯吹塑薄膜》；

GB/T 6388《运输包装收发货标志》；

GB/T 6543《瓦楞纸箱》；

GB 7718《预包装食品标签通则》；

GB 9681《食品包装用聚氯乙烯成型品卫生标准》；

GB 9687《食品包装用聚乙烯成型品卫生标准》；

GB 9688《食品包装用聚丙烯成型品卫生标准》；

GB 9689《食品包装用聚苯乙烯成型品卫生标准》；

GB 9961《鲜、冻胴体羊肉》；

GB/T 20799《鲜、冻肉运输条件》；

NY/T 633《冷却羊肉》；

NY 1165《羔羊肉》。

[塔吉克斯坦标准] 没有规范性引用文件清单。

17.4 术语和定义的差异

[中国标准]（1）GB/T 9961—2008 给出了以下术语和定义：羔羊、肥羔羊、大羊、胴体质量、肥度、膘厚、肋肉厚、肌肉度、生理成熟度、肉脂色泽、肉脂硬度、胴体羊肉、鲜胴体羊肉、冷却胴体羊肉、冻胴体羊肉。（2）NY/T 630—2002 给出了以下术语和定义：羊肉、大羊肉、羔羊肉、肥羔肉、胴体质量、肥度、背膘厚、肋肉厚、肌肉发育程度、生理成熟度、肉脂色泽、肉脂硬度。（3）NY/T 1564—2021 给出了以下术语和定义：胴体羊肉、鲜胴体羊肉、冷却胴体羊肉、冻胴体羊肉、分割羊肉、冷冻

分割羊肉、冷却分割羊肉、带骨分割羊肉、去骨分割羊肉。

[塔吉克斯坦标准] 没有术语和定义的描述。

17.5　技术要求差异

17.5.1　羊胴体等级

[中国标准] 羊胴体等级见 GB/T 9961—2008 附录 A（羊胴体等级及要求）。

[塔吉克斯坦标准] 根据肉质肥度，将羊肉和山羊肉分为一级和二级，详见表 17-1。如果羊肉和山羊肉的肥度低于该标准要求，则划为偏瘦型。

表 17-1　羊肉和山羊肉的特点

肉类等级	特点（最低标准）
一级羊肉和山羊肉	肌肉发育合格，背部脊柱棘突，肩隆稍微凸起，背部覆盖一层薄薄的皮下脂肪，腰部和肋骨稍有脂肪，骶骨和臀部可有间隙
二级羊肉和山羊肉	肌肉发育略差，骨头明显突出，胴体表面有不明显的薄脂肪层，此脂肪层可有可无

17.5.2　贮存

[中国标准]

GB/T 9961—2008：（1）冷却羊肉应吊挂在相对湿度 75%～84%，温度 0 ℃～4 ℃的冷却间，肉体之间的距离保持 3 cm～5 cm。（2）冷冻羊肉应吊挂或码放在相对湿度 95%～100%，温度 -18 ℃的冷藏间，冷藏间温度一昼夜升降幅度不得超过 1 ℃。（3）贮存间应保持清洁、整齐、通风，应防霉、除霉，定期除霜，符合国家有关卫生要求，库内有防霉、防鼠、防虫设施，定期消毒。（4）贮存间内不应存放有碍卫生的物品，同一库内不得存放可能造成相互污染或者串味的食品。

NY/T 630—2002：鲜羊肉在 0 ℃～4 ℃贮存、冻羊肉在 -18℃贮存，库温一昼夜升降幅度不超过 1℃。

NY/T 1564—2021：（1）冷却分割羊肉应储存在 0 ℃～4 ℃、相对湿度 85%～90% 的环境中，肉块中心温度保持在 0 ℃～4 ℃。（2）冷冻分割羊肉应储存在 -18 ℃以下、相对湿度 95% 以上的环境中，肉块中心温度保持在 -15 ℃以下。

[塔吉克斯坦标准] 羊肉和山羊肉的贮存，应根据肉类和肉类食品的贮存规范。贮藏室的空气参数及冷鲜羊肉和冷冻羊肉的最长保存期限见表 17-2。

表 17-2　贮藏室的空气参数及冷鲜羊肉和冷冻羊肉的最长保存期限

热状态类别	贮藏室的空气参数		最长保存期限（包括运输时间）
	温度 /℃	相对湿度 /%	
悬挂的冷鲜羊肉和山羊肉胴体	-1	≥85	<12 昼夜
冷冻羊肉和山羊肉胴体	-12	≥95～98	<6 个月
	-18	≥95～98	<10 个月
	-20	≥95～98	<11 个月
	-25	≥95～98	<12 个月

17.6　其他差异

中国标准关于羊肉胴体肉的技术要求比较详细，等级要求划分较明确。

塔吉克斯坦标准明确规定了不允许销售但可用于食品加工的肉类条件。

中国标准中规定的检验项目较具体和详细。

第 18 章　动物性食品中氟喹诺酮类的测定

18.1　标准名称

[中国标准]

农业部 1025 号公告—8—2008《动物性食品中氟喹诺酮类药物残留检测　酶联免疫吸附法》；

SN/T 3027—2011《出口蜂王浆中氟喹诺酮类残留量测定方法酶联免疫法》。

[塔吉克斯坦标准] GOST 33634—2015《食品和食品原料　免疫酶法测定氟喹诺酮类抗生素的残留量》。

18.2　适用范围的差异

[中国标准]（1）农业部 1025 号公告—8—2008 规定了动物性食品中氟喹诺酮类药物残留量检测的制样和酶联免疫吸附法，适用于检测动物源性食品中猪肌肉、鸡肌肉、鸡肝脏、蜂蜜、鸡蛋和虾中恩诺沙星、环丙沙星、诺氟沙星、氧氟沙星、洛美沙星、嗯喹酸、依诺沙星、培氟沙星、达氟沙星、氟甲喹、麻保沙星、氨氟沙星残留量的检测。（2）SN/T 3027—2011 规定了蜂王浆中氟喹诺酮类残留量的酶联免疫测定方法，适用于蜂王浆中那氟沙星、芦氟沙星、达氟沙星、恩诺沙星、盐酸环丙沙星、左氧氟沙星、氧氟沙星、培氟沙星、诺氟沙星、二氟沙星、沙拉沙星和依诺沙星残留总量的测定。

[塔吉克斯坦标准]（1）适用于畜肉、禽肉、蛋类、冰蛋、蛋粉、奶类。（2）规定了测定氟喹诺酮类抗生素（恩诺沙星、环丙沙星、诺氟沙星、左氧氟沙星）残留量的免疫酶法。

18.3　规范性引用文件清单的差异

[中国标准]

农业部 1025 号公告—8—2008 规范性引用文件有：

GB/T 6682《分析实验室用水规则和试验方法》。

SN/T 3027—2011 规范性引用文件有：

GB/T 6682《分析实验室用水规则和试验方法》。

[塔吉克斯坦标准]

规范性引用以下标准文件：

GOST 12.1.004—1991《劳动安全标准系统　消防安全　总要求》；

GOST 12.1.007—1976《劳动安全标准系统　有害物质　分类与总安全要求》；

GOST 12.1.019—79《劳动安全标准系统　用电安全　总要求及保护方式分类》；

GOST/OIML R 76-1：2011《国家统一测量系统　非自动衡器　第一部分：计量和技术要求试验》；

GOST 245—1976《试剂　二水磷酸二氢钠　技术规范》；

GOST 334—1973《比例和坐标纸　技术规范》；

GOST 1770—1974（ISO 1042：1983、ISO 4788：1980）《实验室玻璃计量容器　量筒、量杯、烧瓶和试管　总技术规范》；

GOST 2652—1978《试剂　工业重铬酸钾　技术规范》；

GOST 4172—1976《试剂　十二水二代磷酸钠　技术规范》；

GOST 4204—1977《试剂　硫酸　技术规范》；

GOST 4233—1977《试剂　氯化钠　技术规范》；

GOST 4328—1977《试剂　氢氧化钠　技术规范》；

GOST/ISO 5725-6：2002《测量方法与测量结果的准确性（正确性与精密度）　第6部分：精度值的实际运用》。

18.4　术语和定义的差异

[中国标准] 农业部 1025 号公告—8—2008 和 SN/T 3027—2011 都没有术语和定义的描述。

[塔吉克斯坦标准] 涉及以下术语和定义（1）测试系统：一组（一套）专用试剂，用于测定一种或多种具体物质。（2）储备溶液：预先配制的，是配制其他溶液所必需的试剂溶液。（3）辅助溶液：由储备溶液预先配制的，是配制其他溶液所必需的溶液。（4）工作溶液：一种或多种试剂混合成的溶液，在使用前直接配制，是进行分析所必需的溶液。

18.5　技术要求差异

18.5.1　方法原理

[中国标准]

农业部 1025 号公告—8—2008 基于抗原抗体反应进行竞争性抑制测定。酶标板的微孔包被有偶联抗原，加入标准品或待测样品，再加氟喹诺酮类药物单克隆抗体和酶标记物。包被抗原与加入的标准品或待测样品竞争抗体，酶标记物与抗体结合。通过洗涤除去游离的抗原、抗体及抗原抗体复合物。加入底物液，使结合到板上的酶标记物将底物转化为有色产物。加入终止液，在 450 nm 处测定吸光度值，根据吸光度值计算氟喹诺酮类药物的浓度。

SN/T 3027—2011 以高氯酸来沉淀蜂王浆的蛋白，并提取蜂王浆中残留的氟喹诺酮类药物。微孔板中包被有诺氟沙星抗体，加入结合辣根过氧化酶的诺氟沙星（酶标记诺氟沙星）、诺氟星标准品或样品提取液后，标准溶液中的诺氟沙星或样品中的氟喹诺酮类和酶标记诺氟沙星竞争性地与诺氟沙星抗体结合。通过洗涤除去未结合的试剂，然后加入底物显色，用酶标仪测定吸光度，根据吸光度值得出试样中氟喹诺酮类的含量。

［塔吉克斯坦标准］（1）酶联免疫测定法的原理：通过对提取物工作溶液进行间接固相竞争酶联免疫分析，来测量样品中氟喹诺酮类抗生素的含量。（2）间接酶联免疫分析的原理：在与涂在平板孔格表面的氟喹诺酮类抗生素蛋白轭合物（固体抗原）竞争的条件下，氟喹诺酮类抗生素与特定抗体相互作用测量抗体与抗原相互作用程度的分析信号（光学密度的记录值），分析信号与工作溶液中目标物的质量浓度成反比。

18.5.2　仪器和设备、标准物质

［中国标准］

农业部 1025 号公告—8—2008 涉及以下仪器和设备、标准物质。（1）仪器和设备：酶标仪（配备 450 nm 滤光片）、均质器、振荡器、涡旋仪、离心机、微量移液器、天平。（2）标准物质：0 µg/L、1 µg/L、3 µg/L、9 µg/L、27 µg/L、81 µg/L 的氟喹诺酮类系列标准溶液。

SN/T 3027—2011 涉及以下仪器和设备、标准物质。（1）仪器和设备：酶标仪、8 道移液器、单道移液器、混合振荡器、高速冷冻离心机、固相萃取装置、氮吹仪、具塞试管、电子天平。（2）标准物质：诺氟沙星标准物质，纯度≥98%。

［塔吉克斯坦标准］（1）测量仪器和辅助设备：垂直型测光光度计、实验室天平、任何类型的干燥柜、任何类型的冰箱、任何类型的蒸馏器、任何类型的具有对数函数的计算器、量筒、量瓶、移液器、微型注射器、96- 孔格的聚苯乙烯装配平板、试管、锥形烧瓶、漏斗、2 cm³ 的小瓶、实验室滤纸、坐标纸、其他设备和测量仪器。（2）标准物质：氟喹诺酮，浓度为 0.5 µg/cm³、2.0 µg/cm³、8.0 µg/cm³。

18.5.3 精密度、检出限和定量限

[中国标准]

农业部 1025 号公告—8—2008 精密度、检出限和定量限如下。（1）精密度：该方法的批内变异系数≤45%，批间变异系数≤45%。（2）检出限：该方法在组织（猪肌肉 / 肝脏、鸡肌肉 / 肝脏、鱼、虾）样品中氟喹诺酮类药物的检测限为 3 μg/kg，在蜂蜜样品中氟喹诺酮类的检测限为 5 μg/kg，鸡蛋样品中氟喹诺酮类的检测限为 2 μg/kg。（3）定量限：没有定量限的描述。

SN/T 3027—2011 精密度、检出限和定量限如下。（1）精密度：没有精密度的描述。（2）检出限：那氟沙星、芦氟沙星、达氟沙星、恩诺沙星、盐酸环丙沙星、左氧氟沙星、氧氟沙星、培氟沙星、诺氟沙星、二氟沙星、沙拉沙星和依诺沙星残留总量为 2.5 μg/kg。（3）定量限：没有定量限的描述。

[塔吉克斯坦标准]（1）精密度：两次平行试验的绝对差值不超过算数平均值的 10%。（2）检出限：没有检出限的描述。

18.6 其他差异

[中国标准]

除农业部 1025 号公告—8—2008 和 SN/T 3027—2011 用酶联免疫吸附法测食品中氟喹诺酮类药物外，其余测量氟喹诺酮类药物含量的标准中使用的检测方法为高效液相色谱法或液相色谱－质谱法等。

中国目前有以下方法标准：

SN/T 3649—2013《饲料中氟喹诺酮类药物含量的检测方法　液相色谱－质谱 / 质谱法》；

农业部 781 号公告—6—2006《鸡蛋中氟喹诺酮类药物残留量的测定　高效液相色谱法》；

农业部 1025 号公告—14—2008《动物性食品中氟喹诺酮类药物残留检测高效液相色谱法》；

SB/T 10925—2012《动物组织中氟喹诺酮类药物残留的快速筛查检测》。

[塔吉克斯坦标准] 明确了适用范围为禽蛋、禽肉类。

总体来说，测定氟喹诺酮类药物残留，中国标准检测方法多于塔吉克斯坦标准。

第 19 章　纯化饮用水

19.1　标准名称

［中国标准］GB 19298—2014《食品安全国家标准　包装饮用水》。

［塔吉克斯坦标准］CT PT 1078—2007《纯化饮用水技术规范》。

19.2　适用范围的差异

［中国标准］适用于直接饮用的包装饮用水，不适用于饮用天然矿泉水。

［塔吉克斯坦标准］适用于纯化饮用水。

19.3　规范性引用文件清单的差异

［中国标准］没有规范性引用文件清单。

［塔吉克斯坦标准］

规范性引用以下标准文件：

GOST 3351—1974《饮用水　味道、气味、色度、浑浊度的测定方法》；

GOST 4011—1972《饮用水　总铁质量浓度的测定方法》；

GOST 4151—1972《饮用水　总硬度测定方法》；

GOST 4152—1989《饮用水　砷质量浓度的测定方法》；

GOST 4192—1982《饮用水　含氮物质的测定方法》；

GOST 4245—1972《饮用水　氯化物含量的测定方法》；

GOST 4386—1989《饮用水　氟化物质量浓度的测定方法》；

GOST 4388—1972《饮用水　铜质量浓度的测定方法》；

GOST 4389—1972《饮用水　硫酸盐含量的测定方法》；

GOST 4974—1972《饮用水　锰含量的测定方法》；

GOST 6687.0—1986《无酒精工业产品　验收规范与采样方法》；

GOST 6687.3—1987《无酒精碳酸饮品与面包发酵饮品二氧化碳的测定方法》；

GOST 6687.5—1986《无酒精工业产品　产品感官指标与体积的测定方法》；

GOST 8050—1985《气体二氧化碳与液体二氧化碳　技术规范》；

GOST 14192—1996《商品标签》；

GOST 18164—1972《饮用水 总固体量的测定方法》；

GOST 18165—1989《饮用水 铝质量浓度的测定方法》；

GOST 18293—1972《饮用水 铅、锌、银含量的测定方法》；

GOST 18294—1989《饮用水 铍质量浓度的测定方法》；

GOST 18308—1972《饮用水 钼含量的测定方法》；

GOST 18309—1972《饮用水 聚磷酸盐含量的测定方法》；

GOST 18826—1973《饮用水 硝酸含量的测定方法》；

GOST 18963—1973《饮用水 卫生细菌学分析方法》；

GOST 19355—1985《饮用水 聚丙烯酰胺的测定方法》；

GOST 19413—1989《饮用水 硒质量浓度的测定方法》；

GOST 23950—1988《饮用水 锶质量浓度的测定方法》；

GOST 25951—1983《聚乙烯薄膜 技术规范》；

GOST 26668—1985《食品与调味品 微生物分析的取样方法》；

GOST 26669—1985《食品与调味品 微生物分析的试样准备》；

GOST 26929—1994《原料与食品 试样准备 用于确定有毒物质含量的矿化作用》；

GOST 26930—1986《原料与食品 砷的测定方法》；

GOST 26931—1986《原料与食品 铜的测定方法》；

GOST 26932—1986《原料与食品 铅的测定方法》；

GOST 26933—1986《原料与食品 镉的测定方法》。

19.4 术语和定义的差异

[中国标准]涉及以下术语和定义。（1）包装饮用水：密封于符合食品安全标准和相关规定的包装容器中，可供直接饮用的水；（2）饮用纯净水：以符合原料要求的水为生产用源水，采用蒸馏法、电渗析法、离子交换法、反渗透法或其他适当的水净化工艺，加工制成的包装饮用水；（3）其他饮用水：以符合原料要求的水为生产用源水，仅允许通过脱气、曝气、倾析、过滤、臭氧化作用或紫外线消毒杀菌过程等有限的处理方法，不改变水的基本物理化学特征的自然来源饮用水和以符合原料要求的水为生产用源水，经适当的加工处理，可适量添加食品添加剂，但不得添加糖、甜味剂、香精香料或者其他食品配料加工制成的包装饮用水。

[塔吉克斯坦标准]涉及以下术语和定义。纯化饮用水：从天然高山冰雪融水、自流井水、天然泉水中获取，经过滤系统加工处理（粗净化、细净化、紫外线杀菌等操作），

含饱和二氧化碳或不饱和二氧化碳，分装在聚对苯二甲酸乙二醇酯（PET）瓶子中，瓶子容积为 0.5 dm³～1.5 dm³，或为更大容积；纯化饮用水为生态纯净水，用于日常饮用。

19.5　技术要求差异

19.5.1　感官要求

中国标准和塔吉克斯坦标准对感官要求的差异见表 19-1。

表 19-1　中国－塔吉克斯坦标准中感官要求差异表

中国				塔吉克斯坦		
标准号及标准名称	项目	限量		食品安全技术规范	项目	允许水平
		饮用纯净水	其他饮用水			
GB 19298—2014《食品安全国家标准　包装饮用水》	色度 / 度	≤5	≤10	CT PT 1078—2007《纯化饮用水技术规范》	外观	透明液体，无沉淀与异物
	浑浊度 / NTU	≤1	≤1		色度	不超过 20 度
	状态	无正常视力可见外来异物	允许有极少量的矿物质沉淀，无正常视力可见外来异物		20 ℃时的气味 / 加热到 60 ℃时的气味	不超过 2 级
					20 ℃时的味道	不超过 2 级
	滋味、气味	无异味、无异嗅			标准浑浊度	不超过 1.5 mg/dm³

19.5.2　理化和污染物指标

中国标准和塔吉克斯坦标准对理化指标的差异见表 19-2。

表 19-2　中国－塔吉克斯坦标准中理化指标差异表

中国			塔吉克斯坦		
标准号及标准名称	项目	限量	技术规范	项目	允许水平
GB 19298—2014《食品安全国家标准　包装饮用水》	余氯（游离氯）/（mg/L）	≤0.05	CT PT 1078—2007《纯化饮用水技术规范》	余氯（游离氯）/（mg/L）	—
	四氯化碳 /（mg/L）	≤0.002		四氯化碳 /（mg/L）	—
	三氯甲烷 /（mg/L）	≤0.02		三氯甲烷 /（mg/L）	—
	耗氧量（以 O_2 计）/（mg/L）	≤2.0		耗氧量（以 O_2 计）/（mg/L）	—

续表

中国			塔吉克斯坦		
标准号及标准名称	项目	限量	技术规范	项目	允许水平
GB 19298—2014《食品安全国家标准 包装饮用水》	溴酸盐／（mg/L）	≤0.01	CT PT 1078—2007《纯化饮用水技术规范》	溴酸盐／（mg/L）	—
	挥发性酚（以苯酚计）／（mg/L）	≤0.002		挥发性酚（以苯酚计）／（mg/L）	—
	氰化物（以 CN⁻ 计）／（mg/L）	≤0.05		氰化物（以 CN⁻ 计）／（mg/L）	—
	阴离子合成洗涤剂／（mg/L）	≤0.3		阴离子合成洗涤剂／（mg/L）	—
	总 α 放射性／（Bq/L）	≤0.5		总 α 放射性／（Bq/L）	—
	总 β 放射性／（Bq/L）	≤1		总 β 放射性／（Bq/L）	—
	pH	—		pH	6.0～9.0
	铁／（mg/L）	—		铁／（mg/dm³）	≤0.3
	总硬度／（mol/dm³）	—		总硬度／（mol/dm³）	≤7.0
	锰／（mg/L）	—		锰／（mg/dm³）	≤0.1
	铜／（mg/L）	—		铜／（mg/dm³）	≤1.0
	聚磷酸盐／（mg/L）	—		聚磷酸盐／（mg/dm³）	≤3.5
	硫酸盐／（mg/L）	—		硫酸盐／（mg/dm³）	≤500
	总固体量／（mg/L）	—		总固体量／（mg/dm³）	≤1 000
	氯化物／（mg/L）	—		氯化物／（mg/dm³）	≤350
	锌／（mg/L）	—		锌／（mg/dm³）	≤5.0
	铝／（mg/L）	—		铝／（mg/dm³）	≤0.5
	铍／（mg/L）	—		铍／（mg/dm³）	≤0.000 2
	钼／（mg/L）	—		钼／（mg/dm³）	≤0.25
	砷／（mg/L）	≤0.01		砷／（mg/dm³）	≤0.05
	硝酸盐／（mg/L）	—		硝酸盐／（mg/dm³）	≤30.0
	聚丙烯酰胺／（mg/L）	—		聚丙烯酰胺／（mg/dm³）	≤2.0
	铅／（mg/L）	≤0.01		铅／（mg/dm³）	≤0.03
	硒／（mg/L）	—		硒／（mg/dm³）	≤0.01
	锶／（mg/L）	—		锶／（mg/dm³）	≤5.0
	氟／（mg/L）	—		氟／（mg/dm³）	≤0.7
	镉／（mg/L）	≤0.005		镉／（mg/L）	≤0.01
	亚硝酸盐／（mg/L）	≤0.005		亚硝酸盐／（mg/L）	—
	汞／（mg/L）	—		汞／（mg/dm³）	≤0.005

19.5.3　微生物限量

中国标准和塔吉克斯坦标准中微生物限量的差异见表 19-3。

表 19-3　中国－塔吉克斯坦标准中微生物限量指标差异表

中国			塔吉克斯坦		
标准号及标准名称	项目	允许水平	技术规范	项目	允许水平
GB 19298—2014《食品安全国家标准　包装饮用水》	大肠菌群 /（CFU/mL）	n=5，c=0，m=0	CT PT 1078—2007《纯化饮用水技术规范》	大型肠杆菌群，333 cm³	不允许
	病原菌，包括沙门氏菌型，100 cm³	—		病原菌，包括沙门氏菌型，100 cm³	不允许
	嗜温微生物、需氧微生物、兼性厌氧微生物的数量	—		嗜温微生物、需氧微生物、兼性厌氧微生物的数量	≤100 CFU/g
	铜绿假单胞菌 /（CFU/250 mL）	n=5，c=0，m=0		铜绿假单胞菌 /（CFU/250 mL）	—

第 20 章　乳和乳制品安全

20.1　标准名称

[中国标准]

GB 5420—2021《食品安全国家标准　干酪》;

GB 10765—2021《食品安全国家标准　婴儿配方食品》;

GB 11674—2010《食品安全国家标准　乳清粉和乳清蛋白粉》;

GB 13102—2022《食品安全国家标准　浓缩乳制品》;

GB 19301—2010《食品安全国家标准　生乳》;

GB 19302—2010《食品安全国家标准　发酵乳》;

GB 19644—2010《食品安全国家标准　乳粉》;

GB 19645—2010《食品安全国家标准　巴氏杀菌乳》;

GB 19646—2010《食品安全国家标准　稀奶油、奶油和无水奶油》;

GB/T 21732—2008《含乳饮料》;

GB 25190—2010《食品安全国家标准　灭菌乳》;

GB 25191—2010《食品安全国家标准　调制乳》;

GB 25192—2010《食品安全国家标准　再制干酪和干酪制品》;

GB/T 31114—2014《冷冻饮品　冰淇淋》;

GB 31638—2016《食品安全国家标准　酪蛋白》;

NY 478—2002《软质干酪》;

SB/T 10419—2017《植脂奶油》。

[塔吉克斯坦标准]《塔吉克斯坦共和国关于食品安全、肉和肉制品安全、乳和乳制品安全性技术准则的决议》。

20.2　适用范围的差异

[中国标准]（1）GB 5420—2021 适用于干酪。（2）GB 10765—2021 适用于 0～6 月龄婴儿食用的配方食品。（3）GB 11674—2010 适用于脱盐乳清粉、非脱盐乳清粉、浓缩乳清蛋白粉、分离乳清蛋白粉等产品。（4）GB 13102—2022 适用于淡炼乳、加糖炼乳和调制炼乳。（5）GB 19301—2010 适用于生乳，不适用于即食生乳。（6）GB 19302—

2010 适用于全脂、脱脂和部分脱脂发酵乳。（7）GB 19644—2010 适用于全脂、脱脂和部分脱脂乳粉和调制乳粉。（8）GB 19645—2010 适用于全脂、脱脂和部分脱脂巴氏杀菌乳。（9）GB 19646—2010 适用于稀奶油、奶油和无水奶油。（10）GB/T 21732—2008 适用于含乳饮料。（11）GB 25190—2010 适用于全脂、脱脂和部分脱脂灭菌乳。（12）GB 25191—2010 适用于全脂、脱脂和部分脱脂调制乳。（13）GB 25192—2010 适用于再制干酪。（14）GB/T 31114—2014 规定了冰淇淋的术语和定义、产品分类、原辅材料、技术要求、生产过程控制、检验方法、检验规则、标签、包装、运输、贮存、销售和召回的要求，适用于定型预包装冰淇淋的生产、检验和销售，不适用于现制现售的软冰淇淋制品。（15）GB 31638—2016 适用于酸法酪蛋白、酶法酪蛋白和膜分离酪蛋白。（16）NY 478—2002 规定了软质干酪的产品分类、技术要求、试验方法、检验规则、标签、包装、运输、贮存，适用于以乳或来源于乳的产品为原料，添加或不添加辅料，经杀菌、凝乳、分离乳清、发酵成熟或不发酵成熟而制得的、水分占非脂肪成分 67% 以上的产品。（17）SB/T 10419—2017 规定了植脂奶油的术语和定义、产品分类、原辅料、技术要求、检验方法、检验的规则和标签、标志、包装、运输、贮存和产品经营要求，适用于植脂奶油的生产、检验和销售。

　　[塔吉克斯坦标准] 适用于塔吉克斯坦境内销售的乳和乳品，包括其生产、包装、标识、储存、运输、销售和回收的整个过程。乳和乳制品包括：（1）生乳：脱脂生乳（生乳和经热处理的乳）、奶油（生奶油和经热处理的奶油）；（2）乳制品：复合乳品；含乳产品；乳品加工的副产品；婴幼儿（0～3 岁）、学龄前儿童（3～6 岁）、学龄儿童（6 岁及以上）的儿童乳品；调配或部分调配的起始或后续配方奶（包括奶粉）；酸奶粉；婴幼儿乳品饮料（包括乳品饮料粉）；即食奶粥以及婴幼儿食用的干乳粥（家庭条件下饮用水冲泡即可食用）。不适用于以下产品：（1）以乳和乳品为主材料制成的专用食品（儿童食用的乳和乳品除外）；（2）以乳和乳品为主材料制成的菜品和点心、食品添加剂和生物活性添加剂、药品、动物饲料；（3）公民在家庭条件下和（或）个人副业中制成的乳和乳品。

20.3　规范性引用文件清单的差异

　　[中国标准]

GB/T 21732—2008 规范性引用文件有：

GB 2760《食品添加剂使用卫生标准》；

GB 4789.35《食品微生物学检验　乳酸菌饮料中乳酸菌检验》；

GB 5009.5《食品中蛋白质的测定》；

GB 5009.29《食品中山梨酸、苯甲酸的测定》；

GB 5009.46《乳与乳制品卫生标准的分析方法》；

GB 7718《预包装食品标签通则》；

GB 11673《含乳饮料卫生标准》；

GB 13432《预包装特殊膳食用食品标签通则》；

GB 14880《食品营养强化剂使用卫生标准》；

GB 16321《乳酸菌饮料卫生标准》。

GB/T 31114—2014 规范性引用文件有：

GB/T 317《白砂糖》；

GB 2716《食用植物油卫生标准》；

GB 2749《蛋制品卫生标准》；

GB 2759《冷冻饮品卫生标准》；

GB 2760《食品安全国家标准 食品添加剂使用标准》；

GB 5749《生活饮用水卫生标准》；

GB 7718《食品安全国家标准 预包装食品标签通则》；

GB 14880《食品安全国家标准 食品营养强化剂使用标准》；

GB 14881《食品安全国家标准 食品生产通用卫生规范》；

JJF 1070—2005《定量包装商品净含量计量检验规则》。

NY 478—2002 规范性引用文件有：

GB 191《包装储运图示标志》；

GB 2760《食品添加剂使用卫生标准》；

GB 4789.3《食品微生物学检验 大肠菌群计数》；

GB 4789.4《食品微生物学检验 沙门氏菌检验》；

GB 4789.5《食品微生物学检验 志贺氏菌检验》；

GB 4789.10《食品微生物学检验 金黄色葡萄球菌检验》；

GB 4789.11《食品微生物学检验 溶血性链球菌检验》；

GB 4789.18《食品微生物学检验 乳与乳制品检验》；

GB 5009.11—2014《食品中总砷的测定》；

GB 5009.12—2017《食品中铅的测定方法》；

GB 5009.13—2017《食品中铜的测定方法》；

GB 5009.17—2014《食品中总汞的测定方法》；

GB 5009.24—2016《食品中黄曲霉毒素 M_1 与 B_1 的测定方法》；

GB 5408.1《巴氏杀菌乳》；

GB/T 5409《牛乳检验方法》；

GB/T 5414《稀奶油》；

GB/T 5461《食用盐》；

GB/T 6388《运输包装收发货标志》；

GB/T 6914《生鲜牛乳收购标准》；

GB 7718《食品标签通用标准》；

GB 14880《食品营养强化剂使用卫生标准》；

QB/T 3777《硬质干酪检验方法（原 GB 5421—1985）》；

JJF 1070《定量包装商品净含量计量检验规则》。

SB/T 10419—2017 规范性引用文件有：

GB/T 191《包装储运图示标志》；

GB/T 317《白砂糖》；

GB 2716《食用植物油卫生标准》；

GB 5009.3《食品安全国家标准　食品中水分的测定》；

GB 5009.6《食品安全国家标准　食品中脂肪的测定》；

GB/T 5461《食用盐》；

GB 5749《生活饮用水卫生标准》；

GB 7718《食品安全国家标准　预包装食品标签通则》；

GB 14881《食品安全国家标准　食品生产通用卫生规范》；

GB 15196《食品安全国家标准　食用油脂制品》；

GB 28050《食品安全国家标准　预包装食品营养标签通则》；

GB 31621《食品安全国家标准　食品经营过程卫生规范》；

JJF 1070《定量包装商品净含量计量检验规则》；

《定量包装商品计量监督管理办法》国家质量监督检验检疫总局令〔2005〕第 75 号。

GB 5420—2021、GB 10765—2021、GB 11674—2010、GB 13102—2022、GB 19301—2010、GB 19302—2010、GB 19644—2010、GB 19645—2010、GB 19646—2010、GB 25190—2010、GB 25191—2010、GB 25192—2010、GB 31638—2016 没有规范性引用文件清单。

[塔吉克斯坦标准] 没有规范性引用文件清单。

20.4　术语和定义的差异

[中国标准]

GB 5420—2021 涉及以下术语和定义。（1）干酪。成熟或未成熟的软质、半硬质，硬质或特硬质、可有包衣的乳制品，其中乳清蛋白／酪蛋白的比例不超过牛（或其他奶畜）乳中的相应比例（乳清干酪除外）。干酪由下述任一方法获得：①乳和（或）乳制品中的蛋白质在凝乳酶或其他适当的凝乳剂的作用下凝固或部分凝固后（或直接使用凝乳后的凝乳块为原料），添加或不添加发酵菌种、食用盐、食品添加剂、食品营养强化剂，排出或不排出（以凝乳后的蛋白质凝块为原料时）乳清，经发酵或不发酵等工序制得的固态或半固态产品；②加工工艺中包含乳和（或）乳制品中蛋白质的凝固过程，并赋予成品与①所描述产品类似的物理、化学和感官特性。注：工艺①和②均可以添加有特定风味的其他食品原料（添加量不超过 8%），如白砂糖，大蒜，辣椒等；所得固态产品可加工为多种形态，且可以添加其他食品原料（添加量不超过 8%）防止产品粘连。有特定风味的其他食品原料和防止产品粘连的其他食品原料总量不超过 8%。（2）成熟干酪：生产后不马上使（食）用，应在特定的温度等条件下存放一定时间，以通过生化和物理变化产生该类产品特性的干酪。（3）霉菌成熟干酪：主要通过干酪内部和（或）表面的特征霉菌生长而促进其成熟的干酪。（4）未成熟干酪（包括新鲜干酪）：生产后不久即可使（食）用的干酪。

GB 10765--2021 涉及以下术语和定义。（1）婴儿配方食品：适用于正常婴儿食用，其能量和营养成分能满足 0～6 月龄婴儿正常营养需要的配方食品。（2）乳基婴儿配方食品：以乳类及乳蛋白制品为主要蛋白来源，加入适量的维生素、矿物质和／或其他成分，仅用物理方法生产加工制成的产品。（3）豆基婴儿配方食品：以大豆及大豆蛋白制品为主要蛋白来源，加入适量的维生素、矿物质和／或其他原料，仅用物理方法生产加工制成的产品。

GB 11674—2010 涉及以下术语和定义。（1）乳清：以生乳为原料，采用凝乳酶、酸化或膜过滤等方式生产奶酪、酪蛋白及其他类似制品时，将凝乳块分离后而得到的液体。（2）乳清粉：以乳清为原料，经干燥制成的粉末状产品。（3）脱盐乳清粉：以乳清为原料，经脱盐、干燥制成的粉末状产品。（4）非脱盐乳清粉：以乳清为原料，不经脱盐，经干燥制成的粉末状产品。（5）乳清蛋白粉：以乳清为原料，经分离、浓缩、干燥等工艺制成的蛋白含量不低于 25% 的粉末状产品。

GB 13102—2022 涉及以下术语和定义。（1）炼乳：以生牛（羊）乳为原料经浓缩去除部分水分制成的产品，和（或）以乳制品为原料经加工制成的相同成分和特性的产品，包括淡炼乳、加糖炼乳、调制炼乳。（2）淡炼乳：以生牛（羊）乳和（或）其乳制品为原料，脱脂或不脱脂，添加或不添加食品添加剂和营养强化剂，经加工制成的商业无菌状态的液体产品。（3）加糖炼乳：以生牛（羊）乳和（或）其制品为原料，脱脂或不脱脂，添加食糖，添加或不添加食品添加剂和营养强化剂，经加工制成的黏稠状产品。④调制炼乳：以生牛（羊）乳和（或）其制品为主要原料，脱脂或不脱脂，添加或不添加食糖、食品添加剂和营养强化剂，添加其他原料，经加工制成的液体或黏稠状产品。包括调制淡炼乳和调制加糖炼乳（调制甜炼乳）。

GB 19301—2010 涉及以下术语和定义。生乳：从符合国家有关要求的健康奶畜乳房中挤出的无任何成分改变的常乳。产犊后七天的初乳、应用抗生素期间和休药期间的乳汁、变质乳不应用作生乳。

GB 19302—2010 涉及以下术语和定义。（1）发酵乳：以生牛（羊）乳或乳粉为原料，经杀菌、发酵后制成的 pH 降低的产品。（2）酸乳：以生牛（羊）乳或乳粉为原料，经杀菌、接种嗜热链球菌和保加利亚乳杆菌（德氏乳杆菌保加利亚亚种）发酵制成的产品。（3）风味发酵乳：以 80% 以上生牛（羊）乳或乳粉为原料，添加其他原料，经杀菌、发酵后 pH 降低，发酵前或后添加或不添加食品添加剂、营养强化剂、果蔬、谷物等制成的产品。（4）风味酸乳：以 80% 以上生牛（羊）乳或乳粉为原料，添加其他原料，经杀菌、接种嗜热链球菌和保加利亚乳杆菌（德氏乳杆菌保加利亚亚种）发酵前或后添加或不添加食品添加剂、营养强化剂、果蔬、谷物等制成的产品。

GB 19644—2010。涉及以下术语和定义。（1）乳粉：以生牛（羊）乳为原料，经加工制成的粉状产品。（2）调制乳粉：以生牛（羊）乳或及其加工制品为主要原料，添加其他原料，添加或不添加食品添加剂和营养强化剂，经加工制成的乳固体含量不低于 70% 的粉状产品。

GB 19645—2010 涉及以下术语和定义。巴氏杀菌乳：仅以生牛（羊）乳为原料，经巴氏杀菌等工序制得的液体产品。

GB 19646—2010 涉及以下术语和定义：（1）稀奶油：以乳为原料，分离出的含脂肪的部分，添加或不添加其他原料、食品添加剂和营养强化剂，经加工制成的脂肪含量 10.0%～80.0% 的产品。（2）奶油（黄油）：以乳和或稀奶油（经发酵或不发酵）为原料，添加或不添加其他原料、食品添加剂和营养强化剂，经加工制成的脂肪含量不小于 80.0% 产品。（3）无水奶油（无水黄油）：以乳和或奶油或稀奶油（经发酵或不发酵）为原料，添加或不添加食品添加剂和营养强化剂，经加工制成的脂肪含量不小于 99.8% 的产品。

GB/T 21732—2008 涉及以下术语和定义。含乳饮料：以乳或乳制品为原料，加入水及适量辅料经配制或发酵而成的饮料制品。含乳饮料还可称为乳（奶）饮料、乳（奶）饮品。

GB 25190—2010 涉及以下术语和定义：（1）超高温灭菌乳：以生牛（羊）乳为原料，添加或不添加复原乳，在连续流动的状态下，加热到至少 132 ℃并保持很短时间的灭菌，再经无菌灌装等工序制成的液体产品。（2）保持灭菌乳：以生牛（羊）乳为原料，添加或不添加复原乳，无论是否经过预热处理，在灌装并密封之后经灭菌等工序制成的液体产品。

GB 25191—2010 涉及以下术语和定义。调制乳：以不低于 80% 的生牛（羊）乳或复原乳为主要原料，添加其他原料或食品添加剂或营养强化剂，采用适当的杀菌或灭菌等工艺制成的液体产品。

GB 25192—2010 涉及以下术语和定义。再制干酪：以干酪（比例大于 15%）为主要原料，加入乳化盐，添加或不添加其他原料，经加热、搅拌、乳化等工艺制成的产品。

GB/T 31114—2014 涉及以下术语和定义。（1）冰淇淋：以饮用水、乳和（或）乳制品、蛋制品、水果制品、豆制品、食糖、食用植物油等的一种或多种为原辅料，添加或不添加食品添加剂和（或）食品营养强化剂，经混合、灭菌、均质、冷却、老化、冻结、硬化等工艺制成的体积膨胀的冷冻饮品。（2）全乳脂冰淇淋：主体部分乳脂质量分数为 8% 以上（不含非乳脂）的冰淇淋。（3）清型全乳脂冰淇淋：不含颗粒或块状辅料的全乳脂冰淇淋，如奶油冰淇淋、可可冰淇淋等。（4）组合型全乳脂冰淇淋：以全乳脂冰淇淋为主体，与其他种类冷冻饮品和（或）巧克力、饼坯等食品组合而成的制品，其中全乳脂冰淇淋所占质量分数大于 50%，如巧克力奶油冰淇淋、蛋卷奶油冰淇淋等。（5）半乳脂冰淇淋：主体部分乳脂质量分数大于等于 2.2% 的冰淇淋。（6）清型半乳脂冰淇淋：不含颗粒或块状辅料的半乳脂冰淇淋，如香草半乳脂冰淇淋、橘味半乳脂冰淇淋、香芋半乳脂冰淇淋等。（7）组合型半乳脂冰淇淋：以半乳脂冰淇淋为主体，与其他种类冷冻饮品和（或）巧克力、饼坯等食品组合而成的制品，其中半乳脂冰淇淋所占质量分数大于 50%，如脆皮半乳脂冰淇淋、蛋卷半乳脂冰淇淋、三明治半乳脂冰淇淋等。（8）植脂冰淇淋：主体部分乳脂质量分数低于 2.2% 的冰淇淋。（9）清型植脂冰淇淋：不含颗粒或块状辅料的植脂冰淇淋，如豆奶冰淇淋、可可植脂冰淇淋等。（10）组合型植脂冰淇淋：以植脂冰淇淋为主体，与其他种类冷冻饮品和（或）巧克力、饼坯等食品组合而成的食品，其中植脂冰淇淋所占质量分数大于 50%，如巧克力脆皮植脂冰淇淋、华夫夹心植脂冰淇淋等。（11）软塌：冰淇淋的形态软化塌落。（12）收缩：冰淇淋成形后体积缩小的现象。（13）膨胀：冰淇淋浆料经相关工序形成冰淇淋后体积增加的现象。（14）非脂乳固体：乳固体中扣除乳脂肪的剩余物质。

GB 31638—2016 涉及以下术语和定义。（1）酪蛋白：以乳和 / 或乳制品为原料，经酸法或酶法或膜分离工艺制得的产品，它是由 α、β、κ 和 γ 及其亚型组成的混合物。（2）酸法酪蛋白：以乳和 / 或乳制品为原料：经脱脂、酸化使酪蛋白沉淀，再经过滤、洗涤、干燥等工艺制得的产品。（3）酶法酪蛋白：以乳和 / 或乳制品为原料，经脱脂、凝乳酶沉淀酪蛋白，再经过滤、洗涤、干燥等工艺制得的产品。（4）膜分离酪蛋白：以乳和 / 或乳制品为原料，经脱脂、膜分离酪蛋白，再经浓缩、杀菌、干燥等工艺制得的产品。

SB/T 10419—2017 涉及以下术语和定义。（1）植脂奶油：以水、糖、食用植物油、食用氢化油、乳制品（如奶油、乳粉）等其中的几种为主要原料，添加或不添加其他辅料和食品添加剂，经过配料、乳化、杀菌、均质、冷却、灌装等工艺制成的产品。（2）打发：通过机械搅拌，使植脂奶油与空气混合，并使其体积产生膨胀的过程。（3）打发倍数：相同体积未打发植脂奶油与已打发植脂奶油的质量比。

NY 478—2002 没有术语和定义的描述。

[塔吉克斯坦标准]（1）爱兰（ayran）酸奶：使用发酵微生物（嗜热乳酸链球菌和保加利亚乳杆菌）与酵母混合发酵，可添加或不加水及食用盐制成的发酵乳制品。（2）白蛋白：由乳清蛋白制成的乳制品，是一种乳品的乳清蛋白浓缩物。（3）嗜酸菌乳：使用等比例的发酵微生物（嗜酸乳杆菌、乳球菌、由开菲尔真菌制成的酵母）制成的发酵乳制品。（4）煮酸乳：将乳和乳品发酵，预灭菌或在 97 ℃ ±2 ℃下进行热处理，使用发酵微生物（嗜热乳酸链球菌）发酵而成的乳制品。（5）复原乳：分装在包装中的乳产品或生产乳制品的原料（饮用乳除外），由浓缩乳、凝炼乳、固体乳和水制成。（6）再生原料乳：乳品加工的副产品，加工后可食用的乳品，丢失了部分识别特征或消费特性标识的含乳产品（包括符合食品原料安全要求在保质期内召回的产品）。（7）用于乳制品生产的发酵剂：乳制品生产专用的非致病性，无毒性微生物和（或）微生物种群（主要为发酵微生物）；（8）颗粒状乳渣：由乳渣粒（添加或不添加奶油和食盐），加入不是替代乳成分的其他非乳配料制成的乳品或复合乳品。（9）酸乳酪：使用发酵微生物（嗜热乳酸链球菌和保加利亚乳杆菌）生产的脱脂乳固体含量高的发酵乳制品。（10）酪蛋白：是由脱脂牛奶制成的乳制品，是乳蛋白质的主要部分。（11）酪蛋白酸钠：由加工碱金属氢氧化物溶液或其盐溶液并干燥得到的酪蛋白制成的乳制品。（12）开菲尔酸牛奶：使用开菲尔菌制备的发酵剂混合（乳酸和酒精）发酵制成的发酵乳制品，不添加发酵微生物和酵母的纯培养物。（13）乳酸冰淇淋：使用发酵微生物或发酵产品制成的冰淇淋（乳品或复合乳品），其中乳脂肪质量分数不超过 7.5%。（14）乳酸产品：乳品或复合乳品通过生产有效降低 pH，提高酸度，加强乳蛋白质凝固，加入或不添加其他非乳配料（发酵前或发酵后）发酵微生物和含有活发酵剂的微生物，其含量按照《塔吉克斯坦共和国关于食品安全、肉和肉品安全、乳和乳制品安全性技术准则的决议》技术规范在附件 1 中列出，得到乳和乳品与非乳配料混合的发酵产物。（15）酸奶油膏：由巴氏灭菌奶油加入发酵微生物制成的油膏。（16）酸奶油－黄油：由巴氏灭菌奶加入发酵微生物制成。（17）乳清蛋白浓缩物：通过浓缩或过滤从乳清中获得的乳清蛋白。（18）浓缩或凝炼的脱脂乳：浓缩或凝炼的乳

品，其中固体乳质量分数不低于20%，脱脂乳固体中乳蛋白质量分数不低于34%，乳脂肪质量分数不超过1.5%。（19）浓缩或凝炼的全脂乳：浓缩或凝炼的乳品，其中固体乳质量分数不低于25%，脱脂乳固体中乳蛋白质质量分数不低于34%，乳脂肪质量分数不低于7.5%。（20）浓缩或部分凝炼的脱脂乳：浓缩或凝炼的乳品，其固体乳质量分数不低于20%，脱脂乳固体中乳蛋白质量分数不低于34%，乳脂肪质量分数大于1.5%，但不超过7.5%。（21）马乳酒：使用发酵微生物（保加利亚乳杆菌和嗜酸乳杆菌）、酵母及乳酸和酒精混合马乳制成的发酵乳产品。（22）马乳酒产品：根据马乳酒生产技术，由牛乳制成的发酵乳产品。（23）半乳糖苷果糖：含乳糖的生乳经乳糖异构化制成的乳糖制品。（24）牛乳黄油：从牛乳、乳品和（或）乳品加工副产品中分离出脂肪的均匀乳浆，主要成分是乳化脂肪类的乳品或复合乳品。（25）奶油膏：使用稳定剂，添加或不添加其他非乳配料，由牛乳，乳品和（或）乳品加工副产品制成的乳化脂肪类的乳品或复合乳品，其中脂肪质量分数为39%～49%（包括49%）。（26）梅奇尼科夫酸乳：使用发酵微生物（嗜热乳酸链球菌和保加利亚乳杆菌）制成的发酵乳产品。（27）乳：从一头或几头动物身上一处或多处挤乳取得的农畜在哺乳期间乳腺生理正常分泌物，本产品无任何添加物或未从本产品提取任何物质。（28）含乳产品：由乳、乳成分、乳品、乳品加工副产品和非乳配料制成的食品，其乳脂肪替代物不超过原有乳脂肪含量的50%。该技术允许使用不替代乳蛋白的非乳来源蛋白，固体成品中固体乳质量分数不低于20%。（29）乳浆：乳蛋白、乳糖（乳糖酶）、矿物质、水相酶和维生素的胶体系统。（30）乳品：包括乳、复合乳品、含乳产品、乳品加工副产品、婴儿乳制品、调配或部分调配的起始或后续配方奶（包括奶粉）、酸奶粉、婴幼儿乳品饮料（包括乳品饮料粉）、即食奶粥、以及婴幼儿食用的干乳粥（家庭条件下饮用水冲泡即可食用）。（31）乳清、乳渣乳清或酪蛋白乳清：乳品加工的副产品，在生产干酪（奶酪乳清）、乳渣（乳渣乳清）或酪蛋白（酪蛋白乳清）时取得。（32）牛奶冰淇淋：乳品或复合乳品，乳脂肪质量分数不超过7.5%的冰淇淋。（33）即食奶粥和婴幼儿食用的干乳粥（家庭条件下饮用水冲泡即可食用）：由不同种类的谷物和（或）面粉，乳和（或）乳品，和（或）含乳产品添加或不添加非乳配料制成的儿童食品，成品固体中固体乳质量分数不低于15%。（34）喂养婴幼儿的乳品饮料：由生乳和（或）乳品添加或不添加非乳配料经过热处理制成的婴幼儿喂养即食乳品，至少需进行符合婴幼儿生理需求的巴氏灭菌。（35）乳品罐头和复合乳品罐头：包装在器皿中的固体乳或浓缩（凝炼）乳品、复合乳制品。（36）乳脂肪：由乳和（或）乳品去除乳浆制成的乳脂肪质量分数不低于99.8%的乳制品，具中性味道和气味。（37）乳饮料：由乳和（或）乳成分制成的乳品或复合乳品，也可以浓缩乳、固体乳和水为原料，添加或不添加其他成分制成，其乳蛋白质量分数不低于 2.6%，脱脂乳固体物质量分数不低于 7.4%（针对乳品）。（38）其他乳品：由乳和（或）乳成分以及（或）乳品制成的食品，添加或不添加乳加工副产品（生产含乳产品时获得的乳品加工副产品除外），不使用非乳脂肪和非乳蛋白，其成分中含有乳品加工必要的功能性配料。（39）乳糖：由乳清或乳清超滤液通过浓缩、结晶及干燥制成的乳制品。（40）复合乳品：由乳和（或）乳成分以及（或）乳品制成的食品，添加或不添加乳品生产中的副产品和非乳配料混合而成，其乳成分质量分数应超过 50%，冰淇淋和甜味乳制品中乳成分质量分数应超过 40%。（41）硬冰淇淋：使用制冰机加工后需在不高于 -18 ℃的温度中冷冻，并在储存、运输和销售过程中保持指定温度的冰淇淋。（42）软冰淇淋：使用制冰机加工后直接出售给消费者的冰淇淋，冰淇淋温度为 -50 ℃～-70 ℃。（43）乳脂肪替代品冰淇淋：脂肪质量分数不超过 12% 的冰淇淋（含乳产品）。（44）冰淇淋：搅起泡沫的、冷冻的和以冷冻形式存在的甜味乳品、乳成分、含乳产品。（45）国家级乳品：塔吉克斯坦共和国境内的乳品，其名称是由发酵剂生产所延用的生产工艺、原料、独特成分和特定地理区域决定。（46）非乳配料：添加到乳制品中的食品或食品添加剂、或维生素、或微量元素和常量元素、或蛋白质、或脂肪、或非乳来源的碳水化合物。（47）标准乳：生产乳制品的原料，其中乳脂肪和乳蛋白和（或）脱脂乳固体的质量分数或其比例符合生产商的标准指标或技术文件，以及符合乳制品生产标准。（48）脱脂乳：从乳中分离乳脂肪得到的用于乳品生产的原料，乳脂肪质量分数小于 0.5%。（49）强化乳：原料或饮用乳，与天然（起始）乳中营养价值含量相比，强化乳中单独增加或成套增加了乳蛋白、维生素、微量元素、常量元素、膳食纤维、多不饱和脂肪酸、磷脂、益生元。（50）巴氏灭菌、超高温灭菌乳：经过热处理的乳品，确保微生物指标符合该技术法规的既定安全要求。（51）酪乳（脱脂乳浆）：用牛奶加工黄油时获得的乳品加工的副产品。（52）饮用乳：由全脂乳、脱脂乳或其他乳品通过巴氏灭菌或热加工处理，不添加固态乳和水制成的，分装在包装物中的饮品，其乳脂肪质量分数不低于 10%。（53）饮用奶油：至少进行过巴氏灭菌和热处理并分装在消费性包装中的奶油。（54）再制干酪：使用乳品和（或）乳品生产的副产品，乳化盐或交联剂添加或不添加不替换乳成分的非乳配料，通过研磨、搅拌、熔化和乳化，制成的乳品或复合乳品。（55）再制干酪产品：根据再制干酪生产技术生产的含乳产品。（56）冰糕：冰淇淋（乳品或复合乳品），其乳脂肪质量分数不低于 12%。（57）乳品加工的副产品：乳制品生产过程中获得的副产品。（58）奶酪油膏：由奶酪乳清分离得到的奶油制成的油膏。（59）无乳糖乳制品：每升成品中乳糖含量不超过 0.1 g 的乳制品，其中的乳糖已分解或除去。（60）搅打乳制品：通过搅拌起泡沫制成的乳制品。（61）复原乳制品：由浓缩（凝炼）或固体乳制品和水加工制成的乳制品（除饮用乳），添加或不添加其他乳制品。（62）甜味浓缩乳制品：添加蔗糖和（或）其他种类的糖制成的浓缩乳制品。（63）浓缩、凝炼、蒸发或冷冻的乳制品：部分去除水分使固体物质质量分数达到不低于 20% 制成的乳制品。（64）低乳糖乳制品：部分乳糖被水解或去除的乳制品。（65）标准乳品：乳制品其乳脂肪和乳蛋白和（或）脱脂乳固体的质量分数或其比例符合相关产品文件规定的指标。（66）脱脂乳制品：以脱脂酪乳和乳清为基础制成的乳制品。（67）强化乳制品：单独或成套添加乳蛋白、维生素、微量元素、常量元素、膳食纤维、多不饱和脂肪酸、磷脂、益生菌微生物、益生元等物质的乳制品。（68）重组乳制品：由乳制品和（或）乳制品单独成分加水制成的乳制品。（69）升华干制乳制品：将冷冻的乳制品脱水使其固体物质质量分数达到不低于 95% 时制成的乳制品。（70）干乳制品：去除部分水分使乳制品中固体物质质量分数不低于 90% 时制成的乳制品。（71）热处理，巴氏灭菌，灭菌，超高温巴氏灭菌或超高温处理的乳制品：经过热处理，达到符合该技术规范规定的产品微生物含量允许水平要求的乳制品。（72）蛋白部分水解的产品：农畜乳蛋白部分水解制成的婴幼儿乳制品。（73）蛋白完全或部分水解的乳制品：由乳蛋白完全或部分水解制成的乳制品。（74）婴幼儿乳制品：由农畜的乳汁添加或不添加的乳制品和（或）乳成分，添加或不添加数量不超过成品总质量的 50% 的非乳配料制成的婴幼儿食品（奶粉、液态奶、乳饮料、乳粥除外）。（75）酸乳：使用发酵微生物〔乳球菌和（或）嗜热乳酸链球菌〕生产的发酵乳产品。（76）熟酸乳：通过发酵文火煮开的牛奶制成的发酵乳产品，添加或不添加发酵微生物（嗜热乳酸链球菌），添加或不添加保加利亚乳杆菌。（77）脱脂甜炼乳：浓缩或提炼的含糖乳制品，其中固体乳质量分数不低于 26%，脱脂乳固体中乳蛋白质量分数不低于 34%，乳脂肪质量分数不超过 1%。（78）全脂甜炼乳：浓缩或提炼的含糖乳制品，其中固体乳质量分数不低于 28.5%，脱脂乳固体中乳蛋白质量分数不低于 34%，乳脂肪质量分数不低于 8.5%。（79）部分脱脂的甜炼乳：浓缩或提炼的含糖乳制品，其中固体乳质量分数不低于 26%，脱脂乳固体中乳蛋白质量分数不低于 34%，乳脂肪质量分数应大于 1% 低于 8.5%。（80）含糖浓化乳脂：浓缩或提炼的含糖乳制品，其中固体乳质量分数不低于 37%，脱脂乳固体中乳蛋白质量分数不低于 34%，乳脂肪质量分数不低于 19%。（81）发酵产品：发酵后热处理的乳品或复合乳品，或根据发酵乳产品生产技术生产的含乳产品，以发酵微生物群的种类和成分制取的具有与其相似的感官和物理化学特性的发酵乳产品。（82）淡黄油膏：由经过巴氏灭菌的奶油制成的油膏。（83）淡黄油：由经过巴氏灭菌的奶油制成的黄油。（84）奶精：固体乳品，其中固体乳质量分数不低于 95%，脱脂乳固体中乳蛋白质量分数不低于 34%，乳脂肪质量分数不低于 42%。（85）奶油：以乳和乳制品为原料，经加工制成的乳脂肪和乳浆的乳胶体，其中乳脂肪质量分数不低于 10%。（86）黄油：牛乳黄油，其脂肪质量分数不低于 50%。（87）奶油冰淇淋：冰淇淋（乳品或复合乳品）其乳脂肪质量分数从 8% 至 11.5%。（88）乳清黄油：由奶酪乳清分离出的奶油制成的黄油。（89）再制植物奶油混合物：熔化脂肪相或使用其他技术方法由植物奶油（人造黄油）制成的含乳产品，其总脂肪质量分数不低于 99%。（90）植物奶油（人造黄油）：乳化脂肪类的含乳产品，其总脂肪质量分数为 39%～95%，脂肪相中乳脂肪质量分数为 50%～95%。（91）奶油产品：主要由奶油制成的乳品或复合乳品，其脂肪质量分数超过 10%。（92）冰淇淋液：直接用液态乳品、复合乳品或含乳产品及生产冰淇淋所需的所有配料制成的食品。（93）冰淇淋粉：以生产冰淇淋的主要固体成分为原料，制成的固体乳品、固体复合乳品或固体含乳产品，加水、牛奶、奶油和果汁后可生产冰淇淋。（94）酸奶油：由发酵微生物（乳球菌、乳球菌和嗜热乳链球菌的混合物）发酵的奶油制成的，其乳脂肪质量分数不低于 10%。（95）乳成分：固体物质［乳脂肪、乳蛋白、乳糖（乳糖酶）、酶、维生素、矿物质］，水。（96）喂养婴幼儿的固体发酵奶粉：根据发酵乳产品生产技术生产的婴幼儿乳制品，使用发酵微生物（不使用有机酸）可降低 pH 和乳蛋白凝结，后期可添加或不添加固体活性发酵微生物，其添加量符合该技术法规附件 1 中规定的数量。（97）婴幼儿干乳饮料：由牛乳和（或）乳品制成的婴幼儿童营养乳品，可添加或不添加非乳配料，固体成品中固体乳质量分数不低于 15%，满足婴幼儿的生理需求。（98）脱脂奶粉：固体乳品，其固体乳质量分数不低于 95%，脱脂乳固体中乳蛋白质量分数不低于 34%，乳脂肪质量分数不超过 1.5%。（99）全脂奶粉：固体乳品，其固体乳质量分数不低于 95%，脱脂乳固体中乳蛋白质量分数不低于 34%，乳脂肪质量分数不低于 26%，不超过 42%。（100）干乳渣：除水以外的乳成分。（101）脱脂乳渣：除乳脂肪和水以外的乳成分。（102）干乳清：将乳清部分脱水制成的固体乳品，乳清可在干酪生产过程中在乳制酶制剂作用下使用蛋白凝结法取得，也可在生产干酪、酪蛋白和乳渣时使用蛋白凝结法形成乳酸，或使用热酸法使固体质量分数达到 95% 取得。（103）乳清蛋白：酪蛋白沉淀后残留在乳清中的乳蛋白。（104）烟熏干酪：经过烟熏使干酪具备烟熏食品特定感官特性，不允许使用烟熏增香剂。（105）干酪、软干酪、半硬干酪、硬干酪、超硬干酪：都是干酪产品，其具备该技术法规附件规定的特定感官和物理化学特性。（106）盐水干酪：储存在盐溶液中的干酪或干酪产品。（107）蓝纹（霉菌）干酪和干酪产品：使用霉菌制成的干酪和干酪产品，成品干酪和干酪产品的内部和或（表面）有霉菌。（108）蛞蝓干酪和干酪产品：使用在干酪和干酪产品表面发育的蛞蝓微生物制成的干酪和干酪产品。（109）干酪：以乳、乳品和（或）乳品生产的副产品为原料，使用或不使用专用发酵剂，加盐或不加盐，熟化或不熟化，添加或不添加不替代乳成分的非乳配料，加入乳凝结酶，通过酸法或热酸法使乳蛋白凝结、使用成形法或压制法等工艺，制成的乳品或复合乳品。（110）干酪产品：根据干酪生产技术生产的含乳产品。（111）生乳：未经过超过 40 ℃热处理或改变乳成分加工过程的乳。（112）脱脂生乳：分离乳中乳脂肪取得的未经超过 40 ℃热处理的脱脂乳。（113）乳渣泥：表面覆盖或不覆盖食物糖衣的乳渣产品，质量不超过 150 g。（114）鲜奶油：未进行超过 45 ℃热处理的奶油。（115）乳渣：根据添加或不添加乳成分（发酵前或发酵后）、微生物（乳球菌或乳球菌和嗜热链球菌的混合物）发酵，乳蛋白酸或酸凝乳酶凝结，自压法压制、分离、超过滤去除乳清蛋白等工艺制成的发酵乳产品。（116）乳查块：经添加或不添加黄油、奶油、甜炼乳、糖和（或）盐和不替换乳成分的非乳配料，热处理等生产工艺，由乳清制成的乳品或复合乳品。（117）乳渣产品：经乳渣生产工艺和添加或不添加乳成分、不替换乳成分的非乳配料，进行或不进行热处理，由乳渣和（或）乳制品制成的乳品或复合乳品。（118）凝乳泥：由乳渣块制成的表面覆盖或不覆盖食物糖衣的乳品或复合乳品，质量不超过 150 g。（119）炼制黄油：脂肪质量分数不低于 99% 的牛乳黄油，由黄油熔化脂肪相制成，具备特定的感官特性。（120）文火煮开的牛奶：经过至少 3 小时的 85 ℃到 99 ℃ 热处理以达到特定感官特性的生乳或饮用乳。（121）生产乳制品的酶制剂：乳制品生产时生化过程所需的蛋白质。（122）生产乳制品必需的功能配料：生产乳制品的发酵剂、开菲尔真菌、益生菌微生物（益生菌）、益生元、酶制剂，这些配料引入到乳产品的生产中，没有它们不可能生产出合格的乳制品。（123）全脂乳：生产乳制品的原料，其成分未经过调节作用。（124）部分脱脂奶粉：固体乳品其固体乳质量分数不低于 95%，脱脂乳固体中乳蛋白质量分数不低于 34%，乳脂肪质量分数大于 1.5%，小于 26%。（125）茶卡酸凝乳：使用非粘稠嗜热链球菌和嗜酸乳杆菌发酵微生物制成的国家级发酵乳产品。（126）杜古巴发酵乳饮料：由添加嗜酸乳杆菌发酵剂的牛乳制成的国家级发酵乳饮料。（127）杜吉多奇吉发酵乳饮料：牛乳制成的国家级发酵乳饮料，使用发酵微生物（嗜热乳酸链球菌，保加利亚乳杆菌）并添加食盐。（128）卡依玛克酸凝乳：由天然和高品质的牛乳经过巴氏灭菌和均化生产的国家级食品。（129）朱尔国特：使用乳酸菌发酵微生物制成的国家级发酵乳产品。

20.5　技术要求差异

20.5.1　乳和乳制品原料要求差异

中国和塔吉克斯坦标准中乳和乳制品原料要求的差异见表 20-1。

表 20-1 中国和塔吉克斯坦标准中乳和乳制品原料要求的差异

名称	中国		塔吉克斯坦	
	标准号及标准名称	原料要求	标准号及标准名称	原料要求
饮用乳	GB 19645—2010《食品安全国家标准 巴氏杀菌乳》	生乳应符合 GB 19301 的要求	《塔吉克斯坦共和国关于食品安全、肉和肉制品安全、乳和乳制品安全性技术准则的决议》	（1）质量分数：乳品应符合该技术适用技术法规和塔吉克斯坦其他适用技术法规的要求；（2）生产乳制品的其他食品原料必须符合塔吉克斯坦适用的技术法规的要求
	GB 25190—2010《食品安全国家标准 灭菌乳》	（1）生乳应符合 GB 19301 的规定；（2）乳粉应符合 GB 19644 的规定		
乳饮料	GB/T 21732—2008《含乳饮料》	以乳或乳制品为原料	《塔吉克斯坦共和国关于食品安全、肉和肉制品安全、乳和乳制品安全性技术准则的决议》	（1）乳品应符合该技术适用技术法规和塔吉克斯坦其他适用技术法规的要求；（2）生产乳制品的其他食品原料必须符合塔吉克斯坦适用的技术法规的要求
奶油	GB 19646—2010《食品安全国家标准 稀奶油、奶油和无水奶油》	（1）生乳应符合 GB 19301 的要求；（2）其他原料应符合相应的安全标准和/或有关规定	《塔吉克斯坦共和国关于食品安全、肉和肉制品安全、乳和乳制品安全性技术准则的决议》	（1）乳品应符合本技术法规和塔吉克斯坦其他适用技术法规的要求；（2）生产乳制品的其他食品原料必须符合塔吉克斯坦适用的技术法规的要求
发酵乳	GB 19302—2010《食品安全国家标准 发酵乳》	（1）生乳应符合 GB 19301 规定；（2）其他原料应符合相应的安全标准和/或有关规定；（3）发酵菌种包括保加利亚乳杆菌（德氏乳杆菌保加利亚种）、嗜热链球菌或其他由国务院卫生行政部门批准使用的菌种	《塔吉克斯坦共和国关于食品安全、肉和肉制品安全、乳和乳制品安全性技术准则的决议》	（1）乳品应符合本技术法规和塔吉克斯坦其他适用技术法规的要求；（2）生产乳制品的其他食品原料必须符合塔吉克斯坦适用的技术法规的要求

续表

名称	中国		塔吉克斯坦	
	标准号及标准名称	原料要求	标准号及标准名称	原料要求
乳粉	GB 19644—2010《食品安全国家标准 乳粉》	（1）生乳应符合 GB 19301 的规定；（2）其他原料应符合相应的安全标准和/或有关规定	《塔吉克斯坦共和国关于食品安全、肉和肉制品安全、乳和乳制品安全性技术准则的决议》	（1）乳品应符合该技术法规和塔吉克斯坦其他适用技术法规的要求；（2）生产乳制品的其他食品原料必须符合塔吉克斯坦适用的技术法规的要求
婴儿食用奶粉	GB 10765—2021《食品安全国家标准 婴儿配方食品》	（1）产品中所使用的原料和/或成分应相应的安全标准的规定，应保证婴儿营养需要，满足其营养与健康，不应使用危害婴儿营养物质；（2）所使用的原料和食品添加剂不应含有数质，不应使用氢化油脂，不应使用经辐照处理过的原料	《塔吉克斯坦共和国关于食品安全、肉和肉制品安全、乳和乳制品安全性技术准则的决议》	（1）乳品应符合该技术法规和塔吉克斯坦其他适用技术法规的要求；（2）生产乳制品的其他食品原料必须符合塔吉克斯坦适用的技术法规的要求
乳清粉	GB 11674—2010《食品安全国家标准 乳清粉和乳清蛋白粉》	（1）乳清由符合生产乳制品而得到的生乳为原料的乳清；（2）其他原料：应符合相应的安全标准和/或有关规定	《塔吉克斯坦共和国关于食品安全、肉和肉制品安全、乳和乳制品安全性技术准则的决议》	（1）乳品应符合该技术法规和塔吉克斯坦其他适用技术法规的要求；（2）生产乳制品的其他食品原料必须符合塔吉克斯坦适用的技术法规的要求
干酪和干酪产品	GB 5420—2021《食品安全国家标准 干酪》	（1）生乳应符合 GB 19301 的规定；（2）包衣应符合相应的标准和有关规定；（3）其他原料应符合相应的安全标准和有关规定	《塔吉克斯坦共和国关于食品安全、肉和肉制品安全、乳和乳制品安全性技术准则的决议》	（1）乳品应符合该技术法规和塔吉克斯坦其他适用技术法规的要求；（2）生产乳制品的其他食品原料必须符合塔吉克斯坦适用的技术法规的要求

续表

名称	中国		塔吉克斯坦	
	标准号及标准名称	原料要求	标准号及标准名称	原料要求
软干酪	NY 478—2002《软质干酪》	（1）生乳应符合 GB 19301 的规定； （2）部分脱脂乳应符合 GB 19645 中巴氏杀菌乳的规定； （3）稀奶油应符合 GB 19646 的规定； （4）食盐应符合 GB/T 5461 中精制盐、优级品的规定； （5）食品添加剂和食品营养强化剂应符合 GB 2760 和 GB 14880 的规定	《塔吉克斯坦共和国关于食品安全、肉和肉制品安全，乳和乳制品安全性技术准则的决议》	（1）乳品应符合该技术法规和塔吉克斯坦其他适用技术法规的要求； （2）生产乳制品的其他食品原料必须符合塔吉克斯坦适用乳制品的技术法规的要求
再制干酪	GB 25192—2010《食品安全国家标准　再制干酪和干酪制品》	（1）干酪应符合 GB 5420 的规定； （2）其他原料应符合相应的安全标准和/或有关规定	《塔吉克斯坦共和国关于食品安全、肉和肉制品安全，乳和乳制品安全性技术准则的决议》	（1）乳品应符合该技术法规和塔吉克斯坦其他适用技术法规的要求； （2）生产乳制品的其他食品原料必须符合塔吉克斯坦适用乳制品的技术法规的要求
冰淇淋	GB/T 31114—2014《冷冻饮品　冰淇淋》	以饮用水、乳和乳（或）乳制品、蛋制品、水果制品、豆制品、食糖、食用植物油等的一种或多种原辅料	《塔吉克斯坦共和国关于食品安全、肉和肉制品安全，乳和乳制品安全性技术准则的决议》	（1）乳品应符合该技术法规和塔吉克斯坦其他适用技术法规的要求； （2）生产乳制品的其他食品原料必须符合塔吉克斯坦适用乳制品的技术法规的要求
酪蛋白	GB 31638—2016《食品安全国家标准　酪蛋白》	原料应符合相应的食品标准和规定	《塔吉克斯坦共和国关于食品安全、肉和肉制品安全，乳和乳制品安全性技术准则的决议》	（1）乳品应符合该技术法规和塔吉克斯坦其他适用技术法规的要求； （2）生产乳制品的其他食品原料必须符合塔吉克斯坦适用乳制品的技术法规的要求
炼乳	GB 13102—2022《食品安全国家标准　浓缩乳制品》	（1）生牛（羊）乳应符合 GB 19301 的要求； （2）其他原料应符合相应的食品标准和有关规定	《塔吉克斯坦共和国关于食品安全、肉和肉制品安全，乳和乳制品安全性技术准则的决议》	（1）乳品应符合该技术法规和塔吉克斯坦其他适用技术法规的要求； （2）生产乳制品的其他食品原料必须符合塔吉克斯坦适用乳制品的技术法规的要求

20.5.2　乳和乳制品理化指标差异

中国标准和塔吉克斯坦标准对乳和乳制品理化指标的差异见表 20-2。

表 20-2　中国和塔吉克斯坦标准中乳和乳制品理化指标的差异

名称	中国		塔吉克斯坦	
	标准号及标准名称	限量	标准号及标准名称	允许水平
生乳	GB 19301—2010《食品安全国家标准 生乳》	(1) 冰点（挤出 3 小时后检测，仅适用于荷斯坦奶牛）：-0.500～-0.560。 (2) 相对密度：(20 ℃/4 ℃) ≥1.027。 (3) 蛋白质：≥2.8 g/100 g。 (4) 脂肪：≥3.1 g/100 g。 (5) 杂质度：≤4.0 mg/kg。 (6) 非脂乳固体：≥8.1 g/100 g。 (7) 酸度 牛乳（仅适用于荷斯坦奶牛）：12°T～18°T； 羊乳：6°T～13°T	《塔吉克斯坦共和国关于食品安全、肉和肉制品安全、乳和乳制品安全性技术准则的决议》	(1) 脂肪 生牛乳：≥2.8%； 母山羊：≥2.8%； 母绵羊：≥6.2%。 (2) 蛋白质 生牛乳：≥2.8%； 母山羊：≥2.8%； 母绵羊：≥5.1%。 (3) 脱脂乳固体 生牛乳：≥8.2%。 (4) 酸度 生牛乳：16°T～21°T； 母山羊：14°T～20°T； 母绵羊：≤25°T。 (5) 密度（20 ℃） 生牛乳：≥1 027 kg/m³； 母山羊：≥1 027 kg/m³～1 030 kg/m³； 母绵羊：≥1 034 kg/m³。 (6) 凝固点（疑似掺假时使用） 生牛乳：≤-0.505 ℃。 (7) 干物 母山羊：平均值 13.4%； 母绵羊：平均值 18.5%

续表

名称	中国		塔吉克斯坦	
	标准号及标准名称	限量	标准号及标准名称	允许水平
饮用乳	GB 19645—2010《食品安全国家标准 巴氏杀菌乳》	(1) 脂肪 ≥3.1 g/100 g。 (2) 蛋白质 牛乳: ≥2.9 g/100 g; 羊乳: ≥2.8 g/100 g。 (3) 非脂乳固体: ≥8.1 g/100 g。 (4) 酸度 牛乳: 12°T~18°T; 羊乳: 6°T~13°T	《塔吉克斯坦共和国关于食品安全、肉和肉制品安全、乳和乳制品安全性技术准则的决议》	(1) 脂肪 0.1%~9.9%。 (2) 蛋白质 以乳为主要原料的复合乳品: ≥2.8%; 脂肪质量分数超过4%的乳: ≥2.6%。 (3) 脱脂干奶渣 以乳为主要原料的复合乳品: ≥8%
	GB 25190—2010《食品安全国家标准 灭菌乳》	(1) 脂肪 ≥3.1 g/100 g。 (2) 蛋白质 牛乳: ≥2.9 g/100 g; 羊乳: ≥2.8 g/100 g。 (3) 非脂乳固体: ≥8.1 g/100 g。 (4) 酸度 牛乳: 12°T~18°T; 羊乳: 6°T~13°T		
乳饮料	GB/T 21732—2008《含乳饮料》	(1) 蛋白质（含乳饮料中的蛋白质应为乳蛋白质） 配制型含乳饮料: ≥1.0 g/100 g; 发酵型含乳饮料: ≥1.0 g/100 g。 乳酸菌饮料: ≥0.7 g/100 g。 (2) 苯甲酸（属于发酵过程产生的苯甲酸） 配制型含乳饮料: —; 发酵型含乳饮料: ≤0.03 g/kg; 乳酸菌饮料: ≤0.03 g/kg	《塔吉克斯坦共和国关于食品安全、肉和肉制品安全、乳和乳制品安全性技术准则的决议》	(1) 脂肪 0.1%~6%。 (2) 蛋白质 以乳为主要原料的复合乳品: ≥2.6%。 (3) 脱脂干奶渣 以乳为主要原料的复合乳品: ≥7.4%

续表

名称	中国			塔吉克斯坦	
	标准号及标准名称	限量		标准号及标准名称	允许水平
奶油	GB 19646—2010《食品安全国家标准 稀奶油、奶油和无水奶油》	（1）脂肪 稀奶油：≥10.0 g/100 g； 奶油：≥80.0 g/100 g； 无水奶油：≥99.8 g/100 g。 （2）非脂乳固体奶油 ≤2.0%。 （3）酸度（不适用于以发酵稀奶油为原料的产品） 稀奶油：≤30.0°T； 奶油：≤20.0°T； 无水奶油：—。 （4）水分 稀奶油：—； 奶油：≤16.0%； 无水奶油：≤0.1%		《塔吉克斯坦共和国关于食品安全、肉和肉制品安全、乳和乳制品安全性技术准则的决议》	高脂饮用奶油 （1）脂肪 35%～58%。 （2）蛋白质 以乳为主要原料的复合乳品：≥1.2%。 （3）脱脂干奶渣 以乳为主要原料的复合乳品：≥3.6% 饮用奶油（包括灭菌奶油） （1）脂肪 10%～34%。 （2）蛋白质 以乳为主要原料的复合乳品：1.8%～2.6%。 （3）脱脂干奶渣 以乳为主要原料的复合乳品：5.2%～8%

续表

名称	中国		塔吉克斯坦	
	标准号及标准名称	限量	标准号及标准名称	允许水平
发酵乳	GB 19302—2010《食品安全国家标准 发酵乳》	（1）脂肪（仅适用于全脂产品） 发酵乳：≥3.1 g/100 g; 风味发酵乳：≥2.5 g/100 g。 （2）蛋白质 发酵乳：≥2.9 g/100 g; 风味发酵乳：≥2.3 g/100 g。 （3）非脂乳固体 发酵乳：≥8.1 g/100 g; 风味发酵乳：—。 （4）酸度 发酵乳≥70.0°T	《塔吉克斯坦共和国关于食品安全、肉和肉制品安全、乳和乳制品安全性技术准则的决议》	发酵乳产品 （1）脂肪 0.1%～9.9%。 （2）蛋白质 以乳为主要原料的复合乳品：≥2.8%; 脂肪质量分数超过 4% 的产品：≥2.6%。 （3）脱脂干奶渣 以乳为主要原料的复合乳品：≥7.8% 酸奶 （1）脂肪 0.1%～10%。 （2）蛋白质 以乳为主要原料的复合乳品：≥3.2%。 （3）脱脂干奶渣 以乳为主要原料的复合乳品：≥9.5%

续表

名称	中国		塔吉克斯坦	
	标准号及标准名称	限量	标准号及标准名称	允许水平
乳粉	GB 19644—2010《食品安全国家标准 乳粉》	（1）脂肪（仅适用于全脂乳粉） 乳粉：≥26.0%； 调制乳粉：— （2）蛋白质：≥非脂乳固体的34%； 调制乳粉：≥16.5%。 （3）复原乳酸度（仅适用于乳粉） 牛乳：≤18°T； 羊乳：7°T～14°T。 （4）杂质度（仅适用于乳粉） ≤16 mg/kg。 （5）水分 ≤5.0%	《塔吉克斯坦共和国关于食品安全、肉和肉制品安全、乳和乳制品安全性技术准则的决议》	（1）脂肪 0.1%～41.9%。 （2）蛋白质 以乳为主要原料的复合乳品：≥18%。 （3）脱脂干奶渣 以乳为主要原料的复合乳品：≥53.1%
婴儿食用奶粉	GB 10765—2021《食品安全国家标准 婴儿配方食品》	（1）蛋白质 0.45 g/100 kJ～0.70 g/100 kJ。 （2）脂肪 1.05 g/100 kJ～1.40 g/100 kJ。 （3）亚油酸 0.07 g/100 kJ～0.33 g/100 kJ。 （4）α-亚麻酸 ≥12 mg/100 kJ。 （5）亚油酸/α-亚麻酸 5：1～15：1。 （6）碳水化合物 2.2 g/100 kJ～3.3 g/100 kJ。	《塔吉克斯坦共和国关于食品安全、肉和肉制品安全、乳和乳制品安全性技术准则的决议》	（1）蛋白质 0～6个月的婴幼儿食用的调配奶粉：1.2 g/100 mL～1.7 g/100 mL； 6个月以上婴幼儿食用的后续调配混合乳：1.2 g/100 mL～2.1 g/100 mL； 0～12个月婴幼儿食用的后续调配混合乳：1.2 g/100 mL～2.1 g/100 mL； 6个月以上婴幼儿食用的后续调配混合乳：1.5 g/100 mL～2.4 g/100 mL。 （2）乳清蛋白 0～6个月的婴幼儿食用的调配奶粉：≥蛋白总数的50%； 6个月以上婴幼儿食用的后续调配混合乳：≥蛋白总数的35%； 0～12个月婴幼儿食用的后续调配混合乳：≥蛋白总数的50%； 6个月以上婴幼儿食用的后续调配混合乳：≥蛋白总数的20%。

续表

名称	中国		塔吉克斯坦	
	标准号及标准名称	限量	标准号及标准名称	允许水平
婴儿食用奶粉	GB 10765—2021《食品安全国家标准 婴儿配方食品》	（7）钠 5 mg/100 kJ～14 mg/100 kJ。 （8）钾 14 mg/100 kJ～43 mg/100 kJ。 （9）铜 8.5 μg/100 kJ～29.0 μg/100 kJ。 （10）镁 1.2 mg/100 kJ～3.6 mg/100 kJ。 （11）铁 0.10 mg/100 kJ～0.36 mg/100 kJ。 （12）锌 0.12 mg/100 kJ～0.36 mg/100 kJ。 （13）锰 1.2 μg/100 kJ～24.0 μg/100 kJ。 （14）钙 12 mg/100 kJ～35 mg/100 kJ。 （15）磷 6 mg/100 kJ～24 mg/100 kJ。 （16）钙／磷 1：1～2：1。 （17）碘 2.5 μg/100 kJ～14.0 μg/100 kJ。 （18）氯 12 mg/100 kJ～38 mg/100 kJ。 （19）硒 0.48 μg/100 kJ～1.90 μg/100 kJ。	《塔吉克斯坦共和国关于食品安全、肉和肉制品安全、乳和乳制品安全性技术准则的决议》	（3）脂肪 0～6个月的婴幼儿食用的调配奶粉：3 g/100 mL～4 g/100 mL； 6个月以上婴幼儿食用的后续调配混合乳：2.5 g/100 mL～4.0 g/100 mL； 0～12个月婴幼儿食用的后续调配混合乳：3 g/100 mL～4 g/100 mL； 6个月以上婴幼儿食用的后续调配混合乳：2.5 g/100 mL～4.0 g/100 mL。 （4）亚油酸 0～6个月的婴幼儿食用的调配奶粉：占脂肪酸总数的14%～20%或400 mg/100 mL～800 mg/100 mL； 6个月以上婴幼儿食用的后续调配混合乳：占脂肪酸总数的14%～20%或400 mg/100 mL～800 mg/100 mL； 0～12个月婴幼儿食用的后续调配混合乳：占脂肪酸总数的14%～20%或400 mg/100 mL～800 mg/100 mL； 6个月以上婴幼儿食用的后续调配混合乳：≥脂肪酸总数的14%或≥400 mg/100 mL。 （5）α-生育酚多不饱和脂肪酸 0～6个月的婴幼儿食用的调配奶粉：1 mg/100 mL～2 mg/100 mL； 6个月以上婴幼儿食用的后续调配混合乳：—。 0～12个月婴幼儿食用的后续调配混合乳：1 mg/100 mL～2 mg/100 mL。

续表

名称	中国		塔吉克斯坦	
	标准号及标准名称	限量	标准号及标准名称	允许水平
婴儿食用奶粉	GB 10765—2021《食品安全国家标准 婴儿配方食品》	（20）维生素 A 14 μg/100 kJ～43 μg/100 kJ。 （21）维生素 D 0.25 μg/100 kJ～0.60 μg/100 kJ。 （22）维生素 E 0.12 mg/100 kJ～1.20 mg/100 kJ。 （23）维生素 K_1 1.0 μg/100 kJ～6.5 μg/100 kJ。 （24）维生素 B_1 14 μg/100 kJ～72 μg/100 kJ。 （25）维生素 B_2 19 μg/100 kJ～119 μg/100 kJ。 （26）维生素 B_6 8.5 μg/100 kJ～45.0 μg/100 kJ。 （27）维生素 B_{12} 0.025 μg/100 kJ～0.360 μg/100 kJ。 （28）烟酸（烟酰胺） 70 μg/100 kJ～360 μg/100 kJ。 （29）叶酸 2.5 μg/100 kJ～12.0 μg/100 kJ。 （30）泛酸 96 μg/100 kJ～478 μg/100 kJ。 （31）维生素 C 2.5 mg/100 kJ～17.0 mg/100 kJ。 （32）生物素 0.4 μg/100 kJ～2.4 μg/100 kJ。	《塔吉克斯坦共和国关于食品安全、肉和肉制品安全、乳和乳制品安全性技术准则的决议》	6个月以上婴幼儿食用的后续调配混合乳：一。 （6）碳水化合物 0～6个月的婴幼儿食用的调配奶粉：6.5 g/100 mL～8 g/100 mL； 6个月以上婴幼儿食用的后续调配混合乳：7 g/100 mL～9 g/100 mL； 0～12 个月婴幼儿食用的后续调配混合乳：6.5 g/100 mL～8 g/100 mL。 （7）乳糖 0～6 个月的婴幼儿食用的调配奶粉：≥碳水化合物总数的65%； 6个月以上婴幼儿食用的后续调配混合乳：≥碳水化合物总数的50%； 0～12 个月婴幼儿食用的后续调配混合乳：≥碳水化合物总数的65%； （8）牛磺酸 0～6 个月的婴幼儿食用的调配奶粉：≤8 mg/100 mL； 6个月以上婴幼儿食用的后续调配混合乳：一； 0～12 个月婴幼儿食用的后续调配混合乳：≤8 mg/100 mL。

续表

名称	中国		塔吉克斯坦	
	标准号及标准名称	限量	标准号及标准名称	允许水平
婴儿食用奶粉	GB 10765—2021《食品安全国家标准 婴儿配方食品》	（33）胆碱 1.7 mg/100 kJ～12.0 mg/100 kJ。 （34）肌醇 1.0 mg/100 kJ～9.5 mg/100 kJ。 （35）牛磺酸 ≤3 mg/100 kJ。 （36）左旋肉碱 ≥0.3 mg/100 kJ。 （37）二十二碳六烯酸 ≤总脂肪酸的0.5%。 （38）二十碳四烯酸 ≤总脂肪酸的1%。 （39）水分 粉状婴儿配方食品：≤5.0%。 （40）灰分 乳基婴儿配方食品按总干物质计：≤4.2%。 （41）杂质度 粉状产品：≤12 mg/kg; 液态产品：≤2 mg/kg。	《塔吉克斯坦共和国关于食品安全、肉和肉制品安全、乳和乳制品安全性技术准则的决议》	（9）钙 0～6个月的婴幼儿食用的调配配方奶粉：330 mg/L～700 mg/L; 6个月以上婴幼儿食用的后续调配配方奶粉：400 mg/L～900 mg/L; 0～12个月婴幼儿食用的调配奶粉：400 mg/L～900 mg/L; 6个月以上婴幼儿食用的后续部分调配配方奶粉：400 mg/L～900 mg/L。 （10）磷 0～6个月的婴幼儿食用的调配配方奶粉：150 mg/L～400 mg/L; 6个月以上婴幼儿食用的后续调配配方奶粉：200 mg/L～600 mg/L; 0～12个月婴幼儿食用的调配奶粉：200 mg/L～600 mg/L; 6个月以上婴幼儿食用的后续部分调配配方奶粉：200 mg/L～600 mg/L。 （11）钙/磷 0～6个月的婴幼儿食用的调配配方奶粉：1.2～2; 6个月以上婴幼儿食用的后续调配配方奶粉：1.2～2; 0～12个月婴幼儿食用的调配奶粉：1.2～2; 6个月以上婴幼儿食用的后续部分调配配方奶粉：1.2～2。

续表

名称	中国		塔吉克斯坦	
	标准号及标准名称	限量	标准号及标准名称	允许水平
婴儿食用奶粉	GB 10765—2021《食品安全国家标准 婴儿配方食品》		《塔吉克斯坦共和国关于食品安全、肉和肉制品安全、乳和乳制品安全性技术准则的决议》	（12）钾 0～6个月的婴幼儿食用的调配配方奶粉：400 mg/L～850 mg/L； 6个月以上婴幼儿食用的后续调配奶粉：500 mg/L～1 000 mg/L； 0～12个月婴幼儿食用的调配奶粉：400 mg/L～850 mg/L； 6个月以上婴幼儿食用的后续部分调配方奶粉：400 mg/L～1 000 mg/L。 （13）钠 0～6个月的婴幼儿食用的调配配方奶粉：150 mg/L～300 mg/L； 6个月以上婴幼儿食用的后续调配方奶粉：150 mg/L～300 mg/L； 0～12个月婴幼儿食用的调配奶粉：150 mg/L～300 mg/L； 6个月以上婴幼儿食用的后续部分调配方奶粉：150 mg/L～350 mg/L。 （14）镁 0～6个月的婴幼儿食用的调配配方奶粉：30 mg/L～90 mg/L； 6个月以上婴幼儿食用的后续调配奶粉：50 mg/L～100 mg/L； 0～12个月婴幼儿食用的调配奶粉：40 mg/L～100 mg/L； 6个月以上婴幼儿食用的后续部分调配方奶粉：50 mg/L～100 mg/L。 （15）铜 0～6个月的婴幼儿食用的调配配方奶粉：300 µg/L～600 µg/L； 6个月以上婴幼儿食用的后续调配方奶粉：400 µg/L～1 000 µg/L； 0～12个月婴幼儿食用的调配奶粉：300 µg/L～1 000 µg/L； 6个月以上婴幼儿食用的后续部分调配方奶粉：400 µg/L～1 000 µg/L。

续表

名称	中国		塔吉克斯坦	
	标准号及标准名称	限量	标准号及标准名称	允许水平
婴儿食用奶粉	GB 10765—2021《食品安全国家标准 婴儿配方食品》		《塔吉克斯坦共和国关于食品安全、肉和肉制品安全、乳和乳制品安全性技术准则的决议》	（16）锰 0~6个月的婴幼儿食用的调配配方奶粉：10 μg/L～300 μg/L； 6个月以上婴幼儿食用的后续调配配方奶粉：10 μg/L～300 μg/L； 0~12个月婴幼儿食用的调配奶粉：10 μg/L～300 μg/L； 6个月以上婴幼儿食用后续部分调配配方奶粉：10 μg/L～650 μg/L。 （17）铁 0~6个月的婴幼儿食用的调配配方奶粉：3 mg/L～9 mg/L； 6个月以上婴幼儿食用的后续调配配方奶粉：7 mg/L～14 mg/L； 0~12个月婴幼儿食用的调配奶粉：6 mg/L～10 mg/L； 6个月以上婴幼儿食用的后续部分调配配方奶粉：5 mg/L～14 mg/L。 （18）锌 0~6个月的婴幼儿食用的调配配方奶粉：3 mg/L～10 mg/L； 6个月以上婴幼儿食用的后续调配配方奶粉：4 mg/L～10 mg/L； 0~12个月婴幼儿食用的调配奶粉：3 mg/L～10 mg/L； 6个月以上婴幼儿食用的后续部分调配配方奶粉：4 mg/L～10 mg/L。 （19）氯化物 0~6个月的婴幼儿食用的调配配方奶粉：300 mg/L～800 mg/L； 6个月以上婴幼儿食用的后续调配配方奶粉：300 mg/L～800 mg/L； 0~12个月婴幼儿食用的调配奶粉：300 mg/L～800 mg/L； 6个月以上婴幼儿食用的后续部分调配配方奶粉：300 mg/L～800 mg/L。

续表

名称	中国		塔吉克斯坦	
	标准号及标准名称	限量	标准号及标准名称	允许水平
婴儿食用奶粉	GB 10765—2021《食品安全国家标准 婴儿配方食品》		《塔吉克斯坦共和国关于食品安全、肉和肉制品安全、乳和乳制品安全技术准则的决议》	（20）碘 0~6个月的婴幼儿食用的后续调配配方奶粉：50 μg/L~150 μg/L； 6个月以上婴幼儿食用的后续调配奶粉：50 μg/L~350 μg/L； 0~12个月婴幼儿食用的调配奶粉：50 μg/L~350 μg/L； 6个月以上婴幼儿食用的后续部分调配配方奶粉：50 μg/L~350 μg/L。 （21）硒 0~6个月的调配配方奶粉：10 μg/L~40 μg/L； 6个月以上婴幼儿食用的后续调配奶粉：10 μg/L~40 μg/L； 0~12个月婴幼儿食用的调配奶粉：10 μg/L~40 μg/L； 6个月以上婴幼儿食用的后续部分调配奶粉：一。 （22）灰分 0~6个月的调配配方奶粉：2.5 g/L~4 g/L； 6个月以上婴幼儿食用的后续调配奶粉：2.5 g/L~6 g/L； 0~12个月婴幼儿食用的调配奶粉：2.5 g/L~6 g/L； 6个月以上婴幼儿食用的后续部分调配配方奶粉：2.5 g/L~6 g/L。 （23）视黄醇（维生素 A） 0~6个月的婴幼儿食用的调配奶粉：400 μg/L~1 000 μg/L； 6个月以上婴幼儿食用的后续调配配方奶粉：400 μg/L~1 000 μg/L； 0~12个月婴幼儿食用的调配奶粉：400 μg/L~1 000 μg/L； 6个月以上婴幼儿食用的后续部分调配配方奶粉：400 μg/L~1 000 μg/L。

续表

名称	中国		塔吉克斯坦	
	标准号及标准名称	限量	标准号及标准名称	允许水平
婴儿食用奶粉	GB 10765—2021《食品安全国家标准 婴儿配方食品》		《塔吉克斯坦共和国关于食品安全、肉和肉制品安全和乳和乳制品安全性技术准则的决议》	(24) 生育酚（维生素 E） 0~6 个月的婴幼儿食用的调配配方奶粉：4 mg/L～12 mg/L； 6 个月以上婴幼儿食用的后续调配配方奶粉：4 mg/L～20 mg/L； 0~12 个月婴幼儿食用的调配奶粉：4 mg/L～12 mg/L； 6 个月以上婴幼儿食用的后续部分调配配方奶粉：4 mg/L～12 mg/L。 (25) 钙化醇（维生素 D） 0~6 个月的调配配方奶粉：7.5 μg/L～12.5 μg/L； 6 个月以上婴幼儿食用的后续调配配方奶粉：8 μg/L～21 μg/L； 0~12 个月婴幼儿食用的调配奶粉：4 mg/L～12 mg/L； 6 个月以上婴幼儿食用的后续部分调配配方奶粉：4 mg/L～12 mg/L。 (26) 维生素 K 0~6 个月的婴幼儿食用的调配配方奶粉：25 μg/L～100 μg/L； 6 个月以上婴幼儿食用的后续调配配方奶粉：25 μg/L～170 μg/L； 0~12 个月婴幼儿食用的调配奶粉：25 μg/L～170 μg/L； 6 个月以上婴幼儿食用的后续部分调配配方奶粉：一。 (27) 硫胺素（维生素 B_1） 0~6 个月的婴幼儿食用的调配配方奶粉：400 μg/L～2 100 μg/L； 6 个月以上婴幼儿食用的后续调配配方奶粉：400 μg/L～2 100 μg/L； 0~12 个月婴幼儿食用的调配奶粉：0.4 mg/L～2.1 mg/L； 6 个月以上婴幼儿食用的后续部分调配配方奶粉：0.4 mg/L～2.1 mg/L。

续表

名称	中国			塔吉克斯坦	
	标准号及标准名称	限量	标准号及标准名称	允许水平	
婴儿食用奶粉	GB 10765—2021《食品安全国家标准 婴儿配方食品》		《塔吉克斯坦共和国关于食品安全、肉和肉制品安全、乳和乳制品安全性技术准则的决议》	（28）核黄素（维生素 B₂） 0～6 个月的婴幼儿食用的调配配方奶粉：500 μg/L～2 800 μg/L； 6 个月以上婴幼儿食用的后续调配配方奶粉：600 μg/L～2 800 μg/L； 0～12 个月婴幼儿食用的调配奶粉：0.5 mg/L～2.8 mg/L； 6 个月以上婴幼儿食用的后续调配部分调配奶粉：0.5 mg/L～2.8 mg/L。 （29）泛酸 0～6 个月 的 婴 幼 儿 食 用 的 调 配 方 奶 粉：2 700 μg/L～14 000 μg/L； 6 个月以上婴幼儿食用的后续调配方奶粉：3 000 μg/L～14 000 μg/L； 0～12 个月婴幼儿食用的调配奶粉：2.7 mg/L～14 mg/L； 6 个月以上婴幼儿食用的后续调配方奶粉：2.5 mg/L～14 mg/L。 （30）吡哆醇（维生素 B₆） 0～6 个月的婴幼儿食用的调配方奶粉：300 μg/L～1 000 μg/L； 6 个月以上婴幼儿食用的后续调配方奶粉：400 μg/L～1 200 μg/L； 0～12 个月婴幼儿食用的调配奶粉：0.3 mg/L～1.2 mg/L； 6 个月以上婴幼儿食用的后续调配部分调配方奶粉：0.4 mg/L～1.2 mg/L。	

续表

名称	中国		塔吉克斯坦	
	标准号及标准名称	限量	标准号及标准名称	允许水平
婴儿食用奶粉	GB 10765—2021《食品安全国家标准 婴儿配方食品》		《塔吉克斯坦共和国关于食品安全、肉和肉制品安全、乳和乳制品安全性技术准则的决议》	（31）烟酸（维生素 PP） 0～6 个月的婴幼儿食用的调配配方奶粉：2 000 μg/L～10 000 μg/L; 6 个月以上婴幼儿食用的后续调配配方奶粉：3 000 μg/L～10 000 μg/L; 0～12 个月婴幼儿食用的调配奶粉：3 mg/L～10 mg/L; 6 个月以上婴幼儿食用的后续部分调配配方奶粉：3 mg/L～10 mg/L。 （32）叶酸（维生素 B_9） 0～6 个月的婴幼儿食用的调配配方奶粉：60 μg/L～350 μg/L; 6 个月以上婴幼儿食用的后续调配配方奶粉：60 μg/L～350 μg/L; 0～12 个月婴幼儿食用的调配奶粉：60 μg/L～350 μg/L; 6 个月以上婴幼儿食用的后续部分调配配方奶粉：60 μg/L～350 μg/L。 （33）氰钴胺素（维生素 B_{12}） 0～6 个月的婴幼儿食用的调配配方奶粉：1 μg/L～3 μg/L; 6 个月以上婴幼儿食用的后续调配配方奶粉：1.5 μg/L～3 μg/L; 0～12 个月婴幼儿食用的调配奶粉：1.5 μg/L～3 μg/L; 6 个月以上婴幼儿食用的后续部分调配配方奶粉：1.5 μg/L～3 μg/L。 （34）抗坏血酸（维生素 C） 0～6 个月的婴幼儿食用的调配配方奶粉：55 mg/L～150 mg/L; 6 个月以上婴幼儿食用的后续调配配方奶粉：55 mg/L～150 mg/L; 0～12 个月婴幼儿食用的调配奶粉：55 mg/L～150 mg/L; 6 个月以上婴幼儿食用的后续部分调配配方奶粉：55 mg/L～150 mg/L。

续表

名称	中国		塔吉克斯坦	
	标准号及标准名称	限量	标准号及标准名称	允许水平
婴儿食用奶粉	GB 10765—2021《食品安全国家标准 婴儿配方食品》		《塔吉克斯坦共和国关于食品安全、肉和肉制品安全、乳和乳制品安全技术准则的决议》	（35）胆碱 0~6个月的婴幼儿食用的调配配方奶粉：20 mg/L～280 mg/L； 6个月以上婴幼儿食用的后续调配方奶粉：50 mg/L～350 mg/L； 0~12个月婴幼儿食用的调配奶粉：20 mg/L～280 mg/L； 6个月以上婴幼儿食用的后续部分调配方奶粉：—。 （36）生物素 0~6个月的婴幼儿食用的调配配方奶粉：50 mg/L～350 mg/L； 0~12个月婴幼儿食用的调配奶粉：10 μg/L～40 μg/L； 6个月以上婴幼儿食用的后续调配方奶粉：10 μg/L～40 μg/L； （37）肌醇 0~6个月的婴幼儿食用的调配配方奶粉：10 μg/L～40 μg/L； 6个月以上婴幼儿食用的后续调配方奶粉：20 mg/L～280 mg/L； 0~12个月婴幼儿食用的调配奶粉：20 mg/L～280 mg/L； 6个月以上婴幼儿食用的后续部分调配方奶粉：—。 （38）左旋肉碱 0~6个月的婴幼儿食用的调配方奶粉：≤20 mg/L（如有添加）； 6个月以上婴幼儿食用的后续调配方奶粉：≤20 mg/L（如有添加）； 0~12个月婴幼儿食用的调配奶粉：≤20 mg/L（如有添加）； 6个月以上婴幼儿食用的后续部分调配方奶粉：—。

续表

名称	中国		塔吉克斯坦	
	标准号及标准名称	限量	标准号及标准名称	允许水平
婴儿食用奶粉	GB 10765—2021《食品安全国家标准 婴儿配方食品》		《塔吉克斯坦共和国关于食品安全、肉和肉制品安全、乳和乳制品安全性技术准则的决议》	（39）叶黄素 0~6个月的婴幼儿食用的调配奶粉：≤250 μg/L（如有添加）； 6个月以上婴幼儿食用的后续调配奶粉：≤250 μg/L（如有添加）； 0~12个月婴幼儿食用的后续部分调配奶粉：≤250 μg/L（如有添加）； （40）核苷酸（胞苷-，尿苷-，腺苷-，鸟苷-和肌苷-5单磷酸总和） 0~6个月的婴幼儿食用的调配奶粉：≤35 mg/L（如有添加）； 6个月以上婴幼儿食用的后续调配奶粉：≤35 mg/L（如有添加）； 0~12个月婴幼儿食用的后续部分调配奶粉：≤35 mg/L（如有添加）； 6个月以上婴幼儿食用的后续部分调配奶粉：—
乳清粉	GB 11674—2010《食品安全国家标准 乳清粉和乳清蛋白粉》	（1）蛋白质 脱盐乳清粉：≥10.0 g/100 g； 非脱盐乳清粉：≥7.0 g/100 g； 乳清蛋白粉：≥25.0 g/100 g。 （2）水分 脱盐乳清粉：≤5.0 g/100 g； 非脱盐乳清粉：≤5.0 g/100 g； 乳清蛋白粉：≤6.0 g/100 g。 （3）灰分 脱盐乳清粉：≤3.0 g/100 g； 非脱盐乳清粉：≤15.0 g/100 g； 乳清蛋白粉：≤9.0 g/100 g。 （4）乳糖 脱盐乳清粉：≥61.0 g/100 g； 非脱盐乳清粉：≥61.0 g/100 g； 乳清蛋白粉：—	《塔吉克斯坦共和国关于食品安全、肉和肉制品安全、乳和乳制品安全性技术准则的决议》	（1）脂肪 ≤2%。 （2）蛋白质 以乳为主要原料的复合乳品：≥10%。 （3）脱脂干奶渣 以乳为主要原料的复合乳品：≥92%

续表

名称	中国		塔吉克斯坦	
	标准号及标准名称	限量	标准号及标准名称	允许水平
干酪和干酪产品	GB 5420—2021《食品安全国家标准 干酪》	（1）水分占干酪无脂总质量的百分比 软质: >67%; 坚实/半硬: 54%~69%; 硬质: 49%~56%; 特硬: <51%。 （2）干物质中的脂肪含量百分比 高脂: ≥60%; 全脂: ≥45%, <60%; 中脂: ≥25%, <45%; 部分脱脂: ≥10%, <25%; 脱脂: <10%	《塔吉克斯坦共和国关于食品安全、肉和肉制品安全、乳和乳制品安全性技术准则的决议》	（1）水分 固体干酪和干酪产品: 2%~10%; 特硬干酪和干酪产品: 30%~35%; 硬干酪和干酪产品: 40%~42%; 半硬干酪和干酪产品: 36%~55%（包括55%）。 （2）脱脂物质中的水分 固体干酪和干酪产品: ≥15%; 特硬干酪和干酪产品: ≥51%; 硬干酪和干酪产品: 49%~56%（包括56%）; 半硬干酪和干酪产品: 54%~69%（包括69%）。 （3）固体物质中的脂肪 固体干酪和干酪产品: 1%~40%（包括40%）; 特硬干酪和干酪产品: 1%~60% 及更高; 硬干酪和干酪产品: 1%~60% 及更高; 半硬干酪和干酪产品: 1%~60% 及更高。 （4）盐 固体干酪和干酪产品: 2%~6%; 特硬干酪和干酪产品: 1%~3%（包括3%）; 硬干酪和干酪产品: 0.5%~2.5%（包括2.5%）; 半硬干酪和干酪产品: 0.2%~4%（包括4%）;

续表

名称	中国		塔吉克斯坦	
	标准号及标准名称	限量	标准号及标准名称	允许水平
软干酪	NY 478—2002《软质干酪》	（1）全乳固体 脱脂：≥20.0%； 半脱脂：≥20.0%； 全脂：≥44.0%； 稀奶油：≥38.0%。 （2）脂肪 脱脂：—； 半脱脂：≥4.0%； 全脂：≥17.6%； 稀奶油：≥24.0%。 （3）水分 脱脂：≤80.0%； 半脱脂：≤80.0%； 全脂：≤56.0%； 稀奶油：≤62.0%。 （4）食盐 ≤2.5%	《塔吉克斯坦共和国关于食品安全、肉和肉制品安全、乳和乳制品安全性技术准则的决议》	（1）水分 软干酪和干酪产品：55%～80%。 （2）脱脂物质中的水分 ≥67%。 （3）固体物质中的脂肪 1%～60%及更高。 （4）盐 0%～5%。 （5）腌制干酪： 2%～7%（包括7%）
再制干酪	GB 25192—2010《食品安全国家标准 再制干酪和干酪制品》	脂肪（干物质中） 最小干物质含量44%：≥60.0%，≤75.0%； 最小干物质含量41%：≥45.0%，<60.0%； 最小干物质含量31%：≥25.0%，<45.0%； 最小干物质含量29%：≥10.0%，<25.0%； 最小干物质含量25%：<10.0%	《塔吉克斯坦共和国关于食品安全、肉和肉制品安全、乳和乳制品安全性技术准则的决议》	（1）水分 切片再制干酪（干酪制品）：35%～70%（包括70%）； 膏状再制干酪（干酪制品）：35%～70%（包括70%）； 固体再制干酪（干酪制品）：3%～7%（包括7%）。 （2）固体物质中的脂肪 切片再制干酪（干酪制品）：≤65%； 膏状再制干酪（干酪制品）：25%～70%（包括70%）； 固体再制干酪（干酪制品）：≤51%。 （3）食用盐（甜干酪除外） 切片再制干酪（干酪制品）：0.2%～4%（包括4%）； 膏状再制干酪（干酪制品）：0.2%～4%（包括4%）； 固体再制干酪（干酪制品）：2%～5%（包括5%）。 （4）蔗糖（甜干酪） ≤30%。

续表

名称	中国		塔吉克斯坦	
	标准号及标准名称	限量	标准号及标准名称	允许水平
冰淇淋	GB/T 31114—2014《冷冻饮品 冰淇淋》	（1）非脂乳固体：≥6.0 g/100 g。 （2）总固形物：≥30.0 g/100 g。 （3）脂肪： 全乳脂：≥8.0 g/100 g； 半乳脂：清型≥5.0 g/100 g；组合型≥5.0 g/100 g； 植脂：清型≥6.0 g/100 g；组合型≥5.0 g/100 g。 （4）蛋白质 全乳脂：清型≥2.5 g/100 g，组合型≥2.2 g/100 g； 半乳脂：清型≥2.5 g/100 g，组合型≥2.2 g/100 g； 植脂：清型≥2.5 g/100 g，组合型≥2.2 g/100 g	《塔吉克斯坦共和国关于食品安全、肉和肉制品安全、乳和乳制品安全性技术准则的决议》	（1）乳脂肪冰糕：≥12%； 奶油冰淇淋：8%～11.5%； 牛奶冰淇淋：≤7.5%； 酸奶冰淇淋：≤7.5%。 （2）含乳脂肪代替物的冰淇淋：≤12%； 脱脂干奶渣冰糕：7%～10%； 奶油冰淇淋：7%～11%； 牛奶冰淇淋：7%～11.5%； 酸奶冰淇淋：7%～11.5%； 含乳脂肪代替物的冰淇淋：7%～11%。 （3）蔗糖或总糖（减去乳糖后） 冰糕：≥14%； 奶油冰淇淋：≥14%； 牛奶冰淇淋：≥14.5%； 酸奶冰淇淋：≥17%； 含乳脂肪代替物的冰淇淋：≥14%； （4）干渣冰糕：≥36%； 奶油冰淇淋：≥32%； 牛奶冰淇淋：≥28%； 酸奶冰淇淋：≥28%； 含乳脂肪代替物的冰淇淋：≥29%； （5）酸度 冰糕：≤21°T； 奶油冰淇淋：≤22°T； 牛奶冰淇淋：≤23°T； 酸奶冰淇淋：≤90°T； 含乳脂肪代替物的冰淇淋：≤22°T。 （6）膨胀率 冰糕：30%～130%； 奶油冰淇淋：30%～110%； 牛奶冰淇淋：30%～90%； 酸奶冰淇淋：30%～90%； 含乳脂肪代替物的冰淇淋：30%～110%。

续表

名称	中国		塔吉克斯坦	
	标准号及标准名称	限量	标准号及标准名称	允许水平
酪蛋白	GB 31638—2016《食品安全国家标准 酪蛋白》	（1）蛋白质（以干基计） 酸法：≥90.0 g/100 g； 酶法：≥84.0 g/100 g； 膜分离：≥84.0 g/100 g。 （2）酪蛋白（占蛋白质） 酸法：≥95.0 g/100 g； 酶法：≥95.0 g/100 g； 膜分离：≥82.0 g/100 g。 （3）脂肪 酸法：≤2.0 g/100 g； 酶法：≤2.0 g/100 g； 膜分离：≤5.0 g/100 g。 （4）水分 酸法：≤12.0 g/100 g； 酶法：≤12.0 g/100 g； 膜分离：≤12.0 g/100 g。 （5）游离酸 酸法：≤0.27 mL/g； 酶法：—； 膜分离：—	《塔吉克斯坦共和国关于肉品安全、肉和肉制品安全、乳和乳制品安全技术准则的决议》	

续表

名称	中国		塔吉克斯坦	
	标准号及标准名称	限量	标准号及标准名称	允许水平
炼乳	GB 13102—2022《食品安全国家标准 浓缩乳制品》	（1）蛋白质 淡炼乳：≥非脂乳固体的34%； 加糖炼乳：≥非脂乳固体34%； 调制淡炼乳：≥4.1 g/100 g； 调制加糖炼乳：≥4.6 g/100 g。 （2）脂肪 淡炼乳：≥7.5 g/100 g，<15.0 g/100 g； 加糖炼乳：≥7.5 g/100 g； 调制加糖炼乳：≥8.0 g/100 g。 （3）乳固体 淡炼乳：≥25.0 g/100 g； 加糖炼乳：≥28.0 g/100 g； 调制加糖炼乳：—。 （4）蔗糖 淡炼乳：—； 调制淡炼乳：—； 加糖炼乳：≤45.0 g/100 g； 调制加糖炼乳：≤48.0 g/100 g。 （5）水分 淡炼乳：—； 加糖炼乳：≤27.0%； 调制淡炼乳：—； 调制加糖炼乳：≤28.0%。 （6）酸度 淡炼乳：48.0°T； 加糖炼乳：48.0°T； 调制淡炼乳：48.0°T； 调制加糖炼乳：48.0°T	《塔吉克斯坦共和国关于食品安全、肉和肉制品安全、乳和乳制品安全性技术准则的决议》	（1）脂肪 0.2%～16%（以乳为主要原料的复合乳品） （2）蛋白质 ≥5%。 （3）脱脂干奶渣（以乳为主要原料的复合乳品） ≥12%

20.5.3　乳和乳制品微生物指标差异

中国和塔吉克斯坦标准中乳制品微生物指标的差异见表 20-3。

表 20-3　中国和塔吉克斯坦标准中乳制品微生物指标的差异

名称	中国		塔吉克斯坦	
	标准号及标准名称	限量	标准号及标准名称	允许水平
生乳	GB 19301—2010《食品安全国家标准 生乳》	菌落总数（CFU/g 或 CFU/mL）：≤2×10^6	《塔吉克斯坦共和国关于食品安全、肉和肉制品、乳和乳制品安全性技术准则的决议》	（1）好氧嗜温性微生物和兼性厌氧微生物的数量 ≤5×10^5 CFU/cm^3（g）。 （2）大肠菌群 — （3）沙门氏菌 0 CFU/25 cm^3（g）
饮用乳	GB 19645—2010《食品安全国家标准 巴氏杀菌乳》	（1）菌落总数（CFU/g 或 CFU/mL）n=5, c=2, m=50 000, M=100 000。 （2）大肠菌群（CFU/g 或 CFU/mL）n=5, c=2, m=1, M=5。 （3）金黄色葡萄球菌（CFU/g 或 CFU/mL）n=5, c=0, m=0/25 g（mL），M。 （4）沙门氏菌（CFU/g 或 CFU/mL）n=5, c=0, m=0/25 g（mL），M：无指标	《塔吉克斯坦共和国关于食品安全、肉和肉制品、乳和乳制品安全性技术准则的决议》	（1）好氧嗜温性微生物和兼性厌氧微生物的数量 ≤2×10^5 CFU/cm^3（g）。 （2）大肠菌群 0 CFU/0.01 cm^3（g） （3）沙门氏菌 0 CFU/25 cm^3（g） （4）金黄色葡萄球菌 0 CFU/1 cm^3（g） （5）单核细胞增生李斯特菌 0 CFU/25 cm^3（g） （6）酵母、霉菌 —

续表

名称	中国		塔吉克斯坦	
	标准号及标准名称	限量	标准号及标准名称	允许水平
乳饮料	GB/T 21732—2008《含乳饮料》	（1）菌落总数（CFU/g 或 CFU/mL）$n=5$, $c=2$, $m=10^2$ (10^3) *，$M=10^4$ $(5×10^4)$ *。 （2）大肠菌群（CFU/g 或 CFU/mL）$n=5$, $c=2$, $m=1$ (10) *，$M=10$ (10^2) *。 （3）霉菌（CFU/g 或 CFU/mL）≤20（50）*。 （4）酵母（不适用于固体饮料，且奶茶、CFU/mL）≤20。 * 括号中的限值仅适用固体饮料，可可固体饮料菌落总数的 $m=10^4$ CFU/g	《塔吉克斯坦共和国关于食品安全，肉和肉制品安全性、乳和乳制品安全性技术准则的决议》	（1）好氧嗜温性微生物和兼性厌氧微生物的数量 ≤$2×10^5$ CFU/cm³（g）。 （2）大肠菌群 0 CFU/0.01 cm³（g）。 （3）沙门氏菌 0 CFU/25 cm³（g）。 （4）金黄色葡萄球菌 0 CFU/1 cm³（g）。 （5）单核细胞增生李斯特菌 0 CFU/25 cm³（g）。 （6）酵母、霉菌 —
奶油	GB 19646—2010《食品安全国家标准 稀奶油、奶油和无水奶油》	（1）菌落总数（不适用于发酵稀奶油为原料的产品，CFU/g 或 CFU/mL）$n=5$, $c=2$, $m=10\,000$, $M=100\,000$。 （2）大肠菌群（CFU/g 或 CFU/mL）$n=5$, $c=2$, $m=10$, $M=100$。 （3）金黄色葡萄球菌（CFU/g 或 CFU/mL）$n=5$, $c=1$, $m=10$, $M=100$。 （4）沙门氏菌（/25 g 或 /25 mL）$n=5$, $c=0$, $m=0$, M: 无指标。 （5）霉菌（CFU/g 或 CFU/mL）≤90	《塔吉克斯坦共和国关于食品安全，肉和肉制品安全性、乳和乳制品安全性技术准则的决议》	（1）好氧嗜温性微生物和兼性厌氧微生物的数量 鲜奶油：≤$5×10^5$ CFU/cm³，非无菌灌装；专供婴儿的乳制品加工厂生产的灭菌乳和奶油：≤$1×10^2$ CFU/cm³（g）。 （2）大肠菌群 鲜奶油：一；专供婴儿的乳制品加工厂生产的灭菌乳和奶油：—。 （3）沙门氏菌 鲜奶油：0 CFU/25 cm³（g）；专供婴儿的乳制品加工厂生产的灭菌乳和奶油：0 CFU/10 cm³（g）。

续表

名称	中国		塔吉克斯坦	
	标准号及标准名称	限量	标准号及标准名称	允许水平
奶油	GB 19646—2010《食品安全国家标准 稀奶油、奶油和无水奶油》	（1）菌落总数（不适用于发酵稀奶油为原料的产品，CFU/g 或 CFU/mL）n=5, c=2, m=10 000, M=100 000。 （2）大肠菌群（CFU/g 或 CFU/mL）n=5, c=2, m=10, M=100。 （3）金黄色葡萄球菌（CFU/g 或 CFU/mL）n=5, c=1, m=10, M=100。 （4）沙门氏菌（/25 g /25 mL）n=5, c=0, m=0, M: 无指标。 （5）霉菌（CFU/g 或 CFU/mL）≤90	《塔吉克斯坦共和国关于食品安全、肉和肉制品安全、乳和乳制品安全性技术准则的决议》	（4）体细胞含量 鲜奶油：—；专供婴儿的乳品加工厂生产的灭菌乳和奶油、非无菌灌装：—。 （5）大肠埃希杆菌 鲜奶油：—；专供婴儿的乳品加工厂生产的灭菌乳和奶油、非无菌灌装：0 CFU/10 cm³（g）。 （6）单核细胞增生李斯特菌 鲜奶油：—；专供婴儿的乳品加工厂生产的灭菌乳和奶油、非无菌灌装：0 CFU/100 cm³（g）。 （7）金黄色葡萄球菌 鲜奶油：—；专供婴儿的乳品加工厂生产的灭菌乳和奶油、非无菌灌装：0 CFU/10 cm³（g）
发酵乳	GB 19302—2010《食品安全国家标准 发酵乳》	（1）大肠菌群（CFU/g 或 CFU/mL）n=5, c=2, m=1, M=5。 （2）金黄色葡萄球菌（/25 g /25 mL）n=5, c=0, m=0, M: 无指标。 （3）沙门氏菌（/25 g /25 mL）n=5, c=0, m=0, M: 无指标。 （4）酵母（CFU/g 或 CFU/mL）≤100。 （5）霉菌（CFU/g 或 CFU/mL）≤30。	《塔吉克斯坦共和国关于食品安全、肉和肉制品安全、乳和乳制品安全性技术准则的决议》	（1）好氧嗜温性微生物和兼性厌氧微生物的数量 包括使用嗜酸乳杆菌或双歧杆菌的液态乳制品：乳酸微生物≥1×10⁷ CFU/cm³（g），嗜酸微生物≥1×10⁶ CFU/cm³（生产时使用）。专供婴儿的乳品加工厂生产的非无菌灌装的发酵乳品：嗜酸乳杆菌微生物≥1×10⁷ CFU/cm³，双歧杆菌≥1×10⁶（生产时使用）。 （2）大肠菌群 包括使用嗜酸微生物或双歧杆菌的液态乳制品：0 CFU/3 cm³（g）。

续表

名称	中国		塔吉克斯坦	
	标准号及标准名称	限量	标准号及标准名称	允许水平
发酵乳	GB 19302—2010《食品安全国家标准 发酵乳》	（6）乳酸菌数（发酵后经热处理的产品，对乳酸菌数不做要求，CFU/g 或 CFU/mL）≥1×10⁶	《塔吉克斯坦共和国关于食品安全，肉和肉制品安全，乳和乳制品安全性技术准则的决议》	专供婴儿的乳品加工厂产品的非无菌灌装的发酵乳产品：0 CFU/3 cm³（g）。 （3）大肠埃希杆菌 包括使用嗜酸微生物或双歧杆菌的液态乳制品：0 CFU/10 cm³（g）； 专供婴儿的乳品加工厂生产的非无菌灌装的发酵乳产品：0 CFU/10 cm³（g）。 （4）沙门氏菌和单核细胞增生李斯特菌 包括使用嗜酸微生物或双歧杆菌的液态乳制品：0 CFU/50 cm³（g）； 专供婴儿的乳品加工厂产品的非无菌灌装的发酵乳产品：0 CFU/50 cm³（g）。 （5）金黄色葡萄球菌 包括使用嗜酸微生物或双歧杆菌的液态乳制品：0 CFU/10 cm³（g）； 专供婴儿的乳品加工厂生产的非无菌灌装的发酵乳产品：0 CFU/10 cm³（g）。 （6）蜡样芽孢杆菌 包括使用嗜酸微生物或双歧杆菌的液态乳制品：一； 专供婴儿的乳品加工厂生产的非无菌灌装的发酵乳产品：一。 （7）酵母和霉菌 包括使用嗜酸微生物或双歧杆菌的液态乳制品：酵母≤10 CFU/cm³（g），霉菌≤10 CFU/cm³（g），开非无酸牛奶酵母≤1×10⁴ CFU/cm³（g）； 专供婴儿的乳品加工厂生产的非无菌灌装的发酵乳产品：一

续表

第 20 章　乳和乳制品安全

名称	中国		塔吉克斯坦	
	标准号及标准名称	限量	标准号及标准名称	允许水平
乳粉	GB 19644—2010《食品安全国家标准 乳粉》	(1) 菌落总数 [不适用于添加活性菌种（好氧和兼性厌氧益生菌）的产品，CFU/g] n=5, c=2, m=50 000, M=200 000。 (2) 大肠菌群 (CFU/g) n=5, c=1, m=10, M=100。 (3) 金黄色葡萄球菌 (CFU/g) n=5, c=2, m=10, M=100。 (4) 沙门氏菌 (CFU/g) n=5, c=0, m=0/25 g, M=—	《塔吉克斯坦共和国关于食品安全、肉和肉制品安全、乳和乳制品安全性技术准则的决议》	(1) 好氧嗜温微生物和兼性厌氧微生物的数量 即食奶粉：≤2×10³ CFU/cm³（g）（37 ℃~50 ℃温度下还原的混合物），≤3×10³ CFU/cm³（g）（70 ℃~85 ℃温度下可还原的混合物）； 需要热处理的混合物奶粉：≤2.5×10⁴ CFU/cm³（g）； 专供婴儿的乳品加工厂生产的灭菌调配奶粉：≤1×10² CFU/cm³（g）； 液态发酵乳混合物，无菌灌装：乳酸微生物：≤1×10⁷ CFU/cm³（g），嗜酸微生物：≤1×10⁷ CFU/cm³（g）（生产时使用），双歧杆菌：≥1×10⁶ CFU/cm³（g）（生产时使用）。 (2) 大肠菌群 即食奶粉：0 CFU/1 cm³（g）； 需要热处理的混合物奶粉：0 CFU/1 cm³（g）； 专供婴儿的乳品加工厂生产的灭菌调配奶粉：0 CFU/10 cm³（g）。 (3) 大肠埃希菌 即食奶粉：0 CFU/10 cm³（g）； 需要热处理的混合物奶粉：—； 专供婴儿的乳品加工厂生产的灭菌调配奶粉：0 CFU/10 cm³（g）。 (4) 沙门氏菌和单核细胞增生李斯特菌 即食奶粉：0 CFU/50 cm³（g）； 需要热处理的混合物奶粉：0 CFU/50 cm³（g）； 专供婴儿的乳品加工厂生产的灭菌调配奶粉：0 CFU/100 cm³（g）。

145

续表

名称	中国		塔吉克斯坦	
	标准号及标准名称	限量	标准号及标准名称	允许水平
乳粉	GB 19644—2010《食品安全国家标准 乳粉》	（1）菌落总数 [不适用于添加活性菌种（好氧和兼性厌氧益生菌）的产品，CFU/g] $n=5$，$c=2$，$m=50\,000$，$M=200\,000$。 （2）大肠菌群（CFU/g）$n=5$，$c=1$，$m=10$，$M=100$。 （3）金黄色葡萄球菌（CFU/g）$n=5$，$c=2$，$m=10$，$M=100$。 （4）沙门氏菌（CFU/g）$n=5$，$c=0$，$m=0/25$ g，M—	《塔吉克斯坦共和国关于食品安全、肉和肉制品安全、乳和乳制品安全性技术准则的决议》	（5）金黄色葡萄球菌即食奶粉：0 CFU/10 cm^3（g）；需要热处理的混合物奶粉：0 CFU/1 cm^3（g）；专供婴儿的乳品加工厂生产的灭菌调配奶粉：0 CFU/10 cm^3（g）。 （6）蜡样芽孢杆菌即食奶粉：$\leqslant 100$ CFU/cm^3（g）；需要热处理的混合物奶粉：$\leqslant 200$ CFU/cm^3（g）；专供婴儿的乳品加工厂生产的灭菌调配奶粉：一。 （7）酵母和霉菌即食奶粉：酵母$\leqslant 10$ CFU/cm^3（g），霉菌$\leqslant 50$ CFU/cm^3（g）；需要热处理的混合物奶粉：酵母$\leqslant 50$ CFU/cm^3（g），霉菌$\leqslant 100$ CFU/cm^3（g）；专供婴儿的乳品加工厂生产的灭菌调配奶粉：一
婴儿食用奶粉	GB 10765—2021《食品安全国家标准 婴儿配方食品》	（1）菌落总数 [不适用于添加活性菌种（好氧和兼性厌氧益生菌）的产品，产品中活性益生菌的活菌数应$\geqslant 10^6$ CFU/g（mL）]，（CFU/g）$n=5$，$c=2$，$m=1\,000$，$M=10\,000$。 （2）大肠菌群（CFU/g）$n=5$，$c=2$，$m=10$，$M=100$。 （3）金黄色葡萄球菌（CFU/g）$n=5$，$c=2$，$m=10$，$M=100$。 （4）阪崎肠杆菌（CFU/g）$n=3$，$c=0$，$m=0/100$ g，M—	《塔吉克斯坦共和国关于食品安全、肉和肉制品安全、乳和乳制品安全性技术准则的决议》	（1）好氧嗜温性微生物和兼性厌氧微生物的数量婴儿食用即食奶粉：$\leqslant 2.5\times 10^4$ CFU/cm^3（g）；婴儿食用即食奶粉：$37\ ℃\sim 50\ ℃$温度下还原的混合物$\leqslant 2\times 10^3$ CFU/cm^3（g）；$70\ ℃\sim 85\ ℃$温度下可还原的混合物$\leqslant 3\times 10^3$ CFU/cm^3（g）；需要热加工的婴儿奶粉：$\leqslant 2.5\times 10^4$ CFU/cm^3（g）。 （2）大肠菌群婴儿食用奶粉：0 CFU/1 cm^3（g）；婴儿食用即食奶粉：0 CFU/1 cm^3（g）；需要热加工的婴儿奶粉：0 CFU/1 cm^3（g）。

续表

名称	中国		塔吉克斯坦	
	标准号及标准名称	限量	标准号及标准名称	允许水平
婴儿食用奶粉	GB 10765—2021《食品安全国家标准 婴儿配方食品》	（5）沙门氏菌（CFU/g）n=5，c=0，m=0/25 g，M=—	《塔吉克斯坦共和国关于食品安全、肉和肉制品安全、乳和乳制品安全性技术准则的决议》	（3）大肠埃希杆菌 婴儿食用奶粉：—； 婴儿即食奶粉：≤10 CFU/cm³（g）； 需热加工的婴儿奶粉：—。 （4）沙门氏菌和单核细胞增生李斯特菌 婴儿食用奶粉：0 CFU/25 cm³（g）； 婴儿即食奶粉：0 CFU/100 cm³（g）； 需热加工的婴儿奶粉：0 CFU/50 cm³（g）。 （5）金黄色葡萄球菌 婴儿食用奶粉：0 CFU/1 cm³（g）； 婴儿即食奶粉：0 CFU/10 cm³（g）； 需热加工的婴儿奶粉：0 CFU/1 cm³（g）。 （6）蜡样芽孢杆菌 婴儿食用奶粉：—； 婴儿即食奶粉：≤100 CFU/cm³（g）； 需热加工的婴儿奶粉：≤200 CFU/cm³（g）。 （7）酵母，霉菌 婴儿食用奶粉：酵母≤50 CFU/cm³（g），霉菌≤100 CFU/cm³（g）； 婴儿即食奶粉：酵母≤10 CFU/cm³（g），霉菌≤50 CFU/cm³（g）； 需热加工的婴儿奶粉：酵母≤50 CFU/cm³（g），霉菌≤100 CFU/cm³（g）。

续表

名称	中国		塔吉克斯坦	
	标准号及标准名称	限量	标准号及标准名称	允许水平
乳清粉	GB 11674—2010《食品安全国家标准 乳清粉和乳清蛋白粉》	（1）金黄色葡萄球菌（CFU/g）$n=5$，$c=2$，$m=10$，$M=100$。（2）沙门氏菌（CFU/g）$n=5$，$c=0$，$m=0/25$ g，M—	《塔吉克斯坦共和国关于食品安全、肉和肉制品安全、乳和乳制品安全性技术准则的决议》	—
干酪和干酪产品	GB 5420—2021《食品安全国家标准 干酪》	（1）大肠菌群（CFU/g）$n=5$，$c=2$，$m=10^2$，$M=10^3$。（2）沙门氏菌（CFU/g）$n=5$，$c=0$，$m=0$，M—。（3）金黄色葡萄球菌（CFU/g）$n=5$，$c=2$，$m=100$，$M=1\,000$。（4）单核细胞增生李斯特氏菌（CFU/g）$n=5$，$c=0$，$m=0/25$ g，M—	《塔吉克斯坦共和国关于食品安全、肉和肉制品安全、乳和乳制品安全性技术准则的决议》	（1）好氧嗜温性微生物和兼性厌氧微生物的数量 专供婴儿的乳品加工厂生产的干酪，干酪产品：乳渣发酵剂特有微生物群落，无其他微生物群落细胞。（2）大肠菌群 专供婴儿的乳品加工厂生产的干酪，干酪产品：0 CFU/0.3 cm³（g）。（3）大肠埃希杆菌 专供婴儿的乳品加工厂生产的干酪，干酪产品：—。（4）沙门氏菌和单核细胞增生李斯特菌 专供婴儿的乳品加工厂生产的干酪，干酪产品：0 CFU/50 cm³（g）。（5）金黄色葡萄球菌专供婴儿的乳品加工厂生产的干酪，干酪产品：0 CFU/1 cm³（g）。（6）蜡样芽孢杆菌 专供婴儿的乳品加工厂生产的干酪，干酪产品：—。（7）酵母和霉菌 专供婴儿的乳品加工厂生产的干酪，干酪产品：—

续表

名称	中国		塔吉克斯坦	
	标准号及标准名称	限量	标准号及标准名称	允许水平
软干酪	NY 478—2002《软质干酪》	（1）大肠菌群 ≤90MPN/100 g。（2）致病菌（指肠道致病菌及致病性球菌）不得检出	《塔吉克斯坦共和国关于食品安全、肉和肉制品安全、乳和乳制品安全性技术准则的决议》	—
再制干酪	GB 25192—2010《食品安全国家标准 再制干酪》	（1）菌落总数（CFU/g）$n=5$，$c=2$，$m=100$，$M=1\,000$。（2）大肠菌群（CFU/g）$n=5$，$c=2$，$m=100$，$M=1\,000$。（3）金黄色葡萄球菌（CFU/g）$n=5$，$c=2$，$m=100$，$M=1\,000$。（4）沙门氏菌（CFU/g）$n=5$，$c=0$，$m=0/25$ g，$M=$—。（5）单核细胞增生李斯特氏菌（CFU/g）$n=5$，$c=0$，$m=0/25$ g，$M=$—。（6）酵母（CFU/g）≤50。（7）霉菌（CFU/g）≤50	《塔吉克斯坦共和国关于食品安全、肉和肉制品安全、乳和乳制品安全性技术准则的决议》	—
冰淇淋	GB/T 31114—2014《冷冻饮品 冰淇淋》	（1）菌落总数（CFU/g）$n=5$，$c=2$，$m=2.5\times10^4$，$M=10^5$。（2）大肠菌群（CFU/g）$n=5$，$c=2$，$m=10$，$M=10^2$	《塔吉克斯坦共和国关于食品安全、肉和肉制品安全、乳和乳制品安全性技术准则的决议》	（1）好氧嗜温性微生物和兼性厌氧微生物的数量 硬牛奶冰淇淋、奶油冰淇淋、冰糕、含乳脂肪替代品冰淇淋、包括有配料的冰淇淋、冰淇淋大蛋糕、甜点、小蛋糕：≤1×10^5 CFU/cm^3（g）；软牛奶冰淇淋、奶油冰淇淋、冰糕、含乳脂肪替代品冰淇淋、包括有配料的冰淇淋：≤1×10^5 CFU/cm^3（g）；软冰淇淋、包括含的液体混合物：≤3×10^4 CFU/cm^3（g）；乳酸微生物≥1×10^6 CFU/cm^3（g）。

续表

名称	中国		塔吉克斯坦	
	标准号及标准名称	限量	标准号及标准名称	允许水平
冰淇淋	GB/T 31114—2014《冷冻饮品 冰淇淋》	（1）菌落总数（CFU/g）$n=5$, $c=2$, $m=2.5 \times 10^4$, $M=10^5$。 （2）大肠菌群（CFU/g）$n=5$, $c=2$, $m=10$, $M=10^2$	《塔吉克斯坦共和国关于食品安全、肉和肉制品安全、乳和乳制品安全性技术准则的决议》	（2）大肠菌群 硬牛奶冰淇淋、奶油冰淇淋、冰糕、含乳脂肪替代品冰淇淋、包括有配料的冰淇淋、冰淇淋大蛋糕、甜点、小蛋糕：0 CFU/0.01 cm³（g）； 软牛奶冰淇淋、奶油冰淇淋、冰糕、含乳脂肪替代品冰淇淋、包括有配料的液体混合物：0 CFU/0.1 cm³（g）； 酸乳冰淇淋：0 CFU/0.1 cm³（g）。 （3）沙门氏菌 硬牛奶冰淇淋、奶油冰淇淋、冰糕、含乳脂肪替代品冰淇淋、包括有配料的冰淇淋、冰淇淋大蛋糕、甜点、小蛋糕：0 CFU/25 cm³（g）； 软牛奶冰淇淋、奶油冰淇淋、冰糕、含乳脂肪替代品冰淇淋、包括有配料的液体混合物：0 CFU/25 cm³（g）； 酸乳冰淇淋：0 CFU/25 cm³（g）。 （4）金黄色葡萄球菌 硬牛奶冰淇淋、奶油冰淇淋、冰糕、含乳脂肪替代品冰淇淋、包括有配料的冰淇淋、冰淇淋大蛋糕、甜点、小蛋糕：0 CFU/1 cm³（g）； 软牛奶冰淇淋、奶油冰淇淋、冰糕、含乳脂肪替代品冰淇淋、包括有配料的液体混合物：0 CFU/1 cm³（g）； 酸乳冰淇淋：0 CFU/1 cm³（g）。

续表

名称	中国		塔吉克斯坦	
	标准号及标准名称	限量	标准号及标准名称	允许水平
冰淇淋	GB/T 31114—2014《冷冻饮品　冰淇淋》	（1）菌落总数（CFU/g）n=5, c=2, m=2.5×10⁴, M=10⁵。 （2）大肠菌群（CFU/g）n=5, c=2, m=10, M=10²	《塔吉克斯坦共和国关于食品安全，肉和肉制品安全，乳和乳制品安全性技术准则的决议》	（5）单核细胞增生李斯特菌 硬牛奶冰淇淋、奶油冰淇淋、冰糕、含乳脂肪替代品冰淇淋、冰糕大蛋糕、甜点、小蛋糕：0 CFU/25 cm³（g）； 软牛奶冰淇淋、奶油冰淇淋、冰糕、含乳脂肪替代品冰淇淋，包括有配料的冰淇淋：0 CFU/25 cm³（g）。 软冰淇淋的液体混合物：0 CFU/25 cm³（g）。 （6）酵母和霉菌 硬牛奶冰淇淋、奶油冰淇淋、冰糕、含乳脂肪替代品冰淇淋，包括有配料的冰淇淋、冰糕大蛋糕、甜点、小蛋糕：—； 软牛奶冰淇淋、奶油冰淇淋、冰糕、含乳脂肪替代品冰淇淋：—； 软冰淇淋的液体混合物：—； 酸乳冰淇淋：—
酪蛋白	GB 31638—2016《食品安全国家标准　酪蛋白》	（1）菌落总数（CFU/g）n=5, c=2, m=5×10⁴, M=2×10⁵ （2）大肠菌群（CFU/g）n=5, c=1, m=10, M=10²。 （3）金黄色葡萄球菌（CFU/g）n=5, c=2, m=10, M=10²。 （4）沙门氏菌（CFU/g）n=5, c=0, m=0/25 g, M=—	《塔吉克斯坦共和国关于食品安全，肉和肉制品安全，乳和乳制品安全性技术准则的决议》	（1）好氧嗜温性微生物和兼性厌氧微生物的数量≤1×10⁴ CFU/cm³（g）（0.01 g 中不允许有亚硫酸盐还原梭状芽孢杆菌）。 （2）大肠菌群：0 CFU/1 cm³（g）。 （3）包括沙门氏菌的致病菌：0 CFU/50 cm³（g）。 （4）金黄色葡萄球菌：0 CFU/1 cm³（g）。 （5）单核细胞增生李斯特氏菌：—。 （6）酵母、霉菌： 酵母：≤10 CFU/cm³（g）； 霉菌：≤50 CFU/cm³（g）

续表

名称	中国		塔吉克斯坦	
	标准号及标准名称	限量	标准号及标准名称	允许水平
炼乳	GB 13102—2022《食品安全国家标准 浓缩乳制品》	(1) 菌落总数（CFU/g 或 CFU/mL）$n=5$, $c=2$, $m=10^4$, $M=10^5$。 (2) 大肠菌群（CFU/g 或 CFU/mL）$n=5$, $c=1$, $m=10$, $M=10^2$。 (3) 金黄色葡萄球菌（CFU/g（mL））$n=5$, $c=0$, $m=0/25$ g（mL），$M=$— (4) 沙门氏菌（CFU/g 或 CFU/mL）$n=5$, $c=0$, $m=0/25$ g（mL），$M=$—	《塔吉克斯坦共和国关于食品安全、肉和乳制品安全、乳和乳制品安全性技术准则的决议》	(1) 好氧嗜温性微生物和兼性厌氧微生物的数量 运输包装内装的炼乳和凝炼乳，包括桶和罐中的乳：$\leq 2 \times 10^5$ CFU/cm³； 运输包装内装的含糖炼乳（无配料的）：$\leq 4 \times 10^4$ CFU/cm³；$\leq 2 \times 10^4$ CFU/cm³（g）； 消费性包装内装的含糖炼乳（有配料的）：$\leq 2 \times 10^4$ CFU/cm³（g）。 (2) 大肠菌群 运输包装内的炼乳和凝炼乳，包括桶和罐中的乳：≤ 0 CFU/0.01 cm³（g）； 运输包装内的含糖炼乳：0 CFU/1 cm³（g）； 消费性包装内的含糖炼乳（无配料的）：0CFU/1 cm³（g）； 消费性包装内的含糖炼乳（有配料的）：0CFU/1 cm³（g）。 (3) 包括沙门氏菌的致病菌 运输包装内装的炼乳和凝炼乳，包括桶和罐中的乳：0 CFU/25 cm³； 消费性包装内装的含糖炼乳（无配料的）：0 CFU/25 cm³； 消费性包装内装的含糖炼乳（有配料的）：0CFU/25 cm³（g）。 (4) 金黄色葡萄球菌 运输包装内的炼乳和凝炼乳，包括桶和罐中的乳：0 CFU/0.1 cm³（g）； 运输包装内的含糖炼乳（无配料的）：—； 消费性包装内的含糖炼乳（有配料的）：—。 (5) 单核细胞增生李斯特氏菌 运输包装内装的炼乳和凝炼乳，包括桶和罐中的乳：0 CFU/25 cm³； 运输包装内的含糖炼乳（无配料的）：—； 消费性包装内的含糖炼乳（有配料的）：—。 (6) 霉菌、酵母 —

20.5.4　乳和乳制品的感官指标差异

中国和塔吉克斯坦标准中乳和乳制品的感官指标差异见表 20-4。

表 20-4　中国和塔吉克斯坦标准中乳和乳制品的感官指标差异

名称	中国		塔吉克斯坦	
	标准号及标准名称	感官指标	标准号及标准名称	感官指标
生乳	GB 19301—2010《食品安全国家标准　生乳》	（1）色泽 呈乳白色或微黄色。 （2）滋味、气味 具有乳固有的香味，无异味。 （3）组织状态 呈均匀一致液体，无凝块、无沉淀、无正常视力可见异物	《塔吉克斯坦共和国关于食品安全、肉和肉制品安全、乳和乳制品安全性技术准则的决议》	（1）稠度 无沉积物和絮团的均质液体，不允许冻结。 （2）味道和气味 纯正的味道和气味，没有非新鲜牛乳特有的味道和气味。 （3）颜色 白色到淡奶油色
饮用乳	GB 19645—2010《食品安全国家标准　巴氏杀菌乳》	（1）色泽 呈乳白色或微黄色。 （2）滋味、气味 具有乳固有的香味，无异味。 （3）组织状态 呈均匀一致液体，无凝块、无沉淀、无正常视力可见异物	《塔吉克斯坦共和国关于食品安全、肉和肉制品安全、乳和乳制品安全性技术准则的决议》	（1）外观 不透明液体。 （2）稠度 不粘滞均匀液态。 （3）味道和气味 牛奶煮沸特有的清淡味道，允许有少许甜味。 （4）颜色 白色，允许脱脂乳有少许蓝色，消毒乳有淡奶油色，强化乳的颜色取决于强化所使用配料的颜色
乳饮料	GB/T 21732—2008《含乳饮料》	（1）滋味、气味 特有的乳香滋味和气味，或具有与加入辅料相符的滋味和气味；发酵产品具有特有的发酵芳香滋味和气味；无异味。 （2）色泽 均匀乳白色、乳黄色或带有添加辅料的相应色泽。 （3）组织状态 均匀细腻的乳浊液，无分层现象，允许有少量沉淀，无正常视力可见外来杂质	《塔吉克斯坦共和国关于食品安全、肉和肉制品安全、乳和乳制品安全性技术准则的决议》	（1）外观 碳酸发酵乳饮料：均质； 发酵乳饮料：均质。 （2）稠度 碳酸发酵乳饮料：充气液体； 发酵乳饮料：液体。 （3）味道和气味 碳酸发酵乳饮料：新鲜纯酸乳； 发酵乳饮料：新鲜纯酸乳。 （4）颜色 碳酸发酵乳饮料：奶白色； 发酵乳饮料：奶白色

续表

名称	中国		塔吉克斯坦	
	标准号及标准名称	感官指标	标准号及标准名称	感官指标
奶油	GB 19646—2010《食品安全国家标准 稀奶油、奶油和无水奶油》	（1）色泽 呈均匀一致的乳白色、乳黄色或相应辅料应有的色泽。 （2）滋味、气味 具有稀奶油、奶油、无水奶油或相应辅料应有的滋味和气味，无异味。 （3）组织状态 均匀一致，允许有相应辅料的沉淀物，无正常视力可见异物	《塔吉克斯坦共和国关于食品安全、肉和肉制品安全、乳和乳制品安全性技术准则的决议》	（1）外观 饮用奶油：均质不透明液体； 酸奶油：表面光亮的均质色； 干奶油：均质粉末； 浓缩奶油：均质液体； 奶油：黏性均质块状。 （2）稠度 饮用奶油：均质中等黏性； 酸奶油：表面光亮的均质色； 干奶油：细小干粉； 浓缩奶油：中等黏性均质液体； 奶油：整体质量均质，黏稠，无明显乳糖晶块。存放时包装底部允许有淀粉稠性和少量乳糖残留。 （3）味道和气味 饮用奶油：牛奶煮沸特有的清淡味道，允许有少许甜味； 酸奶油：纯乳酸味，可有炼制黄油的味道； 干奶油：新鲜巴氏杀菌乳特有的纯净味道； 浓缩奶油：文火煮开牛奶特有的甜咸味； 奶油：有明显巴氏杀菌乳的纯净甜味。经过额外热处理的含糖提炼乳有焦糖味。可有轻微的饲料味。 （4）颜色 饮用奶油：整体均匀的奶白色，灭菌奶油为淡奶油色； 酸奶油：均匀的奶白色； 干奶油：淡奶白色； 浓缩奶油：淡奶油色； 奶油：均匀的奶白色。热处理和生产时有咖啡和可可时为棕色

名称	中国		塔吉克斯坦	
	标准号及标准名称	感官指标	标准号及标准名称	感官指标
发酵乳	GB 19302—2010《食品安全国家标准 发酵乳》	（1）色泽 发酵乳：色泽均匀一致，呈乳白色或微黄色； 风味发酵乳：具有与添加成分相符的色泽。 （2）滋味、气味 发酵乳：具有发酵乳特有的滋味、气味； 风味发酵乳：具有与添加成分相符的滋味和气味。 （3）组织状态 发酵乳：组织细腻、均匀，允许有少量乳清析出； 风味发酵乳：组织细腻、均匀，允许有少量乳清析出具有添加成分特有的组织状态	《塔吉克斯坦共和国关于食品安全、肉和肉制品安全、乳和乳制品安全性技术准则的决议》	（1）外观、稠度 熟酸乳，煮酸乳：无气化的均质液体，有非原状或原状凝结块； 嗜酸菌乳：均质黏稠液体； 开菲尔酸牛奶，液体发酵乳品：无气化的均质液体，有非原状或原状凝结块，使用酵母制成的产品允许气化，添加调味配料时，有其存在的特征； 酸奶：均匀的中等黏性液体，添加稳定剂时为凝胶状或膏状，添加调味配料时，有其存在的特征。 （2）味道和气味 熟酸乳，煮酸乳：有明显巴氏杀菌味的纯酸乳味道； 嗜酸菌乳：略带辛辣的纯酸乳味道； 开菲尔酸牛奶，液体发酵乳品：略带辛辣的纯酸乳味道，或添加的配料的口味和气味，使用酵母制成的产品允许有酵母味道； 酸奶：酸乳味，添加糖或甜味剂为中度甜味，添加调味配料时由所添加配料的口味决定。 （3）颜色 熟酸乳，煮酸乳：均匀的淡奶油色，煮酸乳为白色到淡奶油色； 嗜酸菌乳：均匀的乳白色； 开菲尔酸牛奶，液体发酵乳品：均匀的乳白色或由所添加配料的颜色决定； 酸奶：均匀的乳白色或由所添加配料的颜色决定

续表

名称	中国		塔吉克斯坦	
	标准号及标准名称	感官指标	标准号及标准名称	感官指标
乳粉	GB 19644—2010《食品安全国家标准 乳粉》	（1）色泽 乳粉：呈均匀一致的乳黄色； 调制乳粉：具有应有的色泽。 （2）滋味、气味 乳粉：具有纯正的乳香味； 调制乳粉：具有应有的滋味、气味。 （3）组织状态 乳粉：干燥均匀的粉末； 调制乳粉：干燥均匀的粉末	《塔吉克斯坦共和国关于食品安全、肉和肉制品安全、乳和乳制品安全性技术准则的决议》	（1）外观 均质粉末。 （2）稠度 细小干粉。 （3）味道和气味 新鲜巴氏杀菌乳特有的纯净味道。 （4）颜色 淡奶白色
婴儿食用奶粉	GB 10765—2021《食品安全国家标准 婴儿配方食品》	（1）色泽符合相应产品的特性。 （2）滋味、气味符合相应产品的特性。 （3）组织状态 符合相应产品的特性，产品不应有正常视力可见的外来异物。 （4）冲调性符合相应产品的特性	《塔吉克斯坦共和国关于食品安全、肉和肉制品安全、乳和乳制品安全性技术准则的决议》	—
乳清粉	GB 11674—2010《食品安全国家标准 乳清粉和乳清蛋白粉》	（1）色泽 具有均匀一致的色泽。 （2）滋味、气味 具有产品特有的滋味、气味，无异味。 （3）组织状态 干燥均匀的粉末状产品、无结块、无正常视力可见杂质	《塔吉克斯坦共和国关于食品安全、肉和肉制品安全、乳和乳制品安全性技术准则的决议》	（1）外观 由单个和附聚颗粒乳清粉组成的细粉或粉末。 （2）稠度 允许有在轻微机械影响下散开的少量团粒。 （3）味道和气味 乳清特有的甜、咸和酸味。 （4）颜色 白色至黄色，整体质量均匀

续表

名称	中国		塔吉克斯坦	
	标准号及标准名称	感官指标	标准号及标准名称	感官指标
干酪和干酪产品	GB 5420—2021《食品安全国家标准　干酪》	（1）色泽 具有该类产品正常的色泽。 （2）滋味、气味 具有该类产品特有的滋味和气味。 （3）状态：具有该类产品应有的组织状态	《塔吉克斯坦共和国关于食品安全、肉和肉制品安全、乳和乳制品安全性技术准则的决议》	（1）外观 干酪，干酪制品：包装的形状； 超硬干酪，干酪制品：各种形状； 硬干酪，干酪制品：长方体或圆柱体，或其他任意形状； 半硬干酪，干酪制品：长方体，高或低的圆柱体，球状，椭圆状或其他任意形状。 （2）稠度 干酪，干酪制品：粉状或硬的，脆性或以其他样式，添加调味配料时有其存在的特征； 超硬干酪，干酪制品：脆性、粒状或其他样式，无图案或有不同形状和位置的糖衣，添加调味配料时有其存在的特征； 硬干酪，干酪制品：均质、密实，略脆或其他，有大、中、小孔或无，添加调味配料时有其存在的特征； 半硬干酪，干酪制品：均质，有弹性，可塑，有大、中、小孔或无，添加调味配料时有其存在的特征。 （3）味道和气味 干酪，干酪制品：具有干酪名称特有的味道和气味，添加调味配料时由所添加配料决定味道和气味； 超硬干酪，干酪制品：具体干酪名称特有的干酪味，不同程度的甜辣； 硬干酪，干酪制品：具有干酪名称特有的干酪味，不同程度的甜辣，添加调味配料时由所添加配料决定味道和气味；

名称	中国		塔吉克斯坦	
	标准号及标准名称	感官指标	标准号及标准名称	感官指标
干酪和干酪产品	GB 5420—2021《食品安全国家标准 干酪》	（1）色泽 具有该类产品正常的色泽。 （2）滋味、气味 具有该类产品特有的滋味和气味。 （3）状态：具有该类产品应有的组织状态	《塔吉克斯坦共和国关于食品安全、肉和肉制品安全、乳和乳制品安全性技术准则的决议》	半硬干酪，干酪制品：二次加热的高温干酪，干酪具有名称特有的干酪味，甜味，不同程度的辛辣味； 过渡和二次加热的低温干酪：略带酸味，略带辛辣，不同程度的辣味，干酪具有名称特有的味道，使用霉菌或黏液时由所使用的霉菌或黏液微生物群落种类决定其味道和气味，添加调味配料时由所添加配料决定味道和气味。 （4）颜色 干酪，干酪制品：白色到黄色，添加调味配料时由所添加配料决定颜色； 超硬干酪，干酪制品：淡黄色到黄色，添加调味配料时由所添加配料决定颜色； 硬干酪，干酪制品：均匀的淡黄色到黄色，添加调味配料时由所添加配料决定颜色； 半硬干酪，干酪制品：白色到淡黄色，均匀的大理石纹或其他颜色，霉菌干酪有进入霉菌的条纹，霉菌干酪表面具有霉菌存在的特征，添加调味配料时由所添加配料决定颜色
软干酪	NY/T 478《软质干酪》	（1）色泽 非成熟软质干酪：呈均匀一致的乳白色或乳黄色； 成熟软质干酪：呈均匀一致的乳白色或乳黄色，有光泽。 （2）滋味、气味 非成熟软质干酪：具有乳的滋味和气味，或相应的添加物味，无异味；	《塔吉克斯坦共和国关于食品安全、肉和肉制品安全、乳和乳制品安全性技术准则的决议》	（1）外观 低圆柱体或其他任意形状。 （2）稠度 从柔软可塑、密实、略有弹性到细腻，可涂抹，油亮，可略脆，易碎。无图案，可有少量小孔和不规则形状的空隙，添加调味配料时有其存在的特征。

名称	中国		塔吉克斯坦	
	标准号及标准名称	感官指标	标准号及标准名称	感官指标
软干酪	NY/T 478《软质干酪》	成熟软质干酪：具有成熟干酪特有的滋味和气味，或相应的添加物味，无异味。 （3）组织状态 非成熟软质干酪：质地均匀细腻、柔软，有可塑性，允许有少量气泡； 成熟软质干酪：质地均匀细腻、柔软，有可塑性，允许有少量气泡	《塔吉克斯坦共和国关于食品安全、肉和肉制品安全、乳和乳制品安全性技术准则的决议》	（3）味道和气味 干酪具体名称特有的酸乳或干酪味，使用霉菌或黏液时由所使用的霉菌或黏液微生物群落种类决定其味道和气味，添加调味配料时由所添加配料决定味道和气味。 （4）颜色 白色到黄色，霉菌干酪有进入霉菌的条纹，霉菌干酪表面具有霉菌存在的特征，添加调味配料时由所添加配料决定颜色
再制干酪	GB 25192—2010《食品安全国家标准 再制干酪和干酪制品》	（1）色泽 色泽均匀。 （2）滋味、气味 易溶于口，有奶油润滑感，并有产品特有的滋味、气味。 （3）组织状态 外表光滑；结构细腻、均匀、润滑，应有与产品口味相关原料的可见颗粒，无正常视力可见的外来杂质	《塔吉克斯坦共和国关于食品安全、肉和肉制品安全、乳和乳制品安全性技术准则的决议》	（1）外观 再制切片干酪，干酪制品：包装的形状； 再制膏状干酪，干酪制品：包装的形状； （2）稠度 再制切片干酪，干酪制品：从密实，略弹性到可塑，切割后保持质量整体均匀的形状，添加调味配料时有其存在的特征； 再制膏状干酪，干酪制品：从柔软可塑料到细腻，可涂抹奶油状，质量整体均匀，添加调味配料时有其存在的特征。 （3）味道和气味 再制切片干酪，干酪制品：干酪具有名称特有的纯味，烟熏干酪有烟熏味道，添加调味配料时由所添加配料决定味道和气味； 再制膏状干酪，干酪制品：干酪具有名称特有的纯味，烟熏干酪有烟熏味道，添加调味配料时由所添加配料决定味道和气味。

名称	中国		塔吉克斯坦	
	标准号及标准名称	感官指标	标准号及标准名称	感官指标
再制干酪	GB 25192—2010《食品安全国家标准 再制干酪和干酪制品》	（1）色泽 色泽均匀。 （2）滋味、气味 易溶于口，有奶油润滑感，并有产品特有的滋味、气味。 （3）组织状态 外表光滑；结构细腻、均匀、润滑，应有与产品口味相关原料的可见颗粒，无正常视力可见的外来杂质	《塔吉克斯坦共和国关于食品安全、肉和肉制品安全、乳和乳制品安全性技术准则的决议》	（4）颜色 再制切片干酪，干酪制品：均匀的白色到明黄色，烟熏干酪为淡黄色到黄色，甜干酪为白色到棕色，添加调味配料时所添加配料决定颜色； 再制膏状干酪，干酪制品：均匀的白色到明黄色，甜干酪为白色到棕色，添加调味配料时由所添加配料决定颜色
冰淇淋	GB/T 31114—2014《冷冻饮品 冰淇淋》	（1）色泽 主体色泽均匀，具有品种应有的色泽。 （2）形态 形态完整，大小一致，不变形，不软塌，不收缩。 （3）组织 细腻滑润，无气孔，具有该品种应有的组织特征。 （4）滋味气味 全乳脂：柔和乳脂香味，无异味； 半乳脂：柔和淡乳香味，无异味。 （5）杂质 无正常视力可见外来杂质	《塔吉克斯坦共和国关于食品安全、肉和肉制品安全、乳和乳制品安全性技术准则的决议》	（1）外观 各种形状的一份单层或多层冰淇淋，完全或部分覆盖糖衣（巧克力）或无糖衣（巧克力）。 （2）稠度 密实，均质，无明显的脂肪块，稳定剂和乳化剂，蛋白质颗粒，乳糖和冰晶，添加调味配料有其存在的特征，有糖衣（巧克力）冰淇淋中糖衣为均质结构，无明显的糖粒，可可制品，奶粉制品，使用坚果、威化屑和其他配料时，即有它们存在的特征。 （3）味道和气味 纯味，该类型冰淇淋特有的口味。 （4）颜色 该类型冰淇淋的颜色，在整个单层或多层冰淇淋上均匀上色，糖衣冰淇淋涂层的颜色是该糖衣类型的颜色

续表

名称	中国		塔吉克斯坦	
	标准号及标准名称	感官指标	标准号及标准名称	感官指标
酪蛋白	GB 31638—2016《食品安全国家标准　酪蛋白》	（1）色泽 乳白色至乳黄色。 （2）滋味、气味 具有本产品特有的滋味和气味，无异味。 （3）状态 干燥均匀粉末，允许存有少量的深黄色颗粒，无正常视力可见外来异物	《塔吉克斯坦共和国关于食品安全、肉和肉制品安全、乳和乳制品安全性技术准则的决议》	（1）外观 均匀粉末或结晶物质。 （2）稠度 粉末或任何形状的密实或多孔颗粒固体。 （3）味道和气味 无气味，中性味道。 （4）颜色 白色到淡奶油色
炼乳	GB 13102—2021《食品安全国家标准　浓缩乳制品》	（1）色泽 淡炼乳：呈均匀一致的乳白色或乳黄色，有光泽； 加糖炼乳：呈均匀一致的乳白色或乳黄色，有光泽； 调制炼乳：具有辅料应有的色泽。 （2）滋味、气味 淡炼乳：具有乳的滋味和气味； 加糖炼乳：具有乳的香味、甜味、纯正； 调制炼乳：具有乳和辅料应有的滋味和气味。 （3）组织状态 淡炼乳：组织细腻，质地均匀，黏度适中； 加糖炼乳：组织细腻，质地均匀，黏度适中； 调制炼乳：组织细腻，质地均匀，黏度适中	《塔吉克斯坦共和国关于食品安全、肉和肉制品安全、乳和乳制品安全性技术准则的决议》	（1）外观 黏性均质块状。 （2）稠度 整体质量均质，黏稠，无明显乳糖晶块，存放时包装底部允许有淀粉稠性和少量乳糖残留。 （3）味道和气味 有明显巴氏杀菌乳的纯净甜味，经过额外热处理的含糖提炼乳有焦糖味，可有轻微的饲料味。 （4）颜色 均匀的奶白色，热处理和生产时有咖啡和可可时为棕色

20.5.5　乳和乳制品中有害物质的差异

中国和塔吉克斯坦标准中乳和乳制品中有害物质的差异见表 20-5。

表 20-5　中国和塔吉克斯坦标准中乳和乳制品中有害物质的差异

名称	中国		塔吉克斯坦	
	标准号及标准名称	限量	标准号及标准名称	允许水平
生乳	GB 19301—2010《食品安全国家标准　生乳》	（1）铅 ≤0.05 mg/kg。 （2）汞 ≤0.01 mg/kg。 （3）砷 ≤0.1 mg/kg。 （4）铬 ≤0.3 mg/kg。 （5）硝酸盐 —。 （6）亚硝酸盐 ≤0.4 mg/kg。 （7）三聚氰胺 ≤2.5 mg/kg。 （8）黄曲霉毒素 M_1 ≤0.5 mg/kg	《塔吉克斯坦共和国关于食品安全、肉和肉制品安全、乳和乳制品安全性技术准则的决议》	（1）抗生素 不允许（低于 0.01 mg/kg）。 （2）左旋霉素（氯霉素） 不允许（低于 0.000 3 mg/kg）。 （3）四环素类 不允许（低于 0.01 mg/kg）。 （4）链霉素 不允许（低于 0.2 mg/kg）。 （5）青霉素 不允许（低于 0.004 mg/kg）
饮用乳	GB 19645—2010《食品安全国家标准　巴氏杀菌乳》	（1）铅 ≤0.05 mg/kg。 （2）汞 ≤0.01 mg/kg。 （3）砷 ≤0.1 mg/kg。 （4）铬 ≤0.3 mg/kg。 （5）硝酸盐 —。 （6）亚硝酸盐 —。 （7）三聚氰胺 ≤2.5 mg/kg。 （8）黄曲霉毒素 M_1 ≤0.5 mg/kg	《塔吉克斯坦共和国关于食品安全、肉和肉制品安全、乳和乳制品安全性技术准则的决议》	（1）铅 ≤0.02 mg/kg。 （2）砷 ≤0.05 mg/kg。 （3）镉 ≤0.02 mg/kg。 （4）汞 ≤0.005 mg/kg。 （5）左旋霉素 不允许（低于 0.000 3 mg/kg）。 （6）四环素 不允许（低于 0.01 mg/kg）。 （7）青霉素 不允许（低于 0.004 mg/kg）。 （8）链霉素 不允许（低于 0.2 mg/kg）。 （9）黄曲霉毒素 M_1 不允许（低于 0.000 02 mg/kg）。 （10）二噁英 不允许（测量误差范围内）。 （11）三聚氰胺 不允许（低于 1 mg/kg）

续表

名称	中国		塔吉克斯坦	
	标准号及标准名称	限量	标准号及标准名称	允许水平
乳饮料	GB/T 21732—2008《含乳饮料》	（1）铅 ≤0.05 mg/L。 （2）汞 —。 （3）砷 —。 （4）铬 —。 （5）硝酸盐 —。 （6）亚硝酸盐 —。 （7）三聚氰胺 ≤2.5 mg/kg。 （8）黄曲霉毒素 M_1 ≤0.5 mg/kg	《塔吉克斯坦共和国关于食品安全、肉和肉制品安全、乳和乳制品安全性技术准则的决议》	（1）铅 0.02 mg/kg。 （2）砷 0.05 mg/kg。 （3）镉 0.02 mg/kg。 （4）汞 0.005 mg/kg。 （5）左旋霉素 不允许（低于 0.000 3 mg/kg）。 （6）四环素 不允许（低于 0.01 mg/kg）。 （7）青霉素 不允许（低于 0.004 mg/kg）。 （8）链霉素 不允许（低于 0.2 mg/kg）。 （9）黄曲霉毒素 M_1 不允许（低于 0.000 02 mg/kg）。 （10）二噁英 不允许（测量误差范围内）。 （11）三聚氰胺 不允许（低于 1 mg/kg）
奶油	GB 19646—2010《食品安全国家标准　稀奶油、奶油和无水奶油》	（1）铅 ≤0.3 mg/kg。 （2）汞 —。 （3）砷 —。 （4）铬 —。 （5）硝酸盐 —。 （6）亚硝酸盐 —。 （7）三聚氰胺 ≤2.5 mg/kg。 （8）黄曲霉毒素 M_1 ≤0.5 mg/kg	《塔吉克斯坦共和国关于食品安全、肉和肉制品安全、乳和乳制品安全性技术准则的决议》	（1）铅 0.02 mg/kg。 （2）砷 0.05 mg/kg。 （3）镉 0.02 mg/kg。 （4）汞 0.005 mg/kg。 （5）左旋霉素 不允许（低于 0.000 3 mg/kg）。 （6）四环素 不允许（低于 0.01 mg/kg）。 （7）青霉素 不允许（低于 0.004 mg/kg）。 （8）链霉素 不允许（低于 0.2 mg/kg）。 （9）黄曲霉毒素 M_1 不允许（低于 0.000 02 mg/kg）。 （10）二噁英 不允许（测量误差范围内）。 （11）三聚氰胺 不允许（低于 1 mg/kg）

续表

名称	中国		塔吉克斯坦	
	标准号及标准名称	限量	标准号及标准名称	允许水平
发酵乳	GB 19302—2010《食品安全国家标准 发酵乳》	（1）铅≤0.05 mg/kg。（2）汞≤0.01 mg/kg。（3）砷≤0.1 mg/kg。（4）铬≤0.3 mg/kg。（5）硝酸盐—。（6）亚硝酸盐—。（7）三聚氰胺≤2.5 mg/kg。（8）黄曲霉毒素 M_1≤0.5 mg/kg	《塔吉克斯坦共和国关于食品安全、肉和肉制品安全、乳和乳制品安全性技术准则的决议》	（1）铅 0.02 mg/kg。（2）砷 0.05 mg/kg。（3）镉 0.02 mg/kg。（4）汞 0.005 mg/kg。（5）左旋霉素 不允许（低于 0.000 3 mg/kg）。（6）四环素 不允许（低于 0.01 mg/kg）。（7）青霉素 不允许（低于 0.004 mg/kg）。（8）链霉素 不允许（低于 0.2 mg/kg）。（9）黄曲霉毒素 M_1 不允许（低于 0.000 02 mg/kg）。（10）二噁英 不允许（测量误差范围内）。（11）三聚氰胺 不允许（低于 1 mg/kg）
乳粉	GB 19644—2010《食品安全国家标准 乳粉》	（1）铅≤0.5 mg/kg。（2）汞—。（3）砷≤0.5 mg/kg。（4）铬≤2.0 mg/kg。（5）硝酸盐—。（6）亚硝酸盐≤2.0 mg/kg。（7）三聚氰胺≤2.5 mg/kg	《塔吉克斯坦共和国关于食品安全、肉和肉制品安全、乳和乳制品安全性技术准则的决议》	（1）铅 0.02 mg/kg。（2）砷 0.05 mg/kg。（3）镉 0.02 mg/kg。（4）汞 0.005 mg/kg。（5）左旋霉素 不允许（低于 0.000 3 mg/kg）。（6）四环素 不允许（低于 0.01 mg/kg）。（7）青霉素 不允许（低于 0.004 mg/kg）。（8）链霉素 不允许（低于 0.2 mg/kg）。（9）黄曲霉毒素 M_1 不允许（低于 0.000 02 mg/kg）。（10）二噁英 不允许（测量误差范围内）。（11）三聚氰胺 不允许（低于 1 mg/kg）

续表

名称	中国		塔吉克斯坦	
	标准号及标准名称	限量	标准号及标准名称	允许水平
婴儿食用奶粉	GB 10765—2021《食品安全国家标准　婴儿配方食品》	（1）铅 ≤0.15 mg/kg。 （2）汞 —。 （3）砷 —。 （4）锡 ≤50 mg/kg。 （5）铬 —。 （6）硝酸盐 ≤100 mg/100 g。 （7）亚硝酸盐 ≤2 mg/100 g。 （8）三聚氰胺 ≤1 mg/kg。 （9）黄曲霉毒素 M_1 ≤0.5 μg/kg。 （10）硝酸盐 —。 （11）亚硝酸盐 —。 （12）黄曲霉毒素 M_1 ≤0.5 mg/kg	《塔吉克斯坦共和国关于食品安全、肉和肉制品安全、乳和乳制品安全性技术准则的决议》	（1）铅 0.02 mg/kg。 （2）砷 0.05 mg/kg。 （3）镉 0.02 mg/kg。 （4）汞 0.005 mg/kg。 （5）左旋霉素 不允许（低于 0.000 3 mg/kg）。 （6）四环素 不允许（低于 0.01 mg/kg）。 （7）青霉素 不允许（低于 0.004 mg/kg）。 （8）链霉素 不允许（低于 0.2 mg/kg）。 （9）黄曲霉毒素 M_1 不允许（低于 0.000 02 mg/kg）。 （10）二噁英 不允许（测量误差范围内）。 （11）三聚氰胺 不允许（低于 1 mg/kg）
乳清粉	GB 11674—2010《食品安全国家标准　乳清粉和乳清蛋白粉》	（1）铅 非脱盐乳清粉： ≤0.5 mg/kg。 （2）汞 —。 （3）砷 —。 （4）铬 —。 （5）硝酸盐 —。 （6）亚硝酸盐 —。 （7）三聚氰胺 ≤2.5 mg/kg。 （8）黄曲霉毒素 M_1 ≤0.5 mg/kg	《塔吉克斯坦共和国关于食品安全、肉和肉制品安全、乳和乳制品安全性技术准则的决议》	（1）铅 0.02 mg/kg。 （2）砷 0.05 mg/kg。 （3）镉 0.02 mg/kg。 （4）汞 0.005 mg/kg。 （5）左旋霉素 不允许（低于 0.000 3 mg/kg）。 （6）四环素 不允许（低于 0.01 mg/kg）。 （7）青霉素 不允许（低于 0.004 mg/kg）。 （8）链霉素 不允许（低于 0.2 mg/kg）。 （9）黄曲霉毒素 M_1 不允许（低于 0.000 02 mg/kg）。 （10）二噁英 不允许（测量误差范围内）。 （11）三聚氰胺 不允许（低于 1 mg/kg）

名称	中国		塔吉克斯坦	
	标准号及标准名称	限量	标准号及标准名称	允许水平
干酪和干酪产品	GB 5420—2021《食品安全国家标准 干酪》	（1）铅 ≤0.3 mg/kg。 （2）汞 —。 （3）砷 —。 （4）铬 —。 （5）硝酸盐 —。 （6）亚硝酸盐 —。 （7）三聚氰胺 ≤2.5 mg/kg。 （8）黄曲霉毒素 M_1 ≤0.5 mg/kg	《塔吉克斯坦共和国关于食品安全、肉和肉制品安全、乳和乳制品安全性技术准则的决议》	（1）铅 0.02 mg/kg。 （2）砷 0.05 mg/kg。 （3）镉 0.02 mg/kg。 （4）汞 0.005 mg/kg。 （5）左旋霉素 不允许（低于 0.000 3 mg/kg）。 （6）四环素 不允许（低于 0.01 mg/kg）。 （7）青霉素 不允许（低于 0.004 mg/kg）。 （8）链霉素 不允许（低于 0.2 mg/kg）。 （9）黄曲霉毒素 M_1 不允许（低于 0.000 02 mg/kg）。 （10）二噁英 不允许（测量误差范围内）。 （11）三聚氰胺 不允许（低于 1 mg/kg）
软干酪	NY/T 478《软质干酪》	（1）铅 ≤0.3 mg/kg。 （2）汞 —。 （3）砷 —。 （4）铬 —。 （5）硝酸盐 —。 （6）亚硝酸盐 —。 （7）三聚氰胺 ≤2.5 mg/kg。 （8）黄曲霉毒素 M_1 ≤0.5 mg/kg	《塔吉克斯坦共和国关于食品安全、肉和肉制品安全、乳和乳制品安全性技术准则的决议》	（1）铅 0.02 mg/kg。 （2）砷 0.05 mg/kg。 （3）镉 0.02 mg/kg。 （4）汞 0.005 mg/kg。 （5）左旋霉素 不允许（低于 0.000 3 mg/kg）。 （6） 不允许（低于 0.01 mg/kg）。 （7）青霉素 不允许（低于 0.004 mg/kg）。 （8）链霉素 不允许（低于 0.2 mg/kg）。 （9）黄曲霉毒素 M_1 不允许（低于 0.000 02 mg/kg）。 （10）二噁英 不允许（测量误差范围内）。 （11）三聚氰胺 不允许（低于 1 mg/kg）

名称	中国		塔吉克斯坦	
	标准号及标准名称	限量	标准号及标准名称	允许水平
再制干酪	GB 25192—2010《食品安全国家标准　再制干酪和干酪制品》	（1）铅 ≤0.3 mg/kg。 （2）汞 —。 （3）砷 —。 （4）铬 —。 （5）硝酸盐 —。 （6）亚硝酸盐 —。 （7）三聚氰胺 ≤2.5 mg/kg。 （8）黄曲霉毒素 M_1 ≤0.5 mg/kg	《塔吉克斯坦共和国关于食品安全、肉和肉制品安全、乳和乳制品安全性技术准则的决议》	（1）铅 0.02 mg/kg。 （2）砷 0.05 mg/kg。 （3）镉 0.02 mg/kg。 （4）汞 0.005 mg/kg。 （5）左旋霉素 不允许（低于 0.000 3 mg/kg）。 （6）四环素 不允许（低于 0.01 mg/kg）。 （7）青霉素 不允许（低于 0.004 mg/kg）。 （8）链霉素 不允许（低于 0.2 mg/kg）。 （9）黄曲霉毒素 M_1 不允许（低于 0.000 02 mg/kg）。 （10）二噁英 不允许（测量误差范围内）。 （11）三聚氰胺 不允许（低于 1 mg/kg）
冰淇淋	GB/T 31114—2014《冷冻饮品　冰淇淋》	（1）铅 ≤0.3 mg/kg。 （2）汞 —。 （3）砷 —。 （4）铬 —。 （5）硝酸盐 —。 （6）亚硝酸盐 —。 （7）三聚氰胺 ≤2.5 mg/kg。 （8）黄曲霉毒素 M_1 ≤0.5 mg/kg	《塔吉克斯坦共和国关于食品安全、肉和肉制品安全、乳和乳制品安全性技术准则的决议》	（1）铅 0.02 mg/kg。 （2）砷 0.05 mg/kg。 （3）镉 0.02 mg/kg。 （4）汞 0.005 mg/kg。 （5）左旋霉素 不允许（低于 0.000 3 mg/kg）。 （6）四环素 不允许（低于 0.01 mg/kg）。 （7）青霉素 不允许（低于 0.004 mg/kg）。 （8）链霉素 不允许（低于 0.2 mg/kg）。 （9）黄曲霉毒素 M_1 不允许（低于 0.000 02 mg/kg）。 （10）二噁英 不允许（测量误差范围内）。 （11）三聚氰胺 不允许（低于 1 mg/kg）

名称	中国		塔吉克斯坦	
	标准号及标准名称	限量	标准号及标准名称	允许水平
酪蛋白	GB 31638—2016《食品安全国家标准 酪蛋白》	（1）铅 ≤0.3 mg/kg。 （2）汞 —。 （3）砷 —。 （4）铬 —。 （5）硝酸盐 —。 （6）亚硝酸盐 —。 （7）三聚氰胺 ≤2.5 mg/kg。 （8）黄曲霉毒素 M_1 ≤0.5 mg/kg	《塔吉克斯坦共和国关于食品安全、肉和肉制品安全、乳和乳制品安全性技术准则的决议》	（1）左旋霉素 不允许（低于 0.000 3 mg/kg）。 （2）四环素 不允许（低于 0.01 mg/kg）。 （3）青霉素 不允许（低于 0.004 mg/kg）。 （4）链霉素 不允许（低于 0.2 mg/kg）。 （5）黄曲霉毒素 M_1 不允许（低于 0.000 02 mg/kg）。 （6）二噁英 不允许（测量误差范围内）。 （7）三聚氰胺 不允许（低于 1 mg/kg）
炼乳	GB 13102—2022《食品安全国家标准 浓缩乳制品》	（1）铅 ≤0.3 mg/kg。 （2）汞 —。 （3）砷 —。 （4）铬 —。 （5）硝酸盐 —。 （6）亚硝酸盐 —。 （7）三聚氰胺 ≤2.5 mg/kg。 （8）黄曲霉毒素 M_1 ≤0.5 mg/kg	《塔吉克斯坦共和国关于食品安全、肉和肉制品安全、乳和乳制品安全性技术准则的决议》	（1）铅 0.02 mg/kg。 （2）砷 0.05 mg/kg。 （3）镉 0.02 mg/kg。 （4）汞 0.005 mg/kg。 （5）左旋霉素 不允许（低于 0.000 3 mg/kg）。 （6）四环素 不允许（低于 0.01 mg/kg）。 （7）青霉素 不允许（低于 0.004 mg/kg）。 （8）链霉素 不允许（低于 0.2 mg/kg）。 （9）黄曲霉毒素 M_1 不允许（低于 0.000 02 mg/kg）。 （10）二噁英 不允许（测量误差范围内）。 （11）三聚氰胺 不允许（低于 1 mg/kg）

第 21 章　肉类和肉类产品

21.1　标准名称

[中国标准]

GB 2707—2016《食品安全国家标准　鲜（冻）畜、禽产品》；

GB 2762—2022《食品安全国家标准　食品中污染物限量》；

GB/T 9959.1—2019《鲜、冻猪肉及猪副产品　第 1 部分：片猪肉》；

GB/T 9959.2—2008《分割鲜、冻猪瘦肉》；

GB/T 9961—2008《鲜、冻胴体羊肉》；

GB 16869—2005《鲜、冻禽产品》；

GB/T 17238—2022《鲜、冻分割牛肉》；

GB/T 17239—2022《鲜、冻兔肉及副产品》；

GB/T 19477—2018《畜禽屠宰操作规程　牛》；

GB/T 20711—2022《熏煮火腿质量通则》；

GB/T 21270—2007《食品馅料》；

GB 31650—2019《食品安全国家标准　食品中兽药最大残留限量》；

NY/T 633—2002《冷却羊肉》；

SB/T 10279—2017《熏煮香肠》。

DBS 41/011—2016《食用畜禽血制品》；

DBS 50/017—2014《食用畜禽血产品（血旺）》；

[塔吉克斯坦标准]《塔吉克斯坦共和国关于食品安全、肉和肉制品安全、乳和乳制品安全性技术准则的决议》。

21.2　适用范围的差异

[中国标准]（1）GB 2707—2016 适用于鲜（冻）畜、禽产品，不适用于即食生肉制品。（2）GB 2762—2022 规定了食品中铅、镉、汞、砷、锡、镍、铬、亚硝酸盐、硝酸盐、苯并［a］芘、N- 二甲基亚硝胺、多氯联苯、3- 氯 -1,2- 丙二醇的限量指标。（3）GB/T 9959.1—2019 规定了片猪肉的术语和定义、技术要求、试验方法、检

验规则及标识、包装、贮存、运输，适用于生猪经检验检疫、屠宰加工而成的片猪肉。（4）GB/T 9959.2—2008规定了分割鲜、冻猪瘦肉的相关术语和定义、技术要求、检验方法、检验规则、标识、贮存和运输，适用于以鲜、冻片猪肉按部位分割后，加工成的冷却（鲜）或冷冻的猪瘦肉。（5）GB/T 9961—2008规定了鲜、冻胴体羊肉的相关术语和定义、技术要求、检验方法、检验规则、标志和标签、贮存及运输，适用于健康活羊经屠宰加工、检验检疫的鲜、冻胴体羊肉。（6）GB 16869—2005规定了鲜、冻禽产品的技术要求、检验方法、检验规则和标签、标志、包装、贮存的要求，适用于健康活禽经屠宰、加工、包装的鲜禽产品或冻禽产品，也适用于未经包装的鲜禽产品或冻禽产品。（7）GB/T 17238—2022规定了鲜、冻分割牛肉的产品种类、技术要求，检验规则，标签、标志、包装、贮存和运输要求，适用于以鲜、冻牛胴体，二分体，四分体为原料按部位分割加工的牛肉产品。（8）GB/T 17239—2022规定了鲜、冻兔肉及副产品的产品种类、技术要求、试验方法、检验规则，以及标签、标志、包装、贮存和运输要求，适用于兔经屠宰、分割后获得的鲜、冻兔肉及副产品。（9）GB/T 19477—2018规定了牛屠宰的术语和定义、宰前要求、屠宰操作程序及要求、包装、标签、标志和贮存以及其他要求，适用于牛屠宰厂（场）的屠宰操作。（10）GB/T 20711—2022规定了熏煮火腿的产品分类、原辅料与投料要求、技术要求、生产加工管理、检验方法、检验规则、标签、标志、产品命名、包装、贮存、运输和销售的要求，适用于熏煮火腿的生产、检验和销售。（11）GB/T 21270—2007规定了食品馅料的相关术语和定义、产品分类、要求、试验方法、检验规则、判定原则和标签，适用于符合定义中的产品的生产、销售和检验。（12）GB 31650—2019规定了动物性食品中阿苯达唑等104种（类）兽药的最大残留限量；规定了醋酸等154种允许用于食品动物，但不需要制定残留限量的兽药；规定了氯丙嗪等9种允许做治疗用，但不得在动物性食品中检出的兽药。适用于与最大残留限量相关的动物性食品。（13）NY/T 633—2002规定了冷却羊肉的术语和定义、技术要求、检验方法、标志、包装、贮存和运输。适用于活羊经屠宰、冷却加工后，按要求生产的六分体和分割羊肉。（14）SB/T 10279—2017规定了熏煮香肠的术语和定义、原辅料、技术要求、检验方法、检验规则、标签、标志、包装、贮存、运输和销售的要求，适用于定义中产品的生产、检验和销售。（15）DBS 41/011—2016适用于以猪血、鸡血、鸭血等畜禽血为原料，添加或不添加辅料，经过滤、搅拌、凝固、包装、高温灭菌等工艺制成的预包装食用畜禽血制品。（16）DBS 50/017—2014适用于以检验检疫合格的畜，经空心刀屠宰、取血为原料，辅以水、食用盐，经灌装凝固、蒸煮成型、包装、杀菌或灭菌等工艺制成的预包装食用畜血产品（血旺）。

[**塔吉克斯坦标准**] 旨在保护人们的生命健康、保护环境、保护动物的生命健康，避免在屠宰产物和肉类产品用途和安全性方面误导消费者，适用于投放到塔吉克斯坦境内流通的屠宰产物和肉类产品，及其生产、包装、标记、储藏、运输、销售和回收过程。

该技术规范的技术调节对象如下：（1）屠宰产物和肉类产品：肉类；副产品；脂肪原料及其加工产品，其中包括动物炼制油；血液及其加工产品；骨头及其加工产品；机械剔骨肉；肠衣原料；含胶原的原料及其加工产品（其中包括明胶）；肉类和由肉类制成的含肉产品；肉类和含肉灌肠制品；肉类和含肉半成品与烹调品；肉类和含肉罐头食品；肉和含肉汤；干制肉类和含肉产品；腌／熏肥猪肉块制品；儿童食用的屠宰产物；儿童食用的肉类产品。（2）屠宰产物和肉类产品的生产、包装、标记、储藏、运输、销售和回收过程。

该技术规范不适用于以下产品及其相关过程要求：（1）公民在家里饲养条件下产生的动物产品和（或）个人副业或者是由从事畜牧业的公民生产的屠宰产物和肉类产品，以及仅用于个人需求、不投放到塔吉克斯坦境内流通的屠宰产物和肉类产品的生产、储藏、运输和回收过程；（2）使用屠宰产物或在屠宰产物基础上制成的专用肉类产品（儿童食用的肉类产品和屠宰产物除外）；（3）禽类肉及其加工产品，以及配料中禽类肉及其加工产品的总质量超过其他动物屠宰产物的食品；（4）食品添加剂和食品生物活性添加剂、药物、动物饲料、使用屠宰产物或在屠宰产物基础上制成但不用于食用的产品；（5）饮食企业（公共饮食）用屠宰产物或以屠宰产物为原料制成的，用于销售的食品及销售过程；（6）配料中肉类配料含量少于 5% 的食品；（7）投放到塔吉克斯坦境内流通的非工业制造屠宰产物和肉类产品的生产、储藏、运输和回收过程。

21.3　规范性引用文件清单的差异

[**中国标准**]

GB 2707—2016 没有规范性引用文件清单。

GB 2762—2022 没有规范性引用文件清单。

GB/T 9959.1—2019 规范性引用文件有：

GB/T 191《包装储运图示标志》；

GB 2707《食品安全国家标准 鲜（冻）畜、禽产品》；

GB 2762《食品安全国家标准　食品中污染物限量》；

GB 2763《食品安全国家标准　食品中农药最大残留限量》；

GB/T 6388《运输包装收发货标志》；

GB 12694《食品安全国家标准　畜禽屠宰加工卫生规范》；

GB/T 17236《生猪屠宰操作规程》；

GB/T 17237《畜类屠宰加工通用技术条件》；

GB/T 17996《生猪屠宰产品品质检验规程》；

GB 18394《畜禽肉水分限量》；

GB/T 19480《肉与肉制品术语》；

GB/T 20575《鲜、冻肉生产良好操作规范》；

GB 20799《食品安全国家标准 肉和肉制品经营卫生规范》；

《生猪屠宰检疫规程》（农医发〔2010〕27 号附件 1）；

《食品动物禁用的兽药及其他化合物清单》（中华人民共和国农业部第 193 号公告）。

GB/T 9959.2—2008 规范性引用文件有：

GB/T 191《包装储运图示标志》；

GB/T 4789.17《食品卫生微生物学检验 肉与肉制品检验》；

GB 5009.11《食品中总砷及无机砷的测定》；

GB 5009.12《食品中铅的测定》；

GB 5009.15《食品中镉的测定》；

GB 5009.17《食品中总汞及有机汞的测定》；

GB/T 5009.19《食品中六六六、滴滴涕残留量的测定》；

GB/T 5009.20《食品中有机磷农药残留量的测定》；

GB/T 5009.44《肉与肉制品卫生标准的分析方法》；

GB/T 5009.116《畜禽肉中土霉素、四环素、金霉素残留量的测定（高效液相色谱法）》；

GB/T 5009.192《动物性食品中克伦特罗残留量的测定》；

GB/T 5737《食品塑料周转箱》；

GB/T 6388《运输包装收发货标志》；

GB/T 6543《瓦楞纸箱》；

GB 7718《预包装食品标签通则》；

GB 9683《复合食品包装袋卫生标准》；

GB 9687《食品包装用聚乙烯成型品卫生标准》；

GB 9688《食品包装用聚丙烯成型卫生标准》；

GB/T 9959.1《鲜、冻片猪肉》；

GB 10457《聚乙烯自粘保鲜膜》；

GB 18394《畜禽肉水分限量》；

GB/T 20799《鲜、冻肉运输条件》；

JJF 1070《定量包装商品净含量计量检验规则》；

SN 0208《出口肉中十种磺胺残留量检验方法》；

SN 0215《出口禽肉中氯要素残留量检验方法》；

《定量包装商品计量监督管理办法》（国家质量监督检验检疫总局〔2005〕第 75 号令）。

GB 9961—2008 规范性引用文件有：

GB/T 191《包装储运图示标志》；

GB/T 4789.2《食品卫生微生物学检验　菌落总数测定》；

GB/T 4789.3《食品卫生微生物学检验　大肠菌群测定》；

GB/T 4789.4《食品卫生微生物学检验　沙门氏菌检验》；

GB/T 4789.5《食品卫生微生物学检验　志贺氏菌检验》；

GB/T 4789.6《食品卫生微生物学检验　致泻大肠埃氏菌检验》；

GB/T 4789.10《食品卫生微生物学检验　金黄色葡萄珠菌检验》；

GB/T 5009.11《食品中总砷及无机砷的测定》；

GB/T 5009.12《食品中铅的测定》；

GB/T 5009.15《食品中镉的测定》；

GB/T 5009.17《食品中总汞及有机汞的测定》；

GB/T 5009.19《食品六六六、滴滴涕残留量的测定》；

GB/T 5009.20《食品中有机磷农药残留量的测定》；

GB/T 5009.33《食品中亚硝酸盐与硝酸盐的测定》；

GB/T 5009.44《肉与肉制品卫生标准的分析方法》；

GB/T 5009.108《畜禽肉中己烯雌酚的测定》；

GB/T 5009.123《食品中铬的测定》；

GB/T 5009.192《动物性食品中克伦特罗残留量的测定》；

GB 7718《预包装食品标签通则》；

GB 12694《肉类加工厂卫生规范》；

GB/T 17237《畜类屠宰加工通用技术条件》；

GB 16548《病害动物和病害动物产品生物安全处理规程》；

GB 18393《牛羊屠宰产品品质检验规程》；

GB 18394《畜禽肉水分限量》；

GB/T 20575《鲜、冻肉生产良好操作规范》；

GB/T 20755—2006《畜禽肉中九种青霉素类药物残留量的测定 液相色谱－串联质谱法》；

GB/T 20799《鲜、冻肉运输条件》；

JJF 1070《定量包装商品净含量计量检验规则》；

SN 0208《出口肉中十种磺胺残留量检验方法》；

SN 0341《出口肉及肉制品中氯霉素残量检验方法》；

SN 0343《出口禽肉中嗅氰菊酯残留量检验方法》；

SN 0349《出口肉及肉制品中左旋咪唑残留量检验方法气相色谱法》；

《定量包装商品计量监督管理办法》（国家质量监督检验检疫总局〔2005〕第 75 号令）；

《肉与肉制品卫生管理办法》（卫生部令第 5 号）。

GB 16869—2005 规范性引用文件有：

GB/T 191《包装储运图示标志》；

GB 4789.2—2003《食品卫生微生物学检验 菌落总数测定》；

GB 4789.3—2003《食品卫生微生物学检验 大肠菌群测定》；

GB 4789.4—2003《食品卫生微生物学检验 沙门氏菌检验》；

GB 5009.11—2003《食品中总砷及无机砷的测定方法》；

GB 5009.12—2003《食品中铅的测定》；

GB 5009.17—2003《食品中总汞及有机汞的测定方法》；

GB/T 5009.19—2003《食品中六六六、滴滴涕残留量的测定》；

GB/T 5009.44—2003《肉与肉制品卫生标准的分析方法》；

GB/T 6388《运输包装收发货标志》；

GB 7718《预包装食品标签通则》；

GB/T 14931.1—1994《畜、禽肉中土霉素、四环素、金霉素残留量测定方法（高效液相色谱法）》；

SN 0208—1993《出口肉中十种磺胺残留量检验方法》；

SN/T 0212.3—1993《出口禽肉中二氯二甲吡啶酚残留量检验方法 丙酰化－气相色谱法》；

SN/T 0672—1997《出口肉及肉制品中己烯雌酚残留量检验方法 放射免疫法》；

SN/T 0973—2000《进出口肉及肉制品中肠出血性大肠杆菌 O157：H7 检验方法》。

GB/T 17238—2022 规范性引用文件有：

GB/T 19477《牛屠宰操作规程 牛》；

GB/T 27643《牛胴体及鲜肉分割》；

JJF 1070《定量包装商品净含量计量检验规则》；

NY/T 3383《畜禽产品包装与标识》；

GB/T 17239—2022 规范性引用文件有：

GB/T 191《包装储运图示标志》；

GB/T 6388《运输包装收发货标志》；

NY/T 3224《畜禽屠宰术语》；

NY/T 3383《畜禽产品包装与标识》；

NY/T 3470《畜禽屠宰操作规程　兔》；

JJF 1070《定量包装商品净含量计量检验规则》。

GB/T 19477—2018 规范性引用文件有：

GB/T 191《包装储运图示标志》；

GB 12694《食品安全国家标准　畜禽屠宰加工卫生规范》；

GB/T 17238《鲜、冻分割牛肉》；

GB 18393《牛羊屠宰产品品质检验规程》；

GB/T 19480《肉与肉制品术语》；

GB/T 27643《牛胴体及鲜肉分割》；

NY/T 676《牛肉等级规格》。

GB/T 20711—2022 规范性引用文件有：

GB/T 191《包装储运图示标志》；

GB/T 5009.3《食品中水分的测定》；

GB/T 5009.5《食品中蛋白质的测定》；

GB/T 5009.6《食品中脂肪的测定》；

GB/T 5009.9《食品中淀粉的测定》；

GB/T 9695.19《肉与肉制品　取样方法》；

JJF 1070《定量包装商品净含量计量检验规则》；

SB/T 10826《加工食品销售服务要求》。

GB/T 21270—2007 规范性引用文件有：

GB 317《白砂糖》；

GB 2716《食用植物油卫生标准》；

GB 2759.1《冷冻饮品卫生标准》；

GB 2760《食品添加剂使用卫生标准》；

GB/T 4789.24《食品卫生微生物学检验 糖果、糕点、蜜饯检验》；

GB/T 5009.3—2003《食品中水分的测定》；

GB/T 5009.6—2003《食品中脂肪的测定》；

GB/T 5009.11《食品中总砷及无机砷的测定》；

GB/T5009.12《食品中铅的测定》；

GB/T 5009.13《食品中铜的测定》；

GB/T 5009.22《食品中黄曲霉毒素 B$_1$ 的测定》；

GB/T 5009.37《食品植物油卫生标准的分析方法》；

GB 7099《糕点、面包卫生标准》；

GB 7718《预包装食品标签通则》；

GB/T 11761《芝麻》；

GB 14884《蜜饯卫生标准》；

GB 16325《干果食品卫生标准》；

GB 19295《速冻预包装面米食品卫生标准》；

JJF 1070《定量包装商品净含量计量检验规则》；

QB/T 2347《麦芽糖饴（饴糖）》。

GB 31650—2019 没有规范性引用文件清单。

NY/T 633—2002 规范性引用文件有：

GB/T 191《包装储运图示标志》；

GB 2762《食品中汞限量卫生标准》；

GB/T 4456《包装用聚乙烯吹塑薄膜》；

GB 4789.2《食品卫生微生物学检验 菌落总数测定》；

GB 4789.3《食品卫生微生物学检验 大肠菌群测定》；

GB 4789.4《食品卫生微生物学检验 沙门氏菌检验》；

GB 4789.5《食品卫生微生物学检验 志贺氏菌检验》；

GB 4789.10《食品卫生微生物学检验 金黄色葡萄球菌检验》；

GB 4789.11《食品卫生微生物学检验 溶血性链球菌检验》；

GB 5009.17《食品中总汞的测定方法》；

GB/T 5009.44《肉与肉制品卫生标准的分析方法》；

GB/T 6388《运输包装收发货标志》；

GB 7718《食品标签通用标准》；

GB/T 9687《食品包装用聚乙烯成型品卫生标准》；

GB 9961《鲜、冻胴体羊肉》；

GB/T 14931.1《畜禽肉中土霉素、四环素、金霉素残留量测定方法》；

《呋喃唑酮在动物可食性组织中残留的高效液相色谱检测方法》（农牧发〔1998〕17 号）。

SB/T 10279—2017 规范性引用文件有：

GB/T 191《包装储运图示标志》；

GB 2707《食品安全国家标准　鲜（冻）畜、禽产品》；

GB 2726《食品安全国家标准　熟肉制品》；

GB 2733《食品安全国家标准　鲜、冻动物性水产品》；

GB 2760《食品安全国家标准　食品添加剂使用标准》；

GB 2762　食品安全国家标准　食品中污染物限量》；

GB 5009.3《食品安全国家标准　食品中水分的测定》；

GB 5009.5《食品安全国家标准　食品中蛋白质的测定》；

GB 5009.6《食品安全国家标准　食品中脂肪的测定》；

GB 5009.9《食品安全国家标准　食品中淀粉的测定》；

GB 7718《食品安全国家标准　预包装食品标签通则》；

GB 14880《食品安全国家标准　食品营养强化剂使用标准》；

CB 14881《食品安全国家标准　食品生产通用卫生规范》；

GB 19303《熟肉制品企业生产卫生规范》；

GB/T 21735《肉与肉制品物流规范》；

GB 28050《食品安全国家标准　预包装食品营养标签通则》；

GB/T 29342《肉制品生产管理规范》；

SB/T 10826《加工食品销售服务要求　肉制品》；

JJF 1070《定量包装商品净含量计量检验规则》；

《定量包装商品计量监督管理办法》（国家质量监督检验检疫总局令〔2005〕第 75 号）。

DBS 41/011—2016 没有规范性引用文件清单。

DBS 50/017—2014 没有规范性引用文件清单。

［塔吉克斯坦标准］没有规范性引用文件清单。

21.4　术语和定义的差异

[中国标准]

GB 2707—2016 涉及以下术语及定义。（1）鲜畜、禽肉：活畜（猪、牛、羊、兔等）、禽（鸡、鸭、鹅等）宰杀、加工后，不经过冷冻处理的肉。（2）冻畜、禽肉：活畜（猪、牛、羊、兔等）、禽（鸡、鸭、鹅等）宰杀、加工后，在≤-18 ℃冷冻处理的肉。（3）畜、禽副产品：活畜（猪、牛、羊、兔等）、禽（鸡、鸭、鹅等）宰杀、加工后，所得畜禽内脏、头、颈、尾、翅、脚（爪）等可食用的产品。

GB 2762—2022 涉及以下术语及定义。（1）污染物：食品在从生产（包括农作物种植、动物饲养和兽医用药）、加工、包装、贮存、运输、销售，直至食用等过程中产生的或由环境污染带入的、非有意加入的化学性危害物质。该标准所规定的污染物是指除农药残留、兽药残留、生物毒素和放射性物质以外的污染物。（2）可食用部分：食品原料经过机械手段（如谷物碾磨、水果剥皮、坚果去壳、肉去骨、鱼去刺、贝去壳等）去除非食用部分后，所得到的用于食用的部分。（3）限量：污染物在食品原料和（或）食品成品可食用部分中允许的最大含量水平。

GB/T 9959.1—2019 涉及 GB 12694、GB/T 19480 界定的以及下列术语和定义。（1）片猪肉，猪白条：将猪胴体沿脊椎中线，纵向锯（劈）成两分体的猪肉，包括带皮片猪肉、去皮片猪肉。（2）带皮片猪肉，带皮白条：猪屠宰放血后，经烫毛，脱毛、去头蹄尾、内脏等工艺流程加工后的片猪肉。（3）去皮片猪肉，去皮白条：猪屠宰放血后，经去头蹄尾、剥皮、去内脏等工艺流程加工后的片猪肉。（4）种公猪：种用或后备种用，未经去势带有睾丸的公猪。（5）种母猪：已种用，乳腺发达，带有子宫和卵巢的母猪。（6）晚阉猪：经手术去势后短期育肥（或未育肥）的淘汰种公母猪、淘汰已使用过的后备公母猪或落选的后备公猪。（7）PSE 肉，白肌肉：受到应激反应的猪，屠宰后产生色泽苍白、灰白或淡粉红、质地松软、肉汁渗出的肉。（8）PFD 肉、黑干肉：受到应激反应的猪，屠宰后产生的色暗、质地坚硬和切面发干的肉。

GB/T 9959.2—2008 涉及以下术语及定义。（1）猪瘦肉：每片猪肉按不同部位分割成的去皮、去骨、去皮下脂肪的肌肉。（2）颈背肌肉：从第五、六肋骨中间斩下的颈背部位的肌肉（简称Ⅰ号肉）。（3）前腿肌肉：从第五、六肋骨中间斩下的前腿部位的肌肉（简称Ⅱ号肉）。（4）大排肌肉：在脊椎骨下约 4 cm～6 cm 肋骨处平行斩下的脊背部位肌肉（简称Ⅲ号肉）。（5）后腿肌肉：从腰椎与荐椎连接处（允许带腰椎一节半）斩下的后腿部位肌肉（简称Ⅳ号肉）。

GB/T 9961—2008 涉及以下术语和定义。（1）羔羊：生长期在 4 月龄～12 月龄之间、未长出永久钳齿的活洋。（2）肥羔羊：生长期在4月龄～6月龄之间，经快速育肥的活羊。（3）大羊：生长期在12月龄以上并已换一对以上乳齿的活羊。（4）胴体重量：宰后去毛（去皮）、头、蹄、尾、内脏及体腔内全部脂肪后，在温度0℃～4℃、湿度80%～90%的条件下放置30 min的羊个体重量。（5）肥度：胴体外表脂肪分布与肌肉断面所呈现的脂肪沉淀程度。（6）膘厚：胴体12肋～13肋间垂直眼肌横轴外二分之一处胴体脂肪厚度。（7）肋肉厚：胴体12肋～13肋间，距背中线11 cm自然长度处胴体肉厚度。（8）肌肉度：胴体各部位呈现的肌肉丰满程度。（9）生理成熟度：胴体骨骼、软骨、肌肉生理发育成熟程度。⑩肉脂色泽：羊胴体的瘦肉外部与断面色泽状态以及羊胴体表层与内部沉积脂肪的色泽状态。（11）肉脂硬度：羊胴体腿、背和侧腹部肌肉和脂肪的硬度。（12）胴体羊肉：活羊经屠宰放血后，去毛（去皮）、头、蹄、尾和内脏的躯体。（13）鲜胴体羊肉：未经冷却加工的胴体羊肉。（14）冷却胴体羊肉：经冷却加工，其后腿肌肉深层中心温度不高于4℃的胴体羊肉。（15）冻胴体羊肉：经冻结加工，其后腿肌肉深层中心温度不高于−15℃，并在−18℃以下贮存的胴体羊肉。

GB 16869—2005涉及以下术语及定义。（1）鲜禽产品：将活禽屠宰、加工后，经预冷处理的冰鲜产品；包括净膛后的整只禽、整只禽的分割部位（禽肉、禽翅、禽腿等）、禽的副产品［禽头、禽脖、禽内脏、禽脚（爪）等］。（2）冻禽产品：将活禽屠宰，加工后，经冻结处理的产品；包括净膛后的整只禽、整只禽的分割部位（禽肉、禽翅、禽腿等）、禽的副产品［禽头、禽脖、禽内脏、禽脚（爪）等］。（3）异物：正常视力可见的杂物或污染物，如禽的黄色表皮、禽粪、胆汁、其他异物（塑料、金属、残留饲料等）。

GB/T 17238—2022涉及以下术语及定义。（1）胴体：牛经宰杀放血后，除去头、蹄、皮、尾、内脏、肾周脂肪及生殖器（母牛去除乳房）后的躯体部分。（2）二分体：鸡宰后的整胴体沿脊柱中线纵向分切成的两片。（3）四分体：将二分体从特定肋骨间分切得到的前、后两个部分，依据切割位置、方式和最终形态，可分为横切四分体和枪形四分体。（4）分割牛肉：牛胴体经剔骨、按部位分割而成的带骨或去骨的肉块。

GB/T 17239—2022涉及以下术语及定义。（1）兔白条：经剥皮、摘除内脏、去爪、去头（或不去头），修整后的躯体。（2）兔副产品：可食用的兔头、内脏（心、肝、胃、肾）等产品。

GB/T 19477—2018涉及GB/T 19480界定的以及下列术语和定义。（1）牛屠体：牛宰杀放血后的躯体。（2）牛胴体二分体：将牛胴体沿脊椎中线纵向锯（劈）成的两半胴体。（3）同步检验：与屠宰操作相对应，将畜禽的头、蹄（爪）、内脏与胴体生产线同步运行，由检验人员对照检验和综合判断的一种检验方法。

GB/T 20711—2006涉及以下术语及定义。熏煮火腿：以鲜（冻）畜禽肉为主要原料，配以适量辅料，经精选修整、分割（或不分割）、绞制（或不绞制）、盐水注射（或盐水浸渍）、搅拌（或不搅拌）、腌制、滚揉（或不滚揉）、充填（或不充填）成型、蒸煮、烟熏（或不烟熏）、干燥（或不干燥）、烘烤（或不烘烤）、冷却、冷冻（或不冷冻）包装、杀菌（或不杀菌）等工艺制成的具有显著肌肉纹理的熟肉制品。

GB/T 21270—2007 涉及以下术语及定义。（1）食品馅料：以植物的果实或块茎、畜禽肉制品、水产制品等为原料，加糖或不加糖，添加或不添加其他辅料，经加热、杀菌、包装的产品。（2）析水：馅料渗出液体的现象。（3）结晶：馅料有白色点状或块状硬物出现的现象。（4）冷链：表示易腐食品从生产到消费的各个环节中，连续不断采用冷藏的方法保存食品的一个系统。

GB 31650—2019 涉及以下术语及定义。（1）兽药残留：指食品动物用药后，动物产品的任何可食用部分中所有与药物有关的物质的残留，包括药物原形或/和其代谢产物。（2）总残留：指对食品动物用药后，动物产品的任何可食用部分中药物原形或/和其所有代谢产物的总和。（3）日允许摄入量：是指人的一生中每日从食物或饮水中摄取某种物质而对其健康没有明显危害的量，以人体重为基础计算，单位：µg/kg体重。（4）最大残留限量：对食品动物用药后，允许存在于食物表面或内部的该兽药残留的最高量/浓度（以鲜重计，表示为 µg/kg）。（5）食品动物：各种供人食用或其产品供人食用的动物。（6）鱼：指包括鱼纲、软骨鱼和圆口鱼的水生冷血动物，不包括水生哺乳动物、无脊椎动物和两栖动物。但应注意，此定义可适用于某些无脊椎动物，特别是头足动物。（7）家禽：包括鸡、火鸡、鸭、鹅、鸽和鹌鹑等在内的家养的禽。（8）动物性食品：供人食用的动物组织以及蛋、奶和蜂蜜等初级动物性产品。（9）可食性组织：全部可食用的动物组织，包括肌肉、脂肪以及肝、肾等脏器。（10）皮+脂：带脂肪的可食皮肤。（11）皮+肉：一般特指鱼的带皮肌肉组织。（12）副产品：除肌肉、脂肪以外的所有可食组织，包括肝、肾等。（13）可食下水：除肌肉、脂肪、肝、肾以外的可食部分。（14）肌肉：仅指肌肉组织。（15）蛋：家养母禽所产的带壳蛋。（16）奶：由正常乳房分泌而得，经一次或多次挤奶，既无加入也未经提取的奶。此术语也可用于处理过但未改变其组分的奶，或根据国家立法已将脂肪含量标准化处理过的奶。（17）其他食品动物：各品种项下明确规定的动物种类以外的其他所有食品动物。

NY/T 633—2002 涉及以下术语及定义。（1）冷却羊肉：活羊经宰前、宰后检验检疫合格。胴体经冷却，其后腿肌肉深层中心温度在 -1 ℃～7 ℃。冷却胴体在良好操作规范和良好卫生条件下，在 10 ℃～15 ℃的车间内进行分割、分切工艺制得的冷却羊肉。（2）肉眼可见异物：指浮毛、血污、金属、胆汁、碎骨、粪便、胃肠内容物、饲料残留等。

　　SB/T 10279—2017 涉及以下术语及定义：熏煮香肠：以鲜（冻）畜禽产品、水产品为主要原料，经修整、绞制（或斩拌）、腌制（或不腌制）后，配以辅料及食品添加剂，再经搅拌（或滚揉、斩拌、乳化）、充填（或成型）、蒸煮（或不蒸煮）、干燥（或不干燥）、风干（或不风干）、烟熏（或不烟熏）、烤制（或不烤制）、杀菌（或不杀菌）、冷却（或冷冻）等工艺制作的香肠类熟肉制品。

　　DBS 41/011—2016 没有"术语和定义"的描述。

　　DBS 50/017—2014 没有"术语和定义"的描述。

　　[塔吉克斯坦标准] 涉及以下术语及定义。（1）无骨肉：任意形状、大小和质量的由肌组织和结缔组织（含脂肪组织或不含脂肪组织）组成的块肉。（2）无骨半成品：由无骨肉制成的成块半成品。（3）肉汤：熬煮屠宰产物（添加或不添加非肉配料）、分离屠宰产物、变稠、晾干或不晾干等生产工艺制成的肉类产品。（4）煮烤肉：以煎烤、烘烤、炖煮或其中任意组合为主要加工方法制成的肉类产品。（5）煮熏灌肠制品：以初步熏制、熬煮和最后熏制为主要加工方法制成的灌肠制品。（6）熬煮灌肠制品：以烘干、熬煮、煎烤并熬煮为主要热加工方法制成的灌肠制品。（7）供儿童食用的熬煮灌肠制品：用于 3 岁以上儿童食用的熬煮灌肠制品。（8）熬煮肉：以烘干、熬煮、煎烤并熬煮为主要热加工方法制成的肉类产品。（9）兽医没收物：国家兽医检查（监督）机关认为不适于食用，应无偿没收的胴体、部分胴体和动物器官。（10）火腿罐头：由 50 g 以上筋腱肉块，添加非肉和腌制肉配料，制成单块带冻、保持从罐内取出时形状、可以切开的罐头食品。（11）供儿童食用的均化罐头食品：0.3 mm 以下颗粒的含量不少于 80%、0.4 mm 以下颗粒的含量不超过 20%，供 6 个月以上儿童食用的罐头食品。（12）煎（炸、炒、烤）制灌肠制品：以煎（炸、炒、烤）为主要加工方法制成的灌肠制品。（13）煎（炸、炒、烤）制肉：以煎（炸、炒、烤）为主要加工方法制成的肉类产品。（14）食用明胶：一种含胶原原料加工产物，有胶冻能力的蛋白质。（15）筋腱肉：由肌组织、结缔组织和脂肪组织以规定比例组成的无骨肉。（16）脂肪原料：从胴体和内脏分出的具有脂肪组织的屠宰产物。（17）冷冻肉类产品：经过冷冻处理，任何测量点温度均不超过 -80 ℃ 的肉类产品。（18）冷冻肉：经过冷冻处理，任何测量点温度均不超过 -80 ℃ 的新鲜肉或冷却肉。（19）冷冻肉块：经过冷冻处理，呈特定形状和尺寸的肉块。（20）块状冷冻副产品：经过冷冻处理，呈特定形状和尺寸的冷冻副产品。（21）杂拌灌肠：由热加工配料制成，呈非均匀结构，夹杂肉和非肉配料丁块的灌肠制品。（22）血肠：由食用血和（或）其加工产品制成，切口呈暗红色 - 深褐色的灌肠制品。（23）下水灌肠：由热加工配料制成的灌肠制品，呈软稠性，保留薄片切割时的形状，配料中含熬煮、（或）预煮（预蒸、预烫）和（或）没

有经过热加工的食用副产品。（24）灌肠制品：由搅碎的肉和非肉混合制成的肉类产品，用肠衣、包袋、模具、网格或以其他形式成型，进行热加工或不进行热加工，可达到食用程度。（25）由热加工配料制成的灌肠制品：由搅碎的肉和非肉配料混合制成的灌肠制品，配料中含熬煮或预煮（预蒸、预烫）的肉类配料，后续进行热加工，可达到食用程度。（26）罐头食品：消费性紧口密封包装的杀菌或巴氏消毒肉类产品，保证微生物稳定性，确保没有能活的病原性微生物群落，适于长期保存。（27）熏煮肉类食品（煮熏肉类食品）：在制作过程中进行初步熏制、熬煮和最后熏制的肉类食品。（28）熏烤肉类食品：在制作过程中进行初步熏制、熬煮和（或）烘烤的肉类食品。（29）骨头：排骨和副产品剔骨时得到的原骨形式的屠宰产物。（30）血：屠宰过程中收集的血形式的屠宰产物，遵循特定胴体的从属性条件。（31）供儿童食用的粗碎罐头食品：供 9 个月以上儿童食用的罐头食品，3 mm 以下颗粒的含量不少于 80%，5 mm 以下颗粒的含量不超过 20%。（32）大块无骨（肉骨）半成品：500 g 以上肉块制成的无骨（肉骨）半成品。（33）烹调品：肉类（含肉）半成品，在制作过程中经过热加工，完全达到烹饪程度。（34）成块半成品：10 g 以上单肉块或多肉块制成的肉类半成品。（35）块状罐头食品：由肉类和非肉配料制成的罐头食品，搅碎成 30 g 以上的块状，煨在原汁、调味汁、汤或冻胶中。（36）小块无骨（肉骨）半成品：由 10 g～500 g（含）肉块制成的无骨（肉骨）半成品。（37）供儿童食用的肉类产品：供儿童食用（6 个月～3 岁的幼儿、3～6 岁的学前儿童、6 岁及以上的学龄儿童）的肉类产品，符合相应的儿童体质生理需求，不会对相应年龄的小孩健康造成危害。（38）肉类产品：通过再加工（加工）屠宰产物制成的食品，不使用或使用动植物、（或）矿物、（或）微生物和（或）人造配料。（39）肉类配料：食品的配料组成部分，是屠宰产物或屠宰产物再加工所得产物，在灌肠制品制作过程中不含骨头的肉类（除了能够熬煮排骨然后分离骨头并使用汤的热加工配料灌肠制品以外），或夹杂骨头的肉类［在使用机械剔骨（再剔骨）的肉类］。（40）肉类半成品：肉类配料的质量分数在 60% 以上的肉类产品，由肉块或碎肉形式的无骨肉或排骨制成，添加或不添加非肉配料，用于零售，在食用之前需要进行热加工，达到烹饪程度。（41）肉制品：使用或不使用非肉配料制成的肉类产品，肉类配料的质量分数在 60% 以上。（42）供儿童食用的肉类罐头食品：供儿童食用的罐头食品，使用或不使用非肉配料制作而成，肉类配料的质量分数在 40% 以上。（43）机械剔骨（再剔骨）肉：糊状无骨肉，夹杂骨头的质量分数不超过 0.8%，用机械方法将肌组织、缔结组织和（或）脂肪组织［残余肌组织、缔结组织和（或）脂肪组织］与骨头分离，不添加非肉配料。（44）排骨：胴体、半胴、四分之一胴体、分段上面的肉或肉块（大小不一、质量不一），任意形状，是肌组织、缔结组织和骨组织的总和，夹杂脂肪组织或不含脂肪组织。（45）肉类：胴体或部分胴体形式的屠宰产物，是肌组织、脂肪组织、缔结组织的总和，夹杂骨组织或不含骨组织。（46）肉骨半成品：用排骨制成的成块半成品，无骨肉与骨头的比例有规定。（47）供儿童食用的肉类植物性罐头食品：供儿童食用的含肉罐头食品，使用植物性配料，肉类配料的质量分数为 18%～40%（含）。（48）肉类植物性产品：使用植物性配料制成的含肉产品，肉类配料的质量分数为 30%～60%（含）。（49）供儿童食用的含肉罐头食品：供儿童食用的罐头食品，使用非肉配料制成，肉类配料的质量分数为 5%～40%（含）。（50）含肉半成品：肉类配料质量分数为 5%～60%（含）的肉类产品，使用排骨或无骨肉或碎肉以及非肉配料制成，用于零售，在食用前需要进行热加工以达到烹饪程度。（51）含肉产品：使用非肉配料制成的肉类产品，肉类配料的质量分数为 5%～60%（含）。（52）非肉配料：食品的配料组成部分，不是屠宰产物或屠宰产物的再加工产物。（53）剔骨肉：肌组织、缔结组织和脂肪组织为自然比例的无骨肉。（54）消毒：兽医局允许使用（有限制）的屠宰产物的加工过程，在兽医专家的监督下进行消毒，使屠宰产物符合该技术法规的要求。（55）冷却肉：经过冷处理的新鲜肉，任何测量点的温度为 -1.5 ℃～4 ℃。（56）冷却副产品：在屠宰和分割后经过冷处理的副产品，任何测量点的温度为 -1.5 ℃～4 ℃。（57）裹上面包屑（面粉）的半成品：成块的或剁碎的半成品，表面裹上煎炸食品裹糊配料或煎炸食品裹糊混合配料。（58）新鲜肉：屠宰后直接得到的肉，任何测量点的温度不低于零上 35 ℃。（59）动物批次：一个生产单位在一定时间段内进入生产项目的一定数量的一种动物，随附随货单据和兽医证书。（60）巴氏灭菌罐头食品：在制作过程中进行加热（温度低于 100 ℃）的罐头食品，符合该技术规范规定的巴氏灭菌罐头食品工业无菌性要求，储藏条件确保微生物的稳定性。（61）供儿童食用的巴氏灭菌肉类（含肉）香肠：供一岁半以上儿童食用的灌肠制品，用香肠馅制成，使用直径不超过 22 mm 的肠衣成型，进行热加工，达到食用程度，在密封包装中进行巴氏消毒。（62）（用肝、野味、鱼、肉等做成的）肉馅：由热加工配料制成的灌肠制品，油膏状稠度。（63）肉馅罐头食品：罐头食品，粘塑均匀的油膏稠度糊状物或夹杂其他物质，使用肉类和非肉配料制作，添加食用副产品。（64）供儿童食用的半熏香肠制品：供 6 岁以上儿童食用的半熏香肠制品。（65）半熏灌肠制品：在制作过程中进行煎烤或烘干、熬煮、熏制并在必要时进行干燥的灌肠制品。（66）裹面半成品：用面团和馅制成的填馅半成品，碎肉馅或成块肉类配料馅或成块的肉类和非肉配料馅。（67）供儿童食用的半成品：供一岁半以上儿童食用的肉类和含肉半成品。（68）肉类产品：用不同部位制成的肉类产品，经过腌制和热加工或不经过热加工达到食用程度。（69）腌／熏肥猪肉块产品：用猪皮下脂肪制成的肉类产品，带皮或不带皮，带肌组织贴皮肉或无肌组织，在制作过程中进行或不进行腌制、熬煮、熏、烘烤或这些过程的组合。（70）脂肪半制品再加工产品：在屠宰脂肪产物再加工过程中得到的肉类产品。（71）胶原原料再加工产品：肉类产品，包括干动物朊，其中包括水解产物和明胶。（72）骨头再加工产品：在骨头和骨渣再加工过程中得到的肉类产品，包括脱脂骨头和骨头水解产物。（73）血液再加工产品：在血液再加工过程中得到的肉类产品，包括干血、浅色白蛋白（干血清或干血浆）、黑色白蛋白、血液有形成分基础上的产品。（74）屠宰产物：在工业条件下屠宰所得的未经加工的动物性食品，用于进一步再加工（加工）和（或）销售，包括肉、副产品、脂肪原料、血液、骨头、机械剔骨（再剔骨）肉、胶原和肠衣原料。（75）兽医局允许使用（有限制）的屠宰产物：允许在消毒后食用的屠宰产物。（76）供儿童食用的屠宰产物：用于生产儿童食用肉产品的屠宰产物。（77）供儿童食用的泥状罐头食品：供 8 个月以上儿童食用的罐头食品，1.5 mm 以下的颗粒含量不少于 80%，3 mm 以下的颗粒含量不超过 20%。（78）解冻肉：冷冻肉，任何测量点的温度不低于 −1.5 ℃。（79）解冻副产品：冷冻副产品，任何测量点的温度不低于零下 1.5 ℃。（80）植物性肉类产品：使用植物性配料制成的含肉产品，肉类配料的质量分数为 5%～30%（含）。（81）供儿童食用的植物性肉类罐头食品：使用植物性配料制成的供儿童食用的含肉罐头食品，肉类配料的质量分数为 5%～18%（含）。（82）肉类产品配料：加工单位明文规定在肉类产品生产过程中使用的全部成分，标明肉类和非肉配料的数量，包括食盐、香料、食品添加剂和补充水（其中包括冰、汤、盐水），据此确定肉类产品属于肉类、含肉类、肉类植物性或是植物性肉类产品。（83）碎肉罐头食品：16 mm～25 mm 肉块制成的罐头食品，含有整块搅拌均匀的肉类和非肉配料糊状物，以及冻和脂肪。（84）碎肉类半成品：用搅碎的肉或搅碎的肉类与非肉配料制成的肉类半成品，添加或不添加食盐、香料和食品添加剂。（85）含碎肉半成品：用搅碎的肉类与非肉配料制成的含肉半成品，添加或不添加食盐、香料和食品添加剂。（86）消毒罐头食品：在制作过程中进行加热（温度高于 100 ℃）的罐头食品，符合该技术法规规定的消毒罐头食品工业无菌性要求。（87）肉冻：由热加工配料制成的灌肠制品，稠度从软性到弹性，添加 100% 以上的汤。（88）副产品：内脏、头部、尾部、肢端（或一部分）以肉片形式的屠宰产物，清除淤血，无浆膜、邻接组织、毛皮和猪乳头之间部分。（89）干动物朊：胶原原料水解、去湿所得的再加工产品。（90）干品：物理脱水制成的肉类产品，水分的残余质量分数不超过 10%（含）。（91）生干灌肠制品：在制作过程中进行压制和（或）发酵（不使用或使用发酵剂）与干燥的灌肠制品。（92）生干肉类食品：在制作过程中进行发酵（不使用或使用发酵剂）与干燥的肉类食品。（93）生熏灌肠制品：在制作过程中进行压制和（或）发酵（不使用或使用发酵剂）、冷熏与干燥的灌肠制品。（94）生熏肉类食品：在制作过程中进行发酵（不使用或使用发酵剂）、冷熏与干燥的肉类食品。（95）肠衣原料：肠子以及消化道其他部位、膀胱形式的屠宰产物。（96）胶原原料：含胶原蛋白的屠宰产物。（97）炼制动物脂肪：由脂肪半制品和其他含脂肪的屠宰产物制成的肉类产品。（98）碎肉：剁碎的半成品，颗粒尺寸不超过 8 mm，用于制作成型半成品或零售。（99）碎肉罐头食品：用肉类和非肉配料制成的罐头食品，呈均质或不均质结构的整体碎肉形式，保留从罐中取出时的形状，或者是汤、调味汁、脂肪或肉冻内的成型制品形式。（100）填馅半成品：成型半成品，在制作时填充或包上一种配料或混合配料，或者是将混合配料填充或包到其他配料中。（101）成型半成品：有特定几何形状的成块或剁碎的半成品。（102）胶冻食品：由热加工配料制成的灌肠制品，稠度从软性到弹性，添加不超过 100% 的汤。（103）脂油：皮下、肾旁边、腹腔中的动物脂肪，主要由甘油三酯组成，含大量饱和脂肪酸残渣。

21.5　技术要求差异

21.5.1　肉和肉制品原料要求差异

中国和塔吉克斯坦标准中肉和肉制品原料要求的差异见表 21-1。

表 21-1　中国和塔吉克斯坦标准中肉和肉制品原料要求的差异

名称	中国		塔吉克斯坦	
	标准号及标准名称	原料要求	标准号及标准名称	原料要求
分割鲜、冻猪瘦肉	GB/T 9959.2—2008《分割鲜、冻猪瘦肉》	应符合 GB/T 9959.1 的要求	《塔吉克斯坦共和国关于食品安全、肉和肉制品安全、乳和乳制品安全性技术准则的决议》	屠宰产物与肉类产品应该符合该技术规范和适用的塔吉克斯坦其他技术法规的要求
鲜、冻胴体羊肉	GB/T 9961—2008《鲜、冻胴体羊肉》	活羊应来自非疫区，并持有产地动物防疫监督机构出具的检疫合格证明，活羊养殖环境养殖过程中疫病防治、饲料、饮水、兽药与免疫品应执行国家相关规定，不应使用国家禁用兽药及其化合物	《塔吉克斯坦共和国关于食品安全、肉和肉制品安全、乳和乳制品安全性技术准则的决议》	屠宰产物与肉类产品应该符合该技术规范和适用的塔吉克斯坦其他技术法规的要求

续表

名称	中国		塔吉克斯坦	
	标准号及标准名称	原料要求	标准号及标准名称	原料要求
鲜、冻禽产品	GB 16869—2005《鲜、冻禽产品》	屠宰前的活禽应来自非疫区，并经检疫、检验合格	《塔吉克斯坦共和国关于食品安全、肉和肉制品安全、乳和乳制品安全性技术准则的决议》	屠宰产物与肉类产品应该符合该技术规范和适用的塔吉克斯坦其他技术法规的要求
鲜（冻）畜、禽产品	GB 2707—2016《食品安全国家标准 鲜（冻）畜、禽产品》	屠宰前的活畜、禽应经动物卫生监督机构检疫、检验合格	《塔吉克斯坦共和国关于食品安全、肉和肉制品安全、乳和乳制品安全性技术准则的决议》	屠宰产物与肉类产品应该符合该技术规范和适用的塔吉克斯坦其他技术法规的要求
鲜、冻分割牛肉	GB/T 17238—2022《鲜、冻分割牛肉》	鲜、冻分割牛肉的原料应符合 GB/T 19477 的规定	《塔吉克斯坦共和国关于食品安全、肉和肉制品安全、乳和乳制品安全性技术准则的决议》	屠宰产物与肉类产品应该符合该技术规范和适用的塔吉克斯坦其他技术法规的要求
鲜、冻兔肉	GB/T 17239—2022《鲜、冻兔肉及副产品》	活兔应健康良好，并附有产地动物卫生监督机构出具的动物检疫合格证明	《塔吉克斯坦共和国关于食品安全、肉和肉制品安全、乳和乳制品安全性技术准则的决议》	屠宰产物与肉类产品应该符合该技术规范和适用的塔吉克斯坦其他技术法规的要求
冷却羊肉	NY/T 633—2002《冷却羊肉》	羊只必须来自非疫区，并持有产地动物防疫监督机构出具的检疫证明；不允许转基因羊	《塔吉克斯坦共和国关于食品安全、肉和肉制品安全、乳和乳制品安全性技术准则的决议》	屠宰产物与肉类产品应该符合该技术规范和适用的塔吉克斯坦其他技术法规的要求
食用畜禽血产品（血旺）	DBS 50/017—2014《食用畜禽血产品（血旺）》	畜血：应为来自非疫区，经宰前宰后检疫合格的健康畜，屠宰后经卫生采集无污染的新鲜畜血。采血时应对采血工具容器进行消毒，采血过程注意清洁卫生，防止原料血在采集过程中受到污染	《塔吉克斯坦共和国关于食品安全、肉和肉制品安全、乳和乳制品安全性技术准则的决议》	屠宰产物与肉类产品应该符合该技术规范和适用的塔吉克斯坦其他技术法规的要求

续表

名称	中国		塔吉克斯坦	
	标准号及标准名称	原料要求	标准号及标准名称	原料要求
食用畜禽血制品	DBS 41/011—2016《食用畜禽血制品》	畜禽血应是来自于非疫区的健康畜禽，经宰前宰后检验和药物残留检验合格，屠宰后经卫生采集无污染的新鲜畜禽血，采集后的畜禽血存放 0～10 ℃，储存时间不得超过 6 小时	《塔吉克斯坦共和国关于食品安全、肉和肉制品安全、乳和乳制品安全性技术准则的决议》	屠宰产物与肉类产品应该符合该技术规范和适用的塔吉克斯坦其他技术法规的要求
速冻食品用馅料	GB/T 21270—2007《食品馅料》	以畜禽肉制品、水产制品等为原料	《塔吉克斯坦共和国关于食品安全、肉和肉制品安全、乳和乳制品安全性技术准则的决议》	屠宰产物与肉类产品应该符合该技术规范和适用的塔吉克斯坦其他技术法规的要求
熏煮火腿	GB/T 20711—2022《熏煮火腿质量通则》	原料肉应符合相应的国家标准或行业标准的有关规定	《塔吉克斯坦共和国关于食品安全、肉和肉制品安全、乳和乳制品安全性技术准则的决议》	屠宰产物与肉类产品应该符合该技术规范和适用的塔吉克斯坦其他技术法规的要求；肉类产品生产时所用的非肉配料应该符合适用的塔吉克斯坦技术法规的要求
熏煮香肠	SB/T 10279—2017《熏煮香肠》	应符合 GB 2707 或 GB 2733 等国家标准或行业标准的规定	《塔吉克斯坦共和国关于食品安全、肉和肉制品安全、乳和乳制品安全性技术准则的决议》	屠宰产物与肉类产品应该符合该技术规范和适用的塔吉克斯坦其他技术法规的要求；肉类产品生产时所用的非肉配料应该符合适用的塔吉克斯坦技术法规的要求

21.5.2　肉和肉制品理化指标差异

中国和塔吉克斯坦标准中肉和肉制品理化指标的差异见表 21-2。

表 21-2　中国和塔吉克斯坦标准中肉和肉制品理化指标的差异

名称	中国		塔吉克斯坦	
	标准号及标准名称	限量	标准号及标准名称	允许水平
分割鲜、冻猪瘦肉	GB/T 9959.2—2008《分割鲜、冻猪瘦肉》	（1）水分≤77%。（2）挥发性盐基氮≤15 mg/100 g	《塔吉克斯坦共和国关于食品安全、肉和肉制品安全、乳和乳制品安全性技术准则的决议》	没有理化指标的描述
鲜、冻胴体羊肉	GB/T 9961—2008《鲜、冻胴体羊肉》	（1）水分≤78%。（2）挥发性盐基氮≤15 mg/100 g	《塔吉克斯坦共和国关于食品安全、肉和肉制品安全、乳和乳制品安全性技术准则的决议》	没有理化指标的描述
鲜、冻禽产品	GB 16869—2005《鲜、冻禽产品》	（1）冻禽产品解冻失水率≤6%。（2）挥发性盐基氮≤15 mg/100 g	《塔吉克斯坦共和国关于食品安全、肉和肉制品安全、乳和乳制品安全性技术准则的决议》	没有理化指标的描述
鲜（冻）畜、禽产品	GB 2707—2016《食品安全国家标准 鲜（冻）畜、禽产品》	挥发性盐基氮≤15 mg/100 g	《塔吉克斯坦共和国关于食品安全、肉和肉制品安全、乳和乳制品安全性技术准则的决议》	没有理化指标的描述
鲜、冻分割牛肉	GB/T 17238—2022《鲜、冻分割牛肉》	（1）水分≤77%。（2）挥发性盐基氮≤15 mg/100 g	《塔吉克斯坦共和国关于食品安全、肉和肉制品安全、乳和乳制品安全性技术准则的决议》	没有理化指标的描述
鲜、冻兔肉	GB/T 17239—2022《鲜、冻兔肉及副产品》	（1）挥发性盐基氮≤15 mg/100 g	《塔吉克斯坦共和国关于食品安全、肉和肉制品安全、乳和乳制品安全性技术准则的决议》	没有理化指标的描述
冷却羊肉	NY/T 633—2022《冷却羊肉及副产品》	（1）挥发性盐基氮≤15 mg/100 g	《塔吉克斯坦共和国关于食品安全、肉和肉制品安全、乳和乳制品安全性技术准则的决议》	没有理化指标的描述
食用畜禽血产品（血旺）	DBS 50/017—2014《食用畜禽血产品（血旺）》	（1）水分≤95 g/100 g。（2）蛋白质≥4 g/100 g	《塔吉克斯坦共和国关于食品安全、肉和肉制品安全、乳和乳制品安全性技术准则的决议》	没有理化指标的描述
食用畜禽血制品	DBS 41/011—2016《食用畜禽血制品》	（1）水分≤95 g/100 g。（2）蛋白质≥4 g/100 g	《塔吉克斯坦共和国关于食品安全、肉和肉制品安全、乳和乳制品安全性技术准则的决议》	没有理化指标的描述

名称	中国		塔吉克斯坦	
	标准号及标准名称	限量	标准号及标准名称	允许水平
速冻食品用馅料	GB/T 21270—2007《食品馅料》	（1）干燥失重≤40%。（2）总糖≤48%。（3）脂肪≤30%	《塔吉克斯坦共和国关于食品安全、肉和肉制品安全、乳和乳制品安全性技术准则的决议》	（1）蛋白质供学前儿童和学龄儿童食用的肉馅：≥8 g/100 g。（2）脂肪供学前儿童和学龄儿童食用的肉馅：≥16 g/100 g。（3）氯化钠供学前儿童和学龄儿童食用的肉馅：≥1.2 g/100 g。（4）亚硝酸盐供学前儿童和学龄儿童食用的肉馅：不允许
熏煮火腿	GB/T 20711—2022《熏煮火腿质量通则》	（1）水分≤75%。（2）食盐≥3.5%。（3）蛋白质特级：≥17 g/100 g；优级：≥15 g/100 g；普通级：≥1 g/100 g。（4）脂肪特级：≤8.0 g/100 g；优级：≤10.0 g/100 g；普通级：≤12.0 g/100 g。（5）淀粉特级：≤2%；优级：≤4%；普通级：≤6%。（6）亚硝酸盐≤70 mg/kg	《塔吉克斯坦共和国关于食品安全、肉和肉制品安全、乳和乳制品安全性技术准则的决议》	（1）蛋白质供学前儿童和学龄儿童食用的灌肠制品：≥12 g/100 g。（2）脂肪供学前儿童和学龄儿童食用的灌肠制品：≤22 g/100 g。（3）氯化钠供学前儿童和学龄儿童食用的灌肠制品：≤1.8 g/100 g。（4）淀粉供学前儿童和学龄儿童食用的灌肠制品：≤5 g/100 g。（5）亚硝酸钠供学前儿童和学龄儿童食用的灌肠制品：≤0.003%。（6）酸性磷酸酶残余活性（针对煮制灌肠制品）供学前儿童和学龄儿童食用的灌肠制品：≤0.006%。（7）总磷量供学前儿童和学龄儿童食用的灌肠制品：≤0.25%。（8）亚硝酸盐供学前儿童和学龄儿童食用的灌肠制品：≤30 mg/kg

续表

名称	中国		塔吉克斯坦	
	标准号及标准名称	限量	标准号及标准名称	允许水平
熏煮香肠	SB/T 10279—2017《熏煮香肠》	（1）蛋白质 特级：≥16 g/100 g； 优级：≥14 g/100 g； 普通级：≥10 g/100 g； 无淀粉级： ≥14 g/100 g。 （2）淀粉 特级：≤3 g/100 g； 优级：≤4 g/100 g； 普通级：≤10 g/100 g； 无淀粉级： ≤1 g/100 g。 （3）脂肪 ≤35 g/100 g。 （4）水分 ≤75 g/100 g	《塔吉克斯坦共和国关于食品安全、肉和肉制品安全、乳和乳制品安全性技术准则的决议》	（1）蛋白质 供一岁半以上儿童食用的巴氏灭菌肉类（含肉）香肠：≥12 g/100 g。 （2）脂肪 供一岁半以上儿童食用的巴氏灭菌肉类（含肉）香肠：16 g/100 g～20 g/100 g。 （3）氯化钠 供一岁半以上儿童食用的巴氏灭菌肉类（含肉）香肠：≤1.5 g/100 g。 （4）亚硝酸盐 供一岁半以上儿童食用的巴氏灭菌肉类（含肉）香肠：不允许

21.5.3 肉和肉制品微生物指标差异

中国和塔吉克斯坦标准中肉和肉制品微生物指标的差异见表21-3。

表21-3 中国和塔吉克斯坦标准中肉和肉制品微生物指标的差异

名称	中国		塔吉克斯坦	
	标准号及标准名称	限量	标准号及标准名称	允许水平
分割鲜、冻猪瘦肉	GB/T 9959.2—2008《分割鲜、冻猪瘦肉》	（1）菌落总数 ≤1×10⁶ CFU/g。 （2）大肠菌群 ≤1×10⁴MPN/100 g。 （3）沙门氏菌 不得检出	《塔吉克斯坦共和国关于食品安全、肉和肉制品安全、乳和乳制品安全性技术准则的决议》	（1）嗜常温需氧和兼性厌氧微生物数量 胴体、半胴体、四分之一胴体、分段上的鲜肉：≤10 CFU/g； 胴体、半胴、四分之一胴体和分段上供儿童食用的鲜肉：≤10 CFU/g； 胴体、半胴、四分之一胴体和分段上的冷却肉：≤1×10³ CFU/g； 胴体、半胴、四分之一胴体和分段上供儿童食用的冷却肉：≤1×10³ CFU/g； 分段上的真空包装或气调包装冷却肉：≤1×10⁴ CFU/g；
鲜、冻胴体羊肉	GB/T 9961—2008《鲜、冻胴体羊肉》	（1）菌落总数 ≤5×10⁵ CFU/g。 （2）大肠菌群 ≤1×10³MPN/100 g。 （3）致病菌 沙门氏菌：不得检出； 志贺氏菌：不得检出； 金黄色葡萄球菌：不得检出； 致泻大肠埃希氏菌：不得检出		

续表

名称	中国		塔吉克斯坦	
	标准号及标准名称	限量	标准号及标准名称	允许水平
鲜、冻禽产品	GB 16869—2005《鲜、冻禽产品》	（1）菌落总数 鲜禽产品： ≤1×10^4 CFU/g； 冻禽产品： ≤5×10^5 CFU/g。 （2）大肠菌群 鲜禽产品： ≤1×10^4 CFU/g； 冻禽产品： ≤5×10^3 CFU/g。 （3）沙门氏菌 0/25 g（取样个数为 5）。 （4）出血性大肠埃希氏菌（O157∶H7） 0/25 g（取样个数为 5）	《塔吉克斯坦共和国关于食品安全、肉和肉制品安全、乳和乳制品安全性技术准则的决议》	胴体、半胴体、四分之一胴体和分段上的冷冻肉：≤1×10^4 CFU/g； 胴体和分段上供儿童食用的冷冻肉：≤1×10^4 CFU/g； 肉块：≤1×10^5 CFU/g； 供儿童食用的肉块：≤1×10^5 CFU/g； 机械剔骨（再剔骨）肉：≤5×10^6 CFU/g。 （2）大肠菌群 胴体、半胴体、四分之一胴体、分段上的鲜肉：0 CFU/1 g； 胴体、半胴体、四分之一胴体和分段上供儿童食用的鲜肉：0 CFU/1 g； 胴体、半胴、四分之一胴体和分段上的冷却肉：0 CFU/0.1 g； 胴体、半胴、四分之一胴体和分段上供儿童食用的冷却肉：0 CFU/0.1 g； 分段上的真空包装或气调包装冷却肉：0 CFU/0.01 g； 胴体、半胴、四分之一胴体和分段上的冷冻肉：0 CFU/0.01 g； 胴体和分段上供儿童食用的冷冻肉：0 CFU/0.01 g； 肉块：0 CFU/0.001 g； 供儿童食用的肉块：0 CFU/0.001 g； 机械剔骨（再剔骨）肉：0 CFU/0.0001 g。 （3）变形菌属 胴体、半胴、四分之一胴体和分段上的冷却肉：0 CFU/0.1 g； 胴体、半胴、四分之一胴体和分段上供儿童食用的冷却肉：0 CFU/1 g。
鲜（冻）畜、禽产品	GB 2707—2016《食品安全国家标准　鲜（冻）畜、禽产品》	—		
鲜、冻分割牛肉	GB/T 17238—2022《鲜、冻分割牛肉》	—		
鲜、冻兔肉	GB/T 17239—2022《鲜、冻兔肉》	（1）菌落总数 鲜兔肉： ≤1×10^4 CFU/g； 冻兔肉： ≤5×10^5 CFU/g。 （2）大肠菌群 鲜兔肉： ≤1×10^4 MPN/100 g； 冻兔肉： 5×10^3 MPN/100 g。 （3）沙门氏菌 不得检出		

名称	中国		塔吉克斯坦	
	标准号及标准名称	限量	标准号及标准名称	允许水平
冷却羊肉	NY/T 633—2002《冷却羊肉》	（1）菌落总数 ≤5×10⁵ CFU/g。（2）大肠菌群 ≤1×10³ MPN/100 g。（3）致病菌 金黄色葡萄球菌：不得检出；沙门氏菌：不得检出；志贺氏菌：不得检出；金黄色葡萄球菌：不得检出；溶血性链球菌：不得检出	《塔吉克斯坦共和国关于食品安全、肉和肉制品安全、乳和乳制品安全性技术准则的决议》	（4）酵母菌 分段上的真空包装或气调包装冷却肉：≤1×10³ CFU/g。（5）亚硫酸盐还原梭状芽孢杆 分段上的真空包装或气调包装冷却肉：0 CFU/0.01 g
食用畜禽血产品（血旺）	DBS 50/017—2014《食用畜禽血产品（血旺）》	大肠菌群 ≤15 MPN/g	《塔吉克斯坦共和国关于食品安全、肉和肉制品安全、乳和乳制品安全性技术准则的决议》	（1）嗜常温需氧和兼性厌氧微生物的数量 食用血液：≤5×10⁶ CFU/g；供儿童食用的干食用血液：≤2.5×10⁴ CFU/g。（2）大肠菌群 食用血液：0 CFU/0.1 g；供儿童食用的干食用血液：0 CFU/g。（3）亚硫酸盐还原梭状芽孢杆菌 食用血液：0 CFU/g；供儿童食用的干食用血液：—。（4）金黄色葡萄球菌 食用血液：0 CFU/g；供儿童食用的干食用血液：0 CFU/g

续表

名称	中国		塔吉克斯坦	
	标准号及标准名称	限量	标准号及标准名称	允许水平
食用畜禽血制品	DBS 41/011—2016《食用畜禽血制品》	（1）菌落总数（CFU/g）n=5，c=1，m=10^3，M=10^4；（2）大肠菌群（CFU/g）n=5，c=1，m=10，M=100	《塔吉克斯坦共和国关于食品安全、肉和肉制品安全、乳和乳制品安全性技术准则的决议》	（1）嗜常温需氧和兼性厌氧微生物的数量食用白蛋白：≤2.5×10^4 CFU/g；浓缩干（血清）血浆：≤5×10^4 CFU/g。（2）大肠菌群食用白蛋白：0 CFU/0.1 g；浓缩干（血清）血浆：0 CFU/0.1 g。（3）亚硫酸盐还原梭状芽孢杆菌食用白蛋白：0 CFU/1 g；浓缩干（血清）血浆：0 CFU/g。（4）金黄色葡萄球菌食用白蛋白：0 CFU/g。（5）变形菌属食用白蛋白：0 CFU/g
速冻食品用馅料	GB/T 21270—2007《食品馅料》	（1）金黄色葡萄球菌（CFU/g）n=5，c=1，m=1 000，M=10 000；（2）沙门氏菌（CFU/g）n=5，c=0，m=0/25 g，M=—	《塔吉克斯坦共和国关于食品安全、肉和肉制品安全、乳和乳制品安全性技术准则的决议》	（1）嗜常温需氧和兼性厌氧微生物的数量肉馅：≤1×10^3 CFU/g；供学前儿童和学龄儿童食用的肉馅：≤1×10^3 CFU/g。（2）大肠菌群肉馅：0 CFU/0.1 g；供学前儿童和学龄儿童食用的肉馅：0 CFU/g。（3）亚硫酸盐还原梭状芽孢杆菌肉馅：0 CFU/0.1 g；供学前儿童和学龄儿童食用的肉馅（针对保质期超过 72 小时的食品）：0 CFU/0.1 g。（4）金黄色葡萄球菌肉馅：0 CFU/0.1 g；保质期超过两天的肉馅：0 CFU/g；供学前儿童和学龄儿童食用的肉馅：0 CFU/g。

名称	中国		塔吉克斯坦	
	标准号及标准名称	限量	标准号及标准名称	允许水平
速冻食品用馅料	GB/T 21270—2007《食品馅料》	（1）金黄色葡萄球菌（CFU/g）$n=5$，$c=1$，$m=1\,000$，$M=10\,000$。（2）沙门氏菌（CFU/g）$n=5$，$c=0$，$m=0/25\ g$，$M=$——	《塔吉克斯坦共和国关于食品安全、肉和肉制品安全、乳和乳制品安全性技术准则的决议》	（5）大肠杆菌供学前儿童和学龄儿童食用的肉馅：0 CFU/g。（6）酵母菌供学前儿童和学龄儿童食用的肉馅（针对保质期超过72 h的食品）：≤100 CFU/g。（7）霉菌供学前儿童和学龄儿童食用的肉馅（针对保质期超过72 h的食品）：≤100 CFU/g
熏煮火腿	GB/T 20711—2006《熏煮火腿》	（1）菌落总数（发酵肉制品类除外，CFU/g）$n=5$，$c=2$，$m=10^{4}$，$M=10^{5}$。（2）大肠菌群（CFU/g）$n=5$，$c=2$，$m=10$，$M=10^{2}$。（3）沙门氏菌（CFU/g）$n=5$，$c=0$，$m=0/25\ g$，$M=$——。（4）单核细胞增生李斯特氏菌（CFU/g）$n=5$，$c=0$，$m=0/25\ g$，$M=$——。（5）金黄色葡萄球菌（CFU/g）$n=5$，$c=1$，$m=100$，$M=1\,000$。（6）致泻大肠埃希氏菌（仅适用于牛肉制品，即食生肉制品，发酵肉制品类）（CFU/g）$n=5$，$c=0$，$m=0/25\ g$，$M=$——	《塔吉克斯坦共和国关于食品安全、肉和肉制品安全、乳和乳制品安全性技术准则的决议》	（1）嗜常温需氧和兼性厌氧微生物的数量≤1×10^{3} CFU/g。（2）大肠菌群0 CFU/1 g。（3）亚硫酸盐还原梭状芽孢杆菌0 CFU/0.1 g

续表

名称	中国		塔吉克斯坦	
	标准号及标准名称	限量	标准号及标准名称	允许水平
熏煮香肠	SB/T 10279—2017《熏煮香肠》	（1）菌落总数（发酵肉制品类除外，CFU/g）$n=5$，$c=2$，$m=10^4$，$M=10^5$。（2）大肠菌群（CFU/g）$n=5$，$c=2$，$m=10$，$M=10^2$。（3）沙门氏菌（CFU/g）$n=5$，$c=0$，$m=0/25\ g$，$M=$—。（4）单核细胞增生李斯特氏菌（CFU/g）$n=5$，$c=0$，$m=0/25\ g$，$M=$—。（5）金黄色葡萄球菌（CFU/g）$n=5$，$c=1$，$m=100$，$M=1\ 000$。（6）致泻大肠埃希氏菌（仅适用于牛肉制品，即食生肉制品，发酵肉制品类）（CFU/g）$n=5$，$c=0$，$m=0/25\ g$，$M=$—	《塔吉克斯坦共和国关于食品安全、肉和肉制品安全、乳和乳制品安全性技术准则的决议》	（1）嗜常温需氧和兼性厌氧微生物的数量 $\leqslant 2\times10^2$ CFU/g。（2）大肠菌群 0 CFU/g。（3）亚硫酸盐还原梭状芽孢杆菌 0 CFU/0.1 g。（4）金黄色葡萄球菌 0 CFU/g

21.5.4 肉和肉制品有害物质差异性

中国和塔吉克斯坦标准中肉和肉制品有害物质的差异见表 21-4。

表 21-4　中国和塔吉克斯坦标准中肉和肉制品有害物质的差异

名称	中国		塔吉克斯坦	
	标准号及标准名称	限量	标准号及标准名称	允许水平
肉和肉制品	GB 2762—2022《食品安全国家标准　食品中污染物限量》	（1）铅 肉类（畜禽内脏除外）：≤0.2 mg/kg； 畜禽内脏：≤0.5 mg/kg； 肉制品：≤0.3 mg/kg。 （2）镉 肉及肉制品（畜禽内脏及其制品除外）：≤0.1 mg/kg； 畜禽肝脏及其制品：≤0.5 mg/kg； 畜禽肾脏及其制品：≤1.0 mg/kg。 （3）汞 肉类：≤0.05 mg/kg。 （4）甲基汞无指标。 （5）砷 肉及肉制品：≤0.5 mg/kg。 （6）无机砷无指标。 （7）铬 肉及肉制品：1.0 mg/kg	《塔吉克斯坦共和国关于食品安全、肉和肉制品安全、乳和乳制品安全性技术准则的决议》	（1）铅 对于 3 岁以下儿童的肉类：≤0.1 mg/kg； 对于 3 岁以上儿童的肉类：≤0.2 mg/kg； 副产品（肝脏，心脏，舌头）：≤0.5 mg/kg。 （2）砷 肉类≤0.1 mg/kg； 副产品（肝脏，心脏，舌头）：≤1 mg/kg。 （3）镉 肉类≤0.03 mg/kg； 副产品（肝脏，心脏，舌头）：≤0.3 mg/kg。 （4）汞 对于 3 岁以下儿童的肉类：≤0.01 mg/kg； 对于 3 岁以上儿童的肉类：≤0.02 mg/kg； 副产品（肝脏，心脏，舌头）：≤0.1 mg/kg。 （5）铬 肉类针对镀铬包装罐头食品：≤10 mg/kg； 副产品（肝脏，心脏，舌头，针对镀铬包装罐头食品）：≤10 mg/kg
	GB 31650—2019《食品安全国家标准　食品中兽药最大残留限量》	（1）四环素 牛（泌乳期禁用）： 肌肉≤100 μg/kg， 脂肪≤300 μg/kg， 肝≤300 μg/kg， 肾≤600 μg/kg。 猪： 肌肉≤100 μg/kg， 皮＋脂≤300 μg/kg， 肝≤300 μg/kg， 肾≤600 μg/kg。 家禽（产蛋期禁用）： 肌肉≤100 μg/kg， 皮＋脂≤300 μg/kg， 肝≤300 μg/kg， 肾≤600 μg/kg。 鱼：皮＋肉≤100 μg/kg。 （2）左旋霉素 不得使用。 （3）雀西杆菌素 —		（1）左旋霉素 不容许＜0.000 3 mg/kg。 （2）四环素 不容许＜0.01 mg/kg。 （3）雀西杆菌素 不容许＜0.02 mg/kg

第22章 果蔬汁饮料

22.1 标准名称

[中国标准]

GB 7101—2022《食品安全国家标准 饮料》;

GB/T 18963—2012《浓缩苹果汁》。

GB/T 21731—2008《橙汁及橙汁饮料》;

GB/T 31121—2014《果蔬汁类及其饮料》;

[塔吉克斯坦标准]《罐头食品果汁、含糖果汁、果汁饮料、蔬菜果汁、果蔬果汁技术规范》。

22.2 适用范围的差异

[中国标准]（1）GB 7101—2022适用于饮料，不适用于包装饮用水（含饮用天然矿泉水）。（2）GB/T 18963—2012规定了浓缩苹果汁的术语和定义、产品分类、要求、试验方法、检验规则、标志、包装、运输和贮存，适用于术语和定义一章中所定义的浓缩苹果汁。（3）GB/T 21731—2008规定了橙汁及橙汁饮料的产品分类、技术要求、试验方法、检验规则、标志、包装、运输和贮存，适用于预包装橙汁及橙汁饮料。（4）GB/T 31121—2014规定了果蔬汁类及其饮料的术语和定义、分类、技术要求、试验方法、检验规则和标志、包装、运输、贮存，适用于以水果和（或）蔬菜（包括可食的根、茎、叶、花、果实）等为原料，经加工或发酵制成的液体饮料。

[塔吉克斯坦标准]适用于通过连锁零售商店与公共饮食企业进行销售的罐头食品、蔬菜果汁、果蔬果汁、含糖果汁与果汁饮料，可添加或者不添加果汁、果浆、浓缩番茄汁以及各种调味剂、香味剂。安全要求见该技术规范中5.2.5～5.2.7的内容；质量要求见该技术规范中5.2.1～5.2.4的内容；标签要求，见该技术规范中5.5的要求。

22.3 规范性引用文件清单的差异

[中国标准]

GB 7101—2022 没有规范性引用文件清单。

GB/T 18963—2012 规范性引用文件有：

GB/T 601《化学试剂标准滴定溶液的制备》；

GB 2763《食品中农药最大残留限量》；

GB/T 6682《分析实验室用水规格和试验方法》；

GB 7718《食品安全国家标准 预包装食品标签通则》；

GB 10789《饮料通则》；

GB/T 12143《饮料通用分析方法》；

GB/T 12456《食品中总酸的测定》；

GB 17325《食品安全国家标准 食品工业用浓缩果蔬汁（浆）》；

GB/T 18932.18—2003《蜂蜜中羟甲基糠醛含量的测定方法 液相色谱 – 紫外检测法》；

SN/T 2007—2007《进出口果汁中乳酸、柠檬酸、富马酸含量检测方法、高效液相色谱法》。

GB/T 21731—2008 规范性引用文件有：

GB 2760《食品添加剂使用卫生标准》；

GB 7718《预包装食品标签通则》；

GB/T 21730—2008《浓缩橙汁》；

GB/T 12143.1《软饮料中可溶性固形物的测定方法 折光计法》；

GB 13432《预包装特殊膳食用食品标签通则》；

GB 14880《食品营养强化剂使用 标准》；

GB/T 16771《橙、柑、卫生桔汁及其饮料中果汁含量的测定》；

GB 19297《果、蔬汁饮料卫生标准》。

GB/T 31121—2014 规范性引用文件有：

GB 2760《食品安全国家标准 食品添加剂使用标准》；

GB 7718《食品安全国家标准 预包装食品标签通则》；

GB/T 12143《饮料通用分析方法》；

GB 14880《食品安全国家标准 食品营养强化剂使用标准》；

GB 28050《食品安全国家标准 预包装食品营养标签通则》。

[塔吉克斯坦标准]

规范性引用以下标准文件：

GOST 21—1994《砂糖》；

GOST 490—1979《食用乳酸》；

GOST 908—2004《食用一水柠檬酸》；

GOST 1721—1985《采购与供应的新鲜食用胡萝卜》；

GOST 1722—1985《采购与供应的新鲜食用甜菜》；

GOST 1724—1985《采购与供应的新鲜圆白菜》；

GOST 1726—1985《新鲜黄瓜》；

GOST 3343—1989《浓酸番茄食品　总技术规范》；

GOST 4429—1982《柠檬》；

GOST 5717.2—2003《罐头用玻璃罐　主要参数与尺寸》；

GOST 5981—1988（ISO 1361：1983、ISO 3004-1：1986）《罐头食品的金属罐》；

GOST 7975—1968《新鲜食用南瓜》；

GOST 8756-1—1979《罐头食品　感官指标、净重或容积、组成成分质量分数的测定》；

GOST 8756.9—1978《水果与蔬菜的加工食品　水果果汁与浆果精中的沉淀物测定方法》；

GOST 8756.10—1970《水果与蔬菜的加工食品　果肉含量的测定方法》；

GOST 8756.18—1970《罐头食品　外观、包装密封性及金属包装的内表面状态的测定方法》；

GOST 10117.2—2001《液体食品用玻璃瓶　类型、参数与主要尺寸》；

GOST 13799—1981《鲜果、浆果、蔬菜、蘑菇罐头食品　包装、标签、运输与贮存》；

GOST 13908—1968《新鲜甜椒》；

GOST 14192—1996《商品标签》。

22.4　术语和定义的差异

[中国标准]

GB 7101—2022 涉及以下术语及定义。饮料：用一种或几种食用原料，添加或不添加辅料、食品添加剂、食品营养强化剂，经加工制成定量包装的、供直接饮用或冲调饮用、乙醇含量不超过质量分数为 0.5% 的制品，也可称为饮品，如碳酸饮料、果蔬汁类及其饮料、蛋白饮料、固体饮料等。

GB/T 18963—2012 涉及以下术语及定义。（1）浓缩苹果汁：以苹果为原料，采用机械方式获取的可以发酵但未发酵，经物理方法去除一定比例的水分获得的浓缩液，不得添加食糖、果葡糖浆、梨汁或其他果蔬汁等原料。（2）花萼片：在加工过程中，苹果花萼被机械性破碎后混入到最终产品的碎片。（3）焦片：在加工过程中，由于控制不当造成产品焦糊而混入到最终产品的黑色片状物。

GB/T 21731—2008 涉及以下术语及定义。（1）橙汁：采用物理方法以橙果实为原料加工制成的可发酵但未发酵的汁液，可以使用少量食糖或酸味剂调整风味。允许添加采用适当物理方法获得的柑橘汁以及橙、柑橘类果实的果肉或囊胞。（2）浓缩橙汁：采用物理方法从橙汁（浆）中除去一定比例的水分，加水复原后具有橙汁（浆）应有特征的制品。

GB/T 31121—2014 涉及以下术语及定义。水浸提：以不宜采用机械方法直接制取汁液、浆液的干制或含水量较低的水果或蔬菜为原料，直接采用水浸泡提取汁液或经水浸泡后采用机械方法制取汁液、浆液的工艺。

[塔吉克斯坦标准]

该技术规范中涉及了一些 GOST R 51398 中出现的术语及相关定义，根据 GOST R 51398 的要求。

22.5 技术要求差异

22.5.1 果蔬汁饮料原料要求的差异

中国和塔吉克斯坦标准中果蔬汁饮料原料要求的差异见表 22-1。

表 22-1　中国和塔吉克斯坦标准中果蔬汁饮料原料要求的差异

名称	中国		塔吉克斯坦	
	标准号及标准名称	原料要求	标准号及标准名称	原料要求
果蔬汁类及其饮料	GB/T 31121—2014《果蔬汁类及其饮料》	原料应新鲜、完好，并符合相关法规和国家标准等。可使用物理方法保藏的，或采用国家标准及有关法规允许的适当方法（包括采后表面处理方法）维持完好状态的水果、蔬菜或干制水果、蔬菜	《罐头食品果汁、含糖果汁、果汁饮料、蔬菜果汁、果蔬果汁技术规范》	蔬菜果汁、果蔬果汁、含糖果汁、果汁饮料的生产中所用的原料与材料应符合以下要求：新鲜杏，符合 GOST 21832 要求；新鲜榅桲果，符合 GOST 21715 要求；新鲜大果实樱桃李，符合 GOST 21920 要求；新鲜葡萄，符合 GOST 28472 要求；新鲜小果实樱桃李，符合 GOST 21405 要求；新鲜西葫芦，符合相关标准文件；新鲜圆白菜，按照 GOST 1724 采购与供应；柠檬，符合 GOST 4429 要求；新鲜食用胡萝卜，按照 GOST 1721 采购与供应；新鲜沙棘果，符合 64-4-87-89 要求；新鲜野生沙棘果，符合俄罗斯联邦国标 29-75 要求；新鲜黄瓜，符合 GOST 1726 要求；新鲜甜椒，符合 GOST 13908 要求；新鲜桃子，符合 GOST 21833 要求；新鲜香芹菜，符合相关标准文件要求；新鲜食用甜菜，符合 GOST 1722 要求；新鲜洋芹菜，符合相关标准文件要求；新鲜李子，符合 GOST 21920 要求；新鲜的或干燥的紫苏草与芹菜草，符合相关标准文件要求；马珠草，符合 GOST 21567 要求；新鲜南瓜，符合 GOST 7975 要求；新鲜苹果，符合 GOST 27572 要求；新鲜西伯利亚苹果，符合俄罗斯联邦共和国标准 657-81 要求；新鲜野生苹果，符合相关标准文件要求；速冻果子，符合 GOST 29187 要求；浓缩番茄汁，符合 GOST 3343 要求；深度冷冻的果汁，符合相关标准文件要求；直接榨取的果汁，符合 GOST R 52184 要求；含山梨酸的水果半制品，符合相关标准文件要求；无菌防腐蔬菜浆或冷冻蔬菜浆，符合相关标准文件要求；速冻水果果肉与果浆，符合相关标准文件要求；含山梨酸果浆，符合技术规范 10.963.11-90 要求；热装法或其他防腐法的防腐果浆，符合相关标准文件要求；直接榨取的防腐葡萄汁、苹果汁，符合相关标准文件要求；番茄汁，符合 GOST R 52183 要求；非澄清浓缩葡萄汁，符合技术规范 10-03-303-86 要求；含有挥发性芳香油的蔬菜，符合相关标准文件要求；植物萃取二氧化碳浸膏，符合技术规范 9169-049-04782324-94 要求；香料浸膏，符合技术规范 9169-024-04782324-93 要求；食用酵母，符合技术规范 9291-001-41092534-2001 要求；砂糖，符合 GOST 21 要求，或其他天然糖类（用于果汁的固体糖），需得到授权机构的食品工业使用许可；食盐，符合 GOST R 51574 要求；L- 抗坏血酸（作为抗氧化剂，不超过 400 mg/kg），依照塔吉克斯坦药典第 10 版第 6 页抗坏血酸要求；食用乳酸，符合 GOST 490 要求；食用柠檬酸，符合 GOST 908 要求；食用酒石酸，符合 GOST 21205 要求；浸渍针钠钙石制剂（稠度稳定剂），需得到授权机构的使用许可；饮用水，符合卫生标准与规范 2.1.4.1074-2001 要求；集中供水系统的水质卫生，要求不含 100 cm^3 嗜温梭菌芽孢；对于新鲜蔬菜果汁的原材料，不应低于一级标准（有等级分类的情况下），允许使用尺寸大小符合二级标准的新鲜原材料；在蔬菜果汁、果蔬果汁生产中使用的预储备的果汁，应采用新鲜水果蔬菜，等级不低于一级标准，尺寸大小等级不低于二级标准（有等级分类的情况下）；允许使用类似的进口原料及材料，其参数特性应不低于授权机构许可标准技术文件中规定的特性；在安全指标方面，原料与材料应符合卫生标准与规范 2.3.2.1078-2001《食品安全与营养价值的卫生要求》要求；农药的安全指标，应符合卫生标准 1.2.1323-2003《周围环境中农药含量的卫生》标准中的要求；蔬菜果汁、果蔬果汁、含糖果汁、果汁饮料的生产，不允许使用本章节中没有提及的其他类型的材料与原料
饮料	GB 7101—2022《食品安全国家标准　饮料》	应符合相应食品标准和有关规定	《罐头食品果汁、含糖果汁、果汁饮料、蔬菜果汁、果蔬果汁技术规范》	
橙汁及橙汁饮料	GB/T 21731—2008《橙汁及橙汁饮料》	没有原料要求的描述	《罐头食品果汁、含糖果汁、果汁饮料、蔬菜果汁、果蔬果汁技术规范》	
浓缩苹果汁	GB/T 18963—2012《浓缩苹果汁》	苹果应成熟、洁净、无落地果，腐烂率小于 5%。农药残留应符合 GB 2763 的要求	《罐头食品果汁、含糖果汁、果汁饮料、蔬菜果汁、果蔬果汁技术规范》	

22.5.2 果蔬汁饮料理化指标的差异

中国和塔吉克斯坦标准中果蔬汁饮料理化指标的差异见表22-2。

表22-2 中国和塔吉克斯坦标准中果蔬汁饮料理化指标的差异

名称	中国		塔吉克斯坦	
	标准号及标准名称	限量	标准号及标准名称	允许水平
果蔬汁类及其饮料	GB/T 31121—2014《果蔬汁类及其饮料》	（1）果汁（浆）或蔬菜汁（浆）含量 果蔬汁（浆）：100%； 果汁饮料复合果蔬汁（浆）饮料：≥10%； 果蔬汁饮料浓浆（按标签标示稀释倍数稀释后）：≥10%。 （2）可溶性固形物含量应符合GB/T 31121—2014标准中附录B要求。 （3）可溶性固形物的含量与原汁（浆）的可溶性固形物含量之比 浓缩果蔬汁（浆）：≥2。 （4）蔬菜汁（浆）含量 蔬菜汁饮料：≥5%。 （5）果浆含量 果肉（浆）饮料：≥20%。 （6）经发酵后的液体的添加量折合成果蔬汁（浆） 发酵果蔬汁饮料≥5%。 （7）果汁（浆）含量 水果饮料：≥5%，<10%	《罐头食品果汁、含糖果汁、果汁饮料、蔬菜果汁、蔬果汁技术规范》	（1）溶解性固体物质 非澄清果汁： 胡萝卜汁≥8.0%，加糖甜菜汁≥13.0%； 果肉果汁（不添加调味剂）： 胡萝卜-榅桲果汁≥8.5%，胡萝卜-苹果果汁≥8.5%，甜菜-榅桲果果汁≥10.0%，甜菜-苹果果汁≥10.0%； 果肉果汁（添加调味剂）： 含糖南瓜-苹果果汁≥12.2%，红色果汁≥15.0%，青春果汁≥6.0%，特别果汁≥6.0%，草原果汁≥6.0%，开胃果汁≥6.0%，黄瓜果汁≥5.0%； 乳酸发酵果汁： 白菜汁≥7.0%，甜菜汁≥7.0%； 含糖果肉果汁： 胡萝卜果汁≥9.0%，甜菜果汁≥10.0%，南瓜果汁≥12.5%，胡萝卜-越桔果汁≥14.5%，胡萝卜-葡萄果汁≥12.0%，胡萝卜-红梅苔子果汁≥17.0%，胡萝卜-苹果果汁≥10.5%，胡萝卜-樱桃李-柠檬果汁≥11.0%，胡萝卜-南瓜-甜菜-柠檬果汁≥11.0%，胡萝卜-苹果-桃子-柠檬果汁≥11.0%，甜菜-苹果-柠檬果汁≥11.0%，南瓜-杏-柠檬果汁≥12.0%，南瓜-甜菜-苹果果汁≥12.5%，南瓜-沙棘果果汁≥16.5%，南瓜-苹果-柠檬果汁≥11.0%，南瓜-苹果果汁≥12.5%，自由果汁≥6.0%，秋天果汁≥6.0%，夏天果汁≥6.0%，健康果汁≥10.0%； 含果肉饮料： 南瓜饮料≥14.0%，南瓜-苹果饮料≥11.0%； 非澄清乳酸发酵饮料： 白菜饮料≥5.0%，胡萝卜饮料≥3.0%，甜菜饮料≥5.0%，白菜-甜菜饮料≥5.0%。

名称	中国			塔吉克斯坦	
	标准号及标准名称	限量		标准号及标准名称	允许水平
饮料	GB 7101—2022《食品安全国家标准　饮料》	（1）锌、铜、铁总和≤20 mg/L。（2）氰化物（仅适用于以杏仁为原料的饮料）≤0.05 mg/L。（3）脲酶实验（仅适用于以大豆为原料的饮料）阴性			（2）可滴定酸，以苹果酸计非澄清果汁：胡萝卜汁≥0.4%，加糖甜菜汁≥0.5%；果肉果汁（不添加调味剂）：胡萝卜－楄桲果果汁≥0.5%，胡萝卜－苹果果汁≥0.5%，甜菜－楄桲果果汁≥0.5%，甜菜－苹果果汁≥0.5%；果肉果汁（添加调味剂）：含糖南瓜－苹果果汁≥0.8%，红色果汁≥0.6%，青春果汁≥0.6%，特别果汁≥0.6%，草原果汁≥0.6%，开胃果汁≥0.6%，黄瓜果汁≥0.5%；乳酸发酵果汁：白菜汁0.5%～0.8%，甜菜汁0.5%～0.8%；含糖果肉果汁：胡萝卜果汁≥0.5%，甜菜果汁≥0.5%，南瓜果汁≥0.4%，胡萝卜－越桔果汁≥0.9%，胡萝卜－葡萄果汁≥0.5%，胡萝卜－红梅苔子果汁≥0.8%，胡萝卜－苹果果汁≥0.5%，胡萝卜－樱桃李－柠檬果汁≥0.8%，胡萝卜－南瓜－甜菜－柠檬果汁≥0.8%，胡萝卜－苹果－桃子－柠檬果汁≥0.8%，甜菜－苹果－柠檬果汁≥0.8%，南瓜－杏－柠檬果汁≥0.4%，南瓜－甜菜－苹果果汁≥0.4%，南瓜－沙棘果汁≥0.8%，南瓜－苹果－柠檬果汁≥0.4%，南瓜－苹果果汁≥0.4%，自由果汁≥0.6%，秋天果汁≥0.7%，夏天果汁≥0.7%，健康果汁≥0.5%；含果肉饮料：南瓜饮料≥0.4%，南瓜－苹果饮料≥0.4%；非澄清乳酸发酵饮料：白菜饮料0.5%～0.8%，胡萝卜饮料0.5%～0.8%，甜菜饮料0.5%～0.8%，白菜－甜菜饮料0.5%～0.8%。
橙汁及橙汁饮料	GB/T 21731—2008《橙汁及橙汁饮料》	（1）可溶性固形物（20℃，未矫正酸度）非复原橙汁：≥10.0%；复原橙汁：≥11.2%；橙汁饮料：—。（2）蔗糖非复原橙汁：≤50.0 g/kg；复原橙汁：≤50.0 g/kg；橙汁饮料：—。（3）葡萄糖非复原橙汁：20.0 g/kg～35.0 g/kg；复原橙汁：20.0 g/kg～35.0 g/kg；橙汁饮料：—。		《罐头食品果汁、含糖果汁、果汁饮料、蔬菜果汁、果蔬果汁技术规范》	

名称	中国		塔吉克斯坦	
	标准号及标准名称	限量	标准号及标准名称	允许水平
橙汁及橙汁饮料	GB/T 21731—2008《橙汁及橙汁饮料》	（4）果糖 非复原橙汁： 20.0 g/kg～35.0 g/kg； 复原橙汁： 20.0 g/kg～35.0 g/kg； 橙汁饮料：—。 （5）葡萄糖／果糖 非复原橙汁：≤1.0； 复原橙汁：≤1.0； 橙汁饮料：—。 （6）果汁含量 非复原橙汁：100 g/100 g； 复原橙汁：100 g/100 g； 橙汁饮料：≥10 g/100 g	《罐头食品果汁、含糖果汁、果汁饮料、蔬菜果汁、果蔬果汁技术规范》	（3）果肉 非澄清果汁： 胡萝卜汁：—，加糖甜菜汁：—； 果肉果汁（不添加调味剂）： 胡萝卜－楂楂果汁≤35.0%，胡萝卜－苹果果汁≤35.0%，甜菜－楂楂果果汁≤35.0%，甜菜－苹果果汁≤35.0%； 果肉果汁（添加调味剂）： 含糖南瓜－苹果果汁≤35.0%，红色果汁≤35.0%，青春果汁≤35.0%，特别果汁≤20.0%，草原果汁≤25.0%，开胃果汁≤25.0%，黄瓜果汁≤15.0%； 乳酸发酵果汁： 白菜汁：—，甜菜汁：—； 含糖果肉果汁： 胡萝卜果汁≤30.0%，甜菜果汁≤35.0%，南瓜果汁≤30.0%，胡萝卜－越桔果汁≤35.0%，胡萝卜－葡萄果汁≤35.0%，胡萝卜－红梅苔子果汁≤35.0%，胡萝卜－苹果果汁≤35.0%，胡萝卜－樱桃李－柠檬果汁≤30.0%，胡萝卜－南瓜－甜菜－柠檬果汁≤30.0%，胡萝卜－苹果－桃子－柠檬果汁≤30.0%，甜菜－苹果－柠檬果汁≤30.0%，南瓜－杏－柠檬果汁≤30.0%，南瓜－甜菜－苹果果汁≤35.0%，南瓜－沙棘果汁≤55.0%，南瓜－苹果－柠檬果汁≤30.0%，南瓜－苹果果汁≤35.0%，自由果汁≤20.0%，秋天果汁≤20.0%，夏天果汁≤20.0%，健康果汁≤35.0%； 含果肉饮料： 南瓜饮料≤30.0%，南瓜－苹果饮料≤30.0%； 非澄清乳酸发酵饮料： 白菜饮料：—，胡萝卜饮料：—，甜菜饮料：—，白菜－甜菜饮料：—。
浓缩苹果汁	GB/T 18963—2012《浓缩苹果汁》	（1）可溶性固形物（20℃，以折光计） 浓缩苹果清汁：≥65.0%； 浓缩苹果浊汁：≥20.0%。 （2）可滴定酸（以苹果酸计） 浓缩苹果清汁：≥0.70%； 浓缩苹果浊汁：≥0.45%。 （3）花萼片和焦片数 浓缩苹果清汁：—； 浓缩苹果浊汁：≤1.0 个 /100 g。		

续表

名称	中国			塔吉克斯坦	
	标准号及标准名称	限量		标准号及标准名称	允许水平
浓缩苹果汁	GB/T 18963—2012《浓缩苹果汁》	（4）透光率 浓缩苹果清汁：≥95.0%； 浓缩苹果浊汁：≤10.0%。 （5）浊度 浓缩苹果清汁： ≤3.0 NTU； 浓缩苹果浊汁：—。 （6）色值 浓缩苹果清汁：—； 浓缩苹果浊汁：≤0.08。 （7）不溶性固形物 浓缩苹果清汁：—； 浓缩苹果浊汁：≤3%。 （8）富马酸 浓缩苹果清汁： ≤5.0 mg/L； 浓缩苹果浊汁：—。 （9）乳酸 浓缩苹果清汁： ≤500 mg/L； 浓缩苹果浊汁：—。 （10）羟甲基糠醛 浓缩苹果清汁： ≤20 mg/L； 浓缩苹果浊汁：—。 （11）乙醇 浓缩苹果清汁： ≤3.0 g/kg；		《罐头食品果汁、含糖果汁、果汁饮料、蔬菜果汁、果蔬果汁技术规范》	（4）氯化物 非澄清果汁： 胡萝卜汁：—，加糖甜菜汁：—。 果肉果汁（不添加调味剂）： 胡萝卜-楒梓果果汁：—，胡萝卜-苹果果汁：—，甜菜-楒梓果果汁：—，甜菜-苹果果汁：—； 果肉果汁（添加调味剂）： 含糖南瓜-苹果果汁：—，红色果汁：—，青春果汁≤0.8%，特别果汁≤1.0%，草原果汁≤0.8%，开胃果汁≤0.8%，黄瓜果汁≤1.0%； 乳酸发酵果汁： 白菜汁≤0.8%，甜菜汁≤0.8%； 含糖果肉汁： 胡萝卜果汁：—，甜菜果汁：—，南瓜果汁：—，胡萝卜-越桔果汁：—，胡萝卜-葡萄果汁：—，胡萝卜-红梅苔子果汁：—，胡萝卜-苹果果汁：—，胡萝卜-樱桃李-柠檬果汁：—，胡萝卜-南瓜甜菜-柠檬果汁：—，胡萝卜-苹果-桃子-柠檬果汁：—，甜菜-苹果-柠檬果汁：—，南瓜-杏-柠檬果汁：—，南瓜-甜菜-苹果果汁：—，南瓜-沙棘果果汁：—，南瓜-苹果-柠檬果汁：—，南瓜-苹果果汁：—，自由果汁≤0.8%，秋天果汁：—，夏天果汁：—，健康果汁≤0.8%； 含果肉饮料： 南瓜饮料：—，南瓜-苹果饮料：—； 非澄清乳酸发酵饮料： 白菜饮料≤0.6%，胡萝卜饮料≤0.6%，甜菜饮料≤0.6%，白菜-甜菜饮料≤0.6%。 （5）pH 非澄清果汁： 胡萝卜汁≤5.0，加糖甜菜汁≤4.4； 果肉果汁（不添加调味剂）： 胡萝卜-楒梓果果汁≤4.4，胡萝卜-苹果果汁≤4.4，甜菜-楒梓果果汁≤4.4，甜菜-苹果果汁≤4.4；

续表

名称	中国		塔吉克斯坦	
	标准号及标准名称	限量	标准号及标准名称	允许水平
浓缩苹果果汁	GB/T 18963—2012《浓缩苹果汁》	浓缩苹果浊汁：≤3.0 g/kg。 （12）果胶试验 浓缩苹果清汁：阴性； 浓缩苹果浊汁：—。 （13）淀粉试验 浓缩苹果清汁：阴性； 浓缩苹果浊汁：—。 （14）稳定性试验 浓缩苹果清汁： ≤1.0 NTU； 浓缩苹果浊汁：—	《罐头食品果汁、含糖果汁、果汁饮料、蔬菜果汁、果蔬果汁技术规范》	果肉果汁（添加调味剂）： 含糖南瓜－苹果果汁≤4.2，红色果汁≤4.2，青春果汁≤4.4，特别果汁≤4.3，草原果汁≤4.2，开胃果汁≤4.2，黄瓜果汁≤4.3； 乳酸发酵果汁： 白菜汁≤4.0，甜菜汁≤4.0； 含糖果肉果汁： 胡萝卜果汁≤4.4，甜菜果汁≤4.4，南瓜果汁≤4.2，胡萝卜－越桔果汁≤4.3，胡萝卜－葡萄果汁≤4.4，胡萝卜－红梅苔子果汁≤4.3，胡萝卜－苹果果汁≤4.4，胡萝卜－樱桃李－柠檬果汁≤3.8，胡萝卜－南瓜－甜菜－柠檬果汁≤3.8，胡萝卜－苹果－桃子－柠檬果汁≤3.8，甜菜－苹果－柠檬果汁≤3.8，南瓜－杏－柠檬果汁≤4.5，南瓜－甜菜－苹果果汁≤4.4，南瓜－沙棘果汁≤4.2，南瓜－苹果－柠檬果汁≤4.4，南瓜－苹果果汁≤4.2，自由果汁≤4.2，秋天果汁≤4.0，夏天果汁≤4.0，健康果汁≤4.2； 含果肉饮料： 南瓜饮料≤4.2，南瓜－苹果饮料≤4.2； 非澄清乳酸发酵饮料： 白菜饮料≤4.0，胡萝卜饮料≤4.0，甜菜饮料≤4.0，白菜－甜菜饮料≤4.0。 （6）果汁或果浆 含糖果肉果汁： 胡萝卜果汁≥50.0%，甜菜果汁≥50.0%，南瓜果汁≥50.0%，胡萝卜－越桔果汁≥75.0%，胡萝卜－葡萄果汁≥70.0%，胡萝卜－红梅苔子果汁≥65.0%，胡萝卜－苹果果汁≥50.0%，胡萝卜－樱桃李－柠檬果汁≥50.0%，胡萝卜－南瓜－甜菜－柠檬果汁≥50.0%，胡萝卜－苹果－桃子－柠檬果汁≥50.0%，甜菜－苹果－柠檬果汁≥50.0%，南瓜－杏－柠檬果汁≥50.0%，南瓜－甜菜－苹果果汁≥50.0%，南瓜－沙棘果汁≥65.0%，南瓜－苹果－柠檬果汁≥50.0%，南瓜－苹果果汁≥50.0%，自由果汁≥94.0%，秋天果汁≥88.5%，夏天果汁≥88.5%，健康果汁≥63.0%

22.5.3　果蔬汁饮料感官指标的差异

中国和塔吉克斯坦标准中果蔬汁饮料感官指标的差异见表 22-3。

表 22-3　中国和塔吉克斯坦标准中果蔬汁饮料感官指标的差异

名称	中国		塔吉克斯坦	
	标准号及标准名称	限量	标准号及标准名称	允许水平
果蔬汁类及其饮料	GB/T 31121—2014《果蔬汁类及其饮料》	（1）色泽 具有所标示的该种（或几种）水果、蔬菜制成的汁液（浆）相符的色泽，或具有与添加成分相符的色泽； （2）滋味气味 具有所标示的该种（或几种）水果、蔬菜制成的汁液（浆）应有的滋味和气味，或具有与添加成分相符的滋味和气味，无异味； （3）组织状态 无外来杂质	《罐头食品果汁、含糖果汁、果汁饮料、蔬菜果汁、果蔬果汁技术规范》	（1）外观与稠度 蔬菜果汁、果蔬果汁、含糖果汁与果汁饮料（非乳酸发酵产品）： 均为非澄清果汁，允许底部存在少量浓缩沉淀； 带果肉果汁、含糖果汁的饮料：均为非澄清液体，细粒果肉均匀分布，允许果粒沉淀引起的轻微分层、南瓜－沙棘果饮料的表面出现小油圈； 蔬菜果汁、果蔬果汁、含糖果汁与果汁饮料（乳酸发酵产品）：均匀非透明液体，允许出现少量沉淀，胡萝卜饮料允许出现轻微分层。 （2）味道与气味 蔬菜果汁、果蔬果汁、含糖果汁与果汁饮料（乳酸发酵产品）：有好闻的气味，带有酸甜味道； 白菜果汁饮料、白菜－甜菜饮料：带有酸咸味道； 添加有香料浸膏的饮料：带有香料的香味，不应出现异味。
饮料	GB 7101—2022《食品安全国家标准　饮料》	（1）色泽 具有该产品应有的色泽； （2）滋味、气味 具有该产品应有的滋味、气味，无异味、无异嗅； （3）状态 具有该产品应有的状态，无正常视力可见外来异物		

名称	中国		塔吉克斯坦	
	标准号及标准名称	限量	标准号及标准名称	允许水平
橙汁及橙汁饮料	GB/T 21731—2008《橙汁及橙汁饮料》	（1）状态 呈均匀液状，允许有果肉或囊胞沉淀； （2）色泽 具有橙汁应有之色泽，允许有轻微褐变； （3）气味与滋味 具有橙汁应有的香气及滋味，无异味； （4）杂质 无可见外来杂质	《罐头食品果汁、含糖果汁、果汁饮料、蔬菜果汁、果蔬果汁技术规范》	（3）颜色 蔬菜果汁、果蔬果汁、含糖果汁与果汁饮料（非乳酸发酵产品）： 颜色均匀，是所使用蔬菜、蔬菜混合物或蔬菜水果混合物以及调味剂固有的颜色，允许浅色蔬菜、水果制成的果汁、饮料呈现较深色，允许较深颜色的蔬菜、水果制成的果汁、饮料发生轻微褪色； 蔬菜果汁、果蔬果汁、含糖果汁与果汁饮料（乳酸发酵产品）：为所使用蔬菜、水果固有的颜色，允许颜色较深
浓缩苹果汁	GB/T 18963—2012《浓缩苹果汁》	（1）香气及滋味 就有苹果固有的滋味和香气，无异味； （2）外观形态 澄清透明，无沉淀物，无悬浮物； （3）杂质 无正常视力可见的外来杂质		

第23章　咖啡类饮料

23.1　标准名称

［中国标准］GB/T 30767—2014《咖啡类饮料》。

［塔吉克斯坦标准］《塔吉克斯坦共和国罐装牛奶含炼乳和糖的天然咖啡技术规范》。

23.2　适用范围的差异

［中国标准］适用于咖啡类饮料，规定了咖啡类饮料的术语和定义、产品分类、要求、试验方法、检验规则、标志、包装、运输和贮存。

［塔吉克斯坦标准］适用于含炼乳和糖的天然咖啡（以下简称为产品），该产品采用巴氏灭菌牛奶通过蒸发脱水与糖的防腐作用制成，并加入天然咖啡浸膏。

23.3　规范性引用文件清单的差异

［中国标准］

规范性引用文件有：

GB 5009.139《饮料中咖啡因的测定》；

GB 7718《食品安全国家标准　预包装食品标签通则》；

GB 10789《饮料通则》；

GB 28050《食品安全国家标准　预包装食品营养标签通则》。

［塔吉克斯坦标准］没有规范性引用文件清单。

23.4　术语和定义的差异

［中国标准］涉及以下术语和定义。（1）咖啡类饮品：以咖啡豆或/咖啡制品（研磨咖啡粉、咖啡的提取液或其浓缩液、速溶咖啡等）为原料，可添加食糖、乳和/或乳制品、植脂末、食品添加剂等，经加工制成的液体饮料。（2）咖啡固形物：来源于咖啡提取液或其浓缩液的干物质成分。

［塔吉克斯坦标准］没有术语和定义的描述。

23.5 技术要求差异性

23.5.1 咖啡类饮料原料要求的差异

中国和塔吉克斯坦标准中咖啡类饮料原料要求的差异见表 23-1。

表 23-1 中国和塔吉克斯坦标准中咖啡类饮料原料要求的差异

名称	中国		塔吉克斯坦	
	标准号及标准名称	原料要求	标准号及标准名称	原料要求
咖啡类饮料	GB/T 30767—2014《咖啡类饮料》	咖啡豆及咖啡制品等原料及辅料应符合相应的国家标准、行业标准等有关标准	《塔吉克斯坦共和国罐装牛奶含炼乳和糖的天然咖啡技术规范》	预先储备的牛乳,不低于 GOST 13264—1988 规定的 2 级标准; 鲜奶油,脂肪质量分数不超过 40%,酸度不超过 24°T,从牛乳中获取,牛乳不低于 GOST 13264—1988 规定的 2 级标准; 脱脂乳,从牛乳中获取,牛乳不低于 GOST 13264—1988 规定的 2 级标准,酸度不超过 20°T; 脱脂乳浆,从甜奶油的生产中获取,酸度不超过 20°T; 砂糖,符合 GOST 21—1994 要求(色度不超过 0.8 个标准单位); 精制砂糖,根据 GOST 22—1994,其在俄罗斯联邦境内,自 2011 年 7 月 1 日起,现行有效标准为 GOST R 53396—2009; 精制微晶乳糖,按照标准技术文件要求; 炒制磨碎天然菊苣咖啡,符合 GOST 6805—1997 要求,其在俄罗斯联邦境内,现行有效标准为 GOST R 52088—2003; 碳酸氢钠,符合 GOST 2156—1976 要求; 山梨酸,符合标准技术文件要求; 饮用水,符合 GOST 2874—1982 要求,其在俄罗斯联邦境内现行有效标准为 GOST R 51232—1998

23.5.2 咖啡类饮料感官指标的差异

中国和塔吉克斯坦标准中咖啡类饮料感官指标的差异见表 23-2。

表 23-2　中国和塔吉克斯坦标准中咖啡类饮料感官指标的差异

名称	中国		塔吉克斯坦	
	标准号及标准名称	感官指标	标准号及标准名称	感官指标
咖啡类饮料	GB/T 30767—2014《咖啡类饮料》	具有该产品特有的色泽、香气和滋味，允许有少量浮油、悬浮物和沉淀物，无异味，无外来杂质	《塔吉克斯坦共和国罐装牛奶含炼乳和糖的天然咖啡技术规范》	（1）味道和气味 加入牛奶和糖的天然咖啡，味道可口，气味香醇，无异味。 （2）在 15 ℃～20 ℃ 温度条件下的稠度 均质，微黏，很容易从勺子上流下。 （3）颜色 均匀深褐色

23.5.3　咖啡类饮料理化指标的差异

中国和塔吉克斯坦标准中咖啡类饮料理化指标的差异见表 23-3。

表 23-3　中国和塔吉克斯坦标准中咖啡类饮料理化指标的差异

名称	中国		塔吉克斯坦	
	标准号及标准名称	限量	标准号及标准名称	允许水平
咖啡类饮料	GB/T 30767—2014《咖啡类饮料》	（1）咖啡固形物（以原料配比或计算值为准） 咖啡饮料：≥0.5 g/100 mL； 浓咖啡饮料：≥1 g/100 mL； 低咖啡因咖啡饮料： ≥0.5 g/100 mL； 低咖啡因浓咖啡饮料： ≥1 g/100 mL。 （2）咖啡因 咖啡饮料：≥200 mg/kg； 浓咖啡饮料：≥200 mg/kg； 低咖啡因咖啡饮料： ≤50 mg/kg； 低咖啡因浓咖啡饮料： ≤50 mg/kg	《塔吉克斯坦共和国罐装牛奶含炼乳和糖的天然咖啡技术规范》	（1）水 ≤29.0%。 （2）蔗糖 ≥44.0%。 （3）牛奶固体物质、天然咖啡浸膏、菊苣浸膏 ≥27.0%（菊苣咖啡，应保证其中浸膏≥5%）。 （4）脂肪 ≥7.0%。 （5）锡 ≤0.01%。 （6）铜 ≤0.000 5%。 （7）铅 不含

23.5.4 咖啡类饮料微生物指标的差异

中国和塔吉克斯坦标准中咖啡类饮料微生物指标的差异见表 23-4。

表 23-4 中国和塔吉克斯坦标准中咖啡类饮料微生物指标的差异

名称	中国		塔吉克斯坦	
	标准号及标准名称	限量	标准号及标准名称	允许水平
咖啡类饮料	GB/T 30767—2014《咖啡类饮料》	—	《塔吉克斯坦共和国罐装牛奶含炼乳和糖的天然咖啡技术规范》	（1）大肠杆菌 0 CFU/1 g。（2）沙门氏菌 0 CFU/25 g

第 24 章　肉罐头和蔬菜肉罐头

24.1　标准名称

[中国标准] GB 7098—2015《食品安全国家标准　罐头食品》。

[塔吉克斯坦标准]

GOST 4.29—1971《肉罐头和蔬菜肉罐头》;

《塔吉克斯坦共和国关于食品安全、肉和肉制品安全、乳和乳制品安全性技术准则的决议》。

24.2　适用范围的差异

[中国标准] 适用于罐头食品，不适用于婴幼儿罐装辅助食品。

[塔吉克斯坦标准]（1）GOST 4.29—1971 适用肉罐头和蔬菜肉罐头，规定了国标和技术规范中采用的强制遵守的特征和质量指标。各项特征和质量指标的标准及要求均应根据相应国家标准和技术规范进行确定。（2）《塔吉克斯坦共和国关于食品安全、肉和肉制品安全、乳和乳制品安全性技术准则的决议》没有肉罐头和蔬菜肉罐头适用范围的描述。

24.3　规范性引用文件清单的差异

[中国标准] GB 7098—2015 没有规范性引用文件清单。

[塔吉克斯坦标准] GOST 4.29—1971 没有规范性引用文件清单。《塔吉克斯坦共和国关于食品安全、肉和肉制品安全、乳和乳制品安全性技术准则的决议》没有规范性引用文件清单。

24.4　术语和定义的差异

[中国标准] 涉及以下术语和定义。（1）罐头食品：以水果、蔬菜、食用菌、畜禽肉、水产动物等为原料，经加工处理、装罐、密封、加热杀菌等工序加工而成的商业无菌的罐装食品。（2）胖听：由于罐头内微生物活动或化学作用产生气体，形成正压，使一端或两端外凸的现象。（3）商业无菌：罐头食品经过适度热杀菌后，

不含有致病性微生物，也不含有在通常温度下能在其中繁殖的非致病性微生物的状态。

[塔吉克斯坦标准] GOST 4.29—1971 没有术语和定义的描述；《塔吉克斯坦共和国关于食品安全、肉和肉制品安全、乳和乳制品安全性技术准则的决议》没有术语和定义的描述。

24.5　技术要求差异

24.5.1　肉罐头和蔬菜肉罐头感官要求的差异

中国和塔吉克斯坦标准中肉罐头和蔬菜肉罐头感官要求的差异见表 24-1。

表 24-1　中国和塔吉克斯坦标准中肉罐头和蔬菜肉罐头感官要求的差异

名称	中国		塔吉克斯坦	
	标准号及标准名称	感官要求	标准号及标准名称	感官要求
罐头食品	GB 7098—2015《食品安全国家标准　罐头食品》	（1）容器 密封完好，无泄漏，无胖听，容器外表无锈蚀，内壁涂料无脱落。 （2）内容物 具有该品种罐头食品应有的色泽、气味、滋味、形态	GOST 4.29—1971《肉罐头和蔬菜肉罐头》	—
			《塔吉克斯坦共和国关于食品安全、肉和肉制品安全、乳和乳制品安全性技术准则的决议》	—

24.5.2　肉罐头和蔬菜肉罐头理化指标的差异

中国和塔吉克斯坦标准中肉罐头和蔬菜肉罐头理化指标差异见表 24-2。

表 24-2　中国和塔吉克斯坦标准中肉罐头和蔬菜肉罐头理化指标的差异

名称	中国		塔吉克斯坦	
	标准号及标准名称	限量	标准号及标准名称	允许水平
罐头食品	GB 7098—2015《食品安全国家标准 罐头食品》	（1）组胺（仅适用于鲐鱼、鲹鱼、沙丁鱼罐头）≤10^2 mg/100 g。（2）米酵菌酸（仅适用于银耳罐头）≤0.25 mg/kg	GOST 4.29—1971《肉罐头和蔬菜肉罐头》	—
			《塔吉克斯坦共和国关于食品安全、肉和肉制品安全、乳和乳制品安全性技术准则的决议》	（1）干物质量比 供幼儿食用的肉类罐头食品：≥20 g/100 g；供幼儿食用的肉类植物性（植物性肉类）罐头食品：5 g/100 g～26 g/100 g；供学前儿童和学龄儿童食用的肉类罐头食品：—。（2）蛋白质 供幼儿食用的肉类罐头食品：8.5 g/100 g～15 g/100 g；供幼儿食用的肉类植物性（植物性肉类）罐头食品：1.5 g/100 g～8 g/100 g；供学前儿童和学龄儿童食用的肉类罐头食品：≥12 g/100 g。（3）脂肪 供幼儿食用的肉类罐头食品：3 g/100 g～12 g/100 g；供幼儿食用的肉类植物性（植物性肉类）罐头食品：1 g/100 g～6 g/100 g；供学前儿童和学龄儿童食用的肉类罐头食品：≤18 g/100 g。（4）氯化钠 供幼儿食用的肉类罐头食品：≤0.4 g/100 g；供幼儿食用的肉类植物性（植物性肉类）罐头食品：≤0.4 g/100 g；供学前儿童和学龄儿童食用的肉类罐头食品：≤1.2 g/100 g。（5）淀粉 供幼儿食用的肉类罐头食品：≤3 g/100 g；供幼儿食用的肉类植物性（植物性肉类）罐头食品：≤3 g/100 g；供学前儿童和学龄儿童食用的肉类罐头食品：≤3 g/100 g。（6）大米面和小麦粉 供幼儿食用的肉类罐头食品：≤5 g/100 g；供幼儿食用的肉类植物性（植物性肉类）罐头食品：≤5 g/100 g；供学前儿童和学龄儿童食用的肉类罐头食品：≤5 g/100 g。（7）亚硝酸盐 供幼儿食用的肉类罐头食品：不允许（＜0.5 mg/kg）；供幼儿食用的肉类植物性（植物性肉类）罐头食品：不允许（＜0.5 mg/kg）；供学前儿童和学龄儿童食用的肉类罐头食品：不允许（＜0.5 mg/kg）。（8）碳水化合物 供幼儿食用的肉类植物性（植物性肉类）罐头食品：5 g/100 g～15 g/100 g

24.5.3　肉罐头和蔬菜肉罐头微生物指标的差异

中国和塔吉克斯坦标准中肉罐头和蔬菜肉罐头微生物指标的差异见表24-3。

表 24-3　中国和塔吉克斯坦标准中肉罐头和蔬菜肉罐头微生物指标的差异

名称	中国		塔吉克斯坦	
	标准号及标准名称	限量	标准号及标准名称	允许水平
罐头食品	GB 7098—2015《食品安全国家标准　罐头食品》	商业无菌	GOST 4.29—1971《肉罐头和蔬菜肉罐头》	—
			《塔吉克斯坦共和国关于食品安全、肉和肉制品安全、乳和乳制品安全性技术准则的决议》	消毒罐头食品：应该符合关税同盟 TP TC 034/2013《肉类和肉类产品安全性技术法规》附件 2 规定的消毒罐头食品的微生物安全性标准（工业无菌）；供儿童食用的罐头食品：应该符合关税同盟 TPTC 034/2013《肉类和肉类产品安全性技术法规》附件 2 规定的消毒罐头食品的微生物安全性标准（工业无菌）

第 25 章　罐头食品（肉、米馅菜卷或甜椒卷）

25.1　标准名称

［中国标准］

GB 7098—2015《食品安全国家标准　罐头食品》；

GB/T 10784—2020《罐头食品分类》。

［塔吉克斯坦标准］GOST 17472—1972《罐头食品　肉、米馅菜卷或甜椒卷》。

25.2　适用范围的差异

［中国标准］（1）GB 7098—2015 适用于罐头食品，不适用于婴幼儿罐装辅助食品。（2）GB/T 10784—2020 规定了罐头食品的分类原则和类别，适用于罐头食品的生产、销售、科研、教学及其他相关领域。

［塔吉克斯坦标准］GOST 17472—1972 适用于由肉、米、炒洋葱、香料与青菜叶混合物做馅的甜椒卷或白菜卷制成的罐头食品，装在白铁罐或玻璃罐中，浇上番茄酱，密封消毒。

25.3　规范性引用文件清单的差异

［中国标准］GB 7098—2015 没有规范性引用文件清单，GB/T 10784—2020 没有规范性引用文件清单。

［塔吉克斯坦标准］GOST 17472—1972 没有规范性引用文件清单。

25.4　术语和定义的差异

［中国标准］

GB 7098—2015 涉及以下术语和定义。（1）罐头食品：以水果、蔬菜、食用菌、畜禽肉、水产动物等为原料，经加工处理、装罐、密封、加热杀菌等工序加工而成的商业无菌的罐装食品。（2）胖听：由于罐头内微生物活动或化学作用产生气体，形成正压，使一端或两端外凸的现象。（3）商业无菌：罐头食品经过适度热杀菌后，不含有致病性微生物，也不含有在通常温度下能在其中繁殖的非致病性微生物的状态。

GB/T 10784—2020 没有术语和定义的描述。

[塔吉克斯坦标准]没有术语和定义的描述。

25.5　技术要求差异

25.5.1　罐头食品感官要求的差异

中国和塔吉克斯坦标准中罐头食品感官要求的差异见表 25-1。

表 25-1　中国和塔吉克斯坦标准中罐头食品感官要求的差异

名称	中国		塔吉克斯坦	
	标准号及标准名称	感官要求	标准号及标准名称	感官要求
罐头食品	GB 7098—2015《食品安全国家标准 罐头食品》	（1）容器 密封完好，无泄漏，无胖听，容器外表无锈蚀，内壁涂料无脱落。 （2）内容物 具有该品种罐头食品应有的色泽、气味、滋味、形态	GOST 17472—1972《罐头食品 肉、米馅菜卷或甜椒卷》	（1）外观 大小相同的带馅菜卷，浸泡在酱汁里，白菜叶片完整，夹馅，没有结块，包卷工整，允许甜椒上切口用于填馅，在保证甜椒的形状不变的条件下，切口的大小应不超过甜椒总长度的 1/3。 （2）味道和气味 味道可口，与常规方法烹制的食材味道相同，不允许出现异味。 （3）颜色 与常规方法烹制的食材颜色相同，白菜叶为白色或浅黄色；甜椒为单一颜色或各种颜色；酱汁为橘红色。 （4）稠度 白菜叶和甜椒质地较软，但不会过烂。肉馅鲜美多汁，不硬，米饭不会过烂，与肉馅均匀搅拌在一起。 （5）有无异物 不允许

25.5.2　罐头食品理化指标的差异

中国和塔吉克斯坦标准中罐头食品理化指标差异见表 25-2。

表 25-2　中国和塔吉克斯坦标准中罐头食品理化指标的差异

名称	中国		塔吉克斯坦	
	标准号及标准名称	限量	标准号及标准名称	允许水平
罐头食品	GB 7098—2015《食品安全国家标准　罐头食品》	（1）组胺（仅适用于鲐鱼、鲹鱼、沙丁鱼罐头）≤102 mg/100 g。（2）米酵菌酸（仅适用于银耳罐头）≤0.25 mg/kg	GOST 17472—1972《罐头食品　肉、米馅菜卷或甜椒卷》	（1）菜卷或甜椒卷的数量≥2 个。（2）馅中的肉含量肉米馅的菜卷：≥57.0%，肉米馅的甜椒卷≥47.5%。（3）油脂含量肉米馅的菜卷：≥8.0%，肉米馅的甜椒卷：≥6.0%。（4）食盐含量1.0%～1.5%。（5）总酸度（按照苹果酸计算）≤0.5%。（6）重金属含盐量（装在白铁罐内的罐头食品，需要测定锡、铅的含量）锡：≤200 mg/kg；铜：≤10 mg/kg；铅：不含

25.5.3　罐头食品微生物指标的差异

中国和塔吉克斯坦标准中罐头食品微生物指标的差异见表 25-3。

表 25-3　中国和塔吉克斯坦标准中罐头食品微生物指标的差异

名称	中国		塔吉克斯坦	
	标准号及标准名称	限量	标准号及标准名称	允许水平
罐头食品	GB 7098—2015《食品安全国家标准罐头食品》	商业无菌	GOST 17472—1972《罐头食品　肉、米馅菜卷或甜椒卷》	—

第 26 章　禽肉产品

26.1　标准名称

[中国标准]

GB 2707—2016《食品安全国家标准　鲜（冻）畜、禽产品》；

GB 16869—2005《鲜、冻禽产品》。

[塔吉克斯坦标准] GOST 21784—1976《禽肉（鸡、鸭、鹅、火鸡、珍珠鸡的胴体肉）　技术要求》。

26.2　适用范围的差异

[中国标准]（1）GB 2707—2016 适用于鲜（冻）畜、禽产品，不适用于即食生肉制品；（2）GB 16869—2005 规定了鲜，冻禽产品的技术要求、检验方法、检验规则和标签、标志、包装、贮存的要求，适用于健康活禽经屠宰、加工、包装的鲜禽产品或冻禽产品，也适用于未经包装的鲜禽产品或冻禽产品。

[塔吉克斯坦标准] GOST 21784—1976 适用于由工业企业生产的禽肉（鸡、鸭、鹅、火鸡、珍珠鸡的胴体肉），其用于在商业网、公共餐饮网销售，以及进行工业加工，且需由兽医监督机构认可准予食用。

26.3　规范性引用文件清单的差异

[中国标准]

GB 2707—2016 没有"规范性引用文件"的描述。

GB 16869—2005 规范性引用文件有：

GB/T 191《包装储运图示标志》；

GB/T 4789.2—2003《食品卫生微生物学检验　菌落总数测定》；

GB 4789.3—2003《食品卫生微生物学检验　大肠菌群测定》；

GB 4789.4—2003《食品卫生微生物学检验　沙门氏菌检验》；

GB 5009.11—2003《食品中总砷及无机砷的测定方法》；

GB 5009.12—2003《食品中铅的测定方法》；

GB 5009.17—2003《食品中总汞及有机汞的测方法》；

GB/T 5009.19—2003《食品中六六六、滴滴涕残留量的测定》；

GB/T 5009.44—2003《肉与肉制品卫生标准的分析方法》；

GB/T 6388《运输包装收发货标志》；

GB 7718《预包装食品标签通则》；

GB/T 14931.1—1994《畜禽肉中土霉素、四环素、金霉素残留量测定方法（高效液相谱法）》；

SN/T 0208—1993《出口肉中十种磺胺残留量检验方法》；

SN/T 0212.3—1993《出口禽肉中二氯二申吡啶酚残留量检验方法　丙酰化‐气相色谱法》；

SN 0672—1997《出口肉及肉制品中己烯雌酚残留量检验方法　放射免疫法》；

SN/T 0973—2000《进出口肉及肉制品中肠出血性大肠杆菌 0157：H7 检验方法》。

[塔吉克斯坦标准] GOST 21784—1976 没有规范性引用文件清单。

26.4　术语和定义的差异

[中国标准]

GB 2707—2016 涉及以下术语及定义。（1）鲜畜、禽肉：活畜（猪、牛、羊、兔等）、禽（鸡、鸭、鹅等）宰杀、加工后，不经过冷冻处理的肉。（2）冻畜、禽肉：活畜（猪、牛、羊、兔等）、禽（鸡、鸭、鹅等）宰杀、加工后，在≤-18 ℃冷冻处理的肉。（3）畜、禽副产品：活畜（猪、牛、羊、兔等）、禽（鸡、鸭、鹅等）宰杀、加工后，所得畜禽内脏、头、颈、尾、翅、脚（爪）等可食用的产品。

GB 16869—2005 涉及以下术语及定义。（1）鲜禽产品：将活禽屠宰、加工后，经预冷处理的冰鲜产品；包括净膛后的整只禽、整只禽的分割部位（禽肉、禽翅、禽腿等）、禽的副产品 [禽头、禽脖、禽内脏、禽脚（爪）等]。（2）冻禽产品：将活禽屠宰、加工后，经冻结处理的产品；包括净膛后的整只禽、整只禽的分割部位（禽肉、禽翅、禽腿等）、禽的副产品 [禽头、禽脖、禽内脏、禽脚（爪）等]。（3）异物：正常视力可见的杂物或污染物，如禽的黄色表皮、禽粪、胆汁、其他异物（塑料、金属、残留饲料等）。

[塔吉克斯坦标准] 没有术语和定义的描述。

26.5 技术要求差异

26.5.1 禽肉产品原料要求的差异

中国和塔吉克斯坦标准中禽肉产品原料要求的差异见表 26-1。

表 26-1 中国和塔吉克斯坦标准中禽肉产品原料要求的差异

名称	中国		塔吉克斯坦	
	标准号及标准名称	原料要求	标准号及标准名称	原料要求
鲜、冻禽产品	GB 16869—2005《鲜、冻禽产品》	屠宰前的活禽应来自非疫区，并经检疫、检验合格	GOST 21784—1976《禽 肉（鸡、 鸭、鹅、火鸡、珍珠鸡的胴体肉） 技术要求》	生产禽肉时采用家禽，符合 GOST 18292—1985 要求
鲜（冻）畜、禽产品	GB 2707—2016《食品安全国家标准 鲜（冻）畜、禽产品》	屠宰前的活畜、禽应经动物卫生监督机构检疫、检验合格		

26.5.2 禽肉产品理化指标的差异

中国和塔吉克斯坦标准中禽肉产品理化指标的差异见表 26-2。

表 26-2 中国和塔吉克斯坦标准中禽肉产品理化指标的差异性

名称	中国		塔吉克斯坦	
	标准号及标准名称	限量	标准号及标准名称	允许水平
鲜、冻禽产品	GB 16869—2005《鲜、冻禽产品》	（1）冻禽产品解冻失水率 ≤6%。（2）挥发性盐基氮 ≤15 mg/100 g	GOST 21784—1976《禽 肉（鸡、 鸭、 鹅、火鸡、珍珠鸡的胴体肉） 技术要求》	—
鲜（冻）畜、禽产品	GB 2707—2016《食品安全国家标准 鲜（冻）畜、禽产品》	挥发性盐基氮 ≤15 mg/100 g		

26.5.3 禽肉产品微生物指标的差异

中国和塔吉克斯坦标准中禽肉产品微生物指标的差异见表 26-3。

表 26-3　中国和塔吉克斯坦标准中禽肉产品微生物指标的差异

名称	中国		塔吉克斯坦	
	标准号及标准名称	限量	标准号及标准名称	允许水平
鲜、冻禽产品	GB 16869—2005《鲜、冻禽产品》	（1）菌落总数 鲜禽产品：$\leqslant 1 \times 10^4$ CFU/g； 冻禽产品：$\leqslant 5 \times 10^5$ CFU/g。 （2）大肠菌群 鲜禽产品：$\leqslant 1 \times 10^4$ CFU/g； 冻禽产品：$\leqslant 5 \times 10^3$ CFU/g。 （3）沙门氏菌 0/25 g（取样个数为 5）。 （4）出血性大肠埃希氏菌（O157：H7） 0/25 g（取样个数为 5）	GOST 21784-76《禽肉（鸡、鸭、鹅、火鸡、珍珠鸡的胴体肉）技术要求》	—
鲜（冻）畜、禽产品	GB 2707—2016《食品安全国家标准　鲜（冻）畜、禽产品》	—		

26.5.4　禽肉产品感官要求的差异

中国和塔吉克斯坦标准中禽肉产品感官要求的差异见表 26-4。

表26-4 中国和塔吉克斯坦标准中禽肉产品感官要求的差异

名称	中国		塔吉克斯坦	
	标准号及标准名称	感官要求	标准号及标准名称	感官要求
鲜、冻禽产品	GB 16869—2005《鲜、冻禽产品》	（1）组织状态 鲜禽产品：肌肉富有弹性，指压后凹陷部位立即恢复原状； 冻禽产品（解冻后）：肌肉指压后凹陷部位恢复较慢，不易完全恢复原状。 （2）色泽 鲜禽产品：表皮和肌肉切面有光泽，具有禽类品种应有的色泽； 冻禽产品（解冻后）：表皮和肌肉切面有光泽，具有禽类品种应有的色泽。 （3）气味 鲜禽产品：具有禽类品种应有的气味，无异味； 冻禽产品（解冻后）：具有禽类品种应有的气味，无异味。 （4）加热后肉汤 鲜禽产品：透明澄清，脂肪团聚于液面，具有禽类品种应有的滋味； 冻禽产品（解冻后）：透明澄清，脂肪团聚于液面，具有禽类品种应有的滋味。 （5）淤血（鲜禽产品和解冻后的冻禽产品，以淤血面积 S 计） $S>1$：不得检出； $0.5<S≤1$：片数不得超过抽样量的2%； $S≤0.5$：忽略不计。 （6）硬杆毛（长度超过12 mm的羽毛，或直径超过2 mm的羽毛根） 鲜禽产品：≤1根/10 kg； 冻禽产品（解冻后）：≤1根/10 kg。 （7）异物 鲜禽产品：不得检出； 冻禽产品（解冻后）：不得检出	GOST 21784—76《禽肉（鸡、鸭、鹅、火鸡、珍珠鸡）肉的胴体（肉）技术要求》	所有禽肉胴体肉应处理干净，完全放血，没有羽毛，绒毛、毛发状羽毛，毛囊，蜡质（针对挂蜡的水禽胴体），伤痕，破口，污点，淤斑以及肠道与泄殖腔的残留物。 对于半开膛胴体，口腔与喙部应清理饲料与血渍，脚爪部位应去除脏污，石灰脚及发炎处。 允许以下情况： 一级胴体肉上允许存在极少的毛囊与轻微凹痕，1 cm的皮肤破口不超过2处（只要不在胸部位置），表皮脱口不明显； 二级胴体肉上允许存在少量的毛囊与凹痕，2 cm的皮肤破口不超过3处，存在表皮脱口，但不影响胴体的商品外观
鲜（冻）畜、禽产品	GB 2707—2016《食品安全国家标准 鲜（冻）畜、禽产品》	（1）色泽 具有产品应有的色泽。 （2）气味 具有产品应有的气味，无异味。 （3）状态 具有产品应有的状态，无正常视力可见外来异物		

26.5.5　禽肉产品安全性指标的差异

中国和塔吉克斯坦标准中禽肉产品安全性指标的差异见表 26-5。

表 26-5　中国和塔吉克斯坦标准中禽肉产品安全性指标的差异

名称	中国		塔吉克斯坦	
	标准号及标准名称	限量	标准号及标准名称	允许水平
鲜、冻禽产品	GB 16869—2005《鲜、冻禽产品》	（1）铅 肉类（畜禽内脏除外）： ≤0.2 mg/kg； 畜禽内脏： ≤0.5 mg/kg。 （2）镉 肉类（畜禽内脏除外）： ≤0.1 mg/kg； 畜禽肝脏： ≤0.5 mg/kg； 畜禽肾脏： ≤1.0 mg/kg。	GOST 21784-76《禽肉（鸡、鸭、鹅、火鸡、珍珠鸡的胴体肉）技术要求》	有毒成分、黄曲霉素 B_1、抗生素、激素制剂、亚硝胺、农药的含量不应超过苏联保健部的生物医学要求与《食品、食品原料质量卫生标准》中规定的允许值
鲜（冻）畜、禽产品	GB 2707—2016《食品安全国家标准 鲜（冻）畜、禽产品》	（3）总汞 肉类：≤0.05 mg/kg。 （4）甲基汞：—。 （5）总砷 肉和肉制品：≤0.5 mg/kg。 （6）无机砷：—。 （7）铬 肉及肉制品：1.0 mg/kg。 （8）四环素 家禽（产蛋期禁用）： 肌肉≤100 μg/kg； 皮＋脂≤300 μg/kg； 肝≤300 μg/kg； 肾≤600 μg/kg。 （9）左旋霉素 不得使用。 （10）雀西杆菌素 —		

[**中国标准**] GB 16869—2005 中既对原料、加工、整修、分割、冻结的技术要求进行了描述，也分别按照组织状态、色泽、气味、加热后肉汤、淤血、梗杆毛、异物等项目进行了描述；GB 2707—2016 中既对原料的要求进行了描述，也分别按照色泽、气味和状态等项目对鲜（冻）禽产品进行了描述。

[塔吉克斯坦标准] GOST 21784—1976 根据年龄对禽肉开膛情况、胸肌层肥度进行分类，对幼禽肉和成禽肉进行定义和规定；对幼禽肉、半开膛胴体肉质量进行了限定，对半开膛胴体肉、全开膛胴体肉以及带全套内脏与脖颈的全开膛胴体肉进行了定义，对生产工艺、肥度特性进行了规定。

26.5.6 理化、卫生和微生物指标差异

[中国标准] GB 16869—2005 中规定的检验指标有 2 项理化、3 项重金属、3 项农药残留、6 项兽药残留和 4 项微生物共计 5 大类，18 项指标；GB 2707—2016 规定的检验指标有 1 项理化、1 项重金属、7 项农残，共计 3 大类，9 项指标。（其中挥发性盐基氮与 GB 16869—2005 重复）

[塔吉克斯坦标准] GOST 21784—1976 规定的检验指标有：有毒成分、黄曲霉毒素 B_1、激素试剂、农药残留和亚硝胺等合适 5 大类。除黄曲霉毒素 B_1 和亚硝胺外，其他检验项目的具体名称未在该标准中详细列出，需参阅相关标准方能确定。

26.5.7 检验方法列示差异

[中国标准] GB 16869—2005 中详细列示了感官、产品中心温度和有机磷农药残留量的具体检验方法。其他理化、卫生、微生物指标，仅列出检验方法标准编号；GB 2707—2016 将检验方法的标准编号列表显示。

[塔吉克斯坦标准] GOST 21784—1976 中仅列出检验方法标准编号。

26.5.8 检验规则和验收规范差异

[中国标准] GB 16869—2005 中分别对检验分类、组批、抽样、试样抽取程序和检验程序、试样抽取方法和判定规则与复检进行了详细的描述；GB 2707—2016 中未对检验规则和验收规则进行描述。

[塔吉克斯坦标准] GOST 21784—1976 中对分批验收、抽样、验收结果不合格处理和检验标准执行等规范进行了描述。

26.5.9 标签、标志、包装、贮存差异

[中国标准] GB 16869—2005 中分别对标签、运输包装标志所依据的标准进行了规定，对包装和贮存要求进行了规定；GB 2707—2016 中未对标签、运输包装标志、包装和贮存要求进行描述。

[塔吉克斯坦标准] GOST 21784—1976 中分别对标签、包装运输进行了详细的描述。按照禽肉种类与年龄列出了胴体肉代号简写，对包装和运输包装所依据的标准进

行了规定，分别按照冷却肉和冷冻肉对贮存温度、空气相对湿度进行了规定，按照禽肉类别对贮存期限进行了列表规定。

　　总体而言，针对禽肉，中国有两个标准，塔吉克斯坦只有一个标准；中国按照状态、色泽等叙述感官，塔吉克斯坦无相关描述；塔吉克斯坦对禽肉分类、质量、肥度、生产要求进行了规定，中国对原料、加工、整修、分割、冻结进行了规定，未对禽肉分类、质量、肥度进行规定；中国两标准检验项目 26 个，涉及 6 大类，塔吉克斯坦涉及 5 大类，检验项目的具体名称未在该标准中详细列示，需参阅相关标准确定，中塔双方对标签、包装、运输、贮存均有规定，各不相同；均有冻禽贮存温度，温度略有不同；塔吉克斯坦有冷却肉贮存温度要求，中国未提及；中国规定昼夜库温要求，塔吉克斯坦未规定；塔吉克斯坦对空气相对湿度有规定，中国未提及；塔吉克斯坦按禽肉类别对贮存期限进行规定，中国未提及。

第 27 章　硝酸盐测定

27.1　标准名称

[中国标准] GB 5009.33—2016《食品安全国家标准　食品中亚硝酸盐与硝酸盐的测定》。

[塔吉克斯坦标准] GOST 8558.2—2016《肉及肉制品　硝酸盐含量测定方法》。

27.2　适用范围的差异

[中国标准] 规定了食品中亚硝酸盐和硝酸盐的测定方法，适用于食品中亚硝酸盐和硝酸盐的测定。

[塔吉克斯坦标准] 适用于所有类型的肉、肉制品、含肉制品以及盐水、腌制混合物，规定了硝酸盐质量分数的测定方法。

中国标准有 3 种方法，包含了所有食品中亚硝酸盐和硝酸盐的测定，塔吉克斯坦标准只有一种方法，只针对肉及肉制品硝酸盐含量测定。

27.3　规范性引用文件清单的差异

[中国标准] 没有规范性引用文件清单，但做出了整体总结性描述，如：除非另有说明，本方法所用试剂均为分析纯，水为 GB/T 6682 规定的一级水。

[塔吉克斯坦标准]

规范性引用以下标准文件：

GOST 12.1.004—1991《劳动安全标准系统　消防安全　总要求》；

GOST 12.1.007—1976《劳动安全标准系统　有害物质　分类与总安全要求》；

GOST 12.1.019—1979《劳动安全标准系统　用电安全　总要求及保护方式分类》；

GOST 12.4.009—1983《劳动安全标准系统　消防设备　基本类型　位置与维护》；

GOST 61—1975《试剂　醋酸　技术规范》；

GOST/OIML R76-1—2011《国家统一测量系统　非自动衡器　第一部分：计量和技术要求试验》；

GOST 1770—1974（ISO 1042：1983、ISO 4788：1980）《实验室玻璃计量容器　量

筒、量杯、烧瓶和试管　总技术规范》；

GOST 3118—1977《试剂　盐酸　技术规范》；

GOST/ISO 3696：2013《实验室分析用水　技术要求与检测方法》；

GOST 3760—1979《试剂　氨水　技术规范》；

GOST 4025—1995《日用绞肉机技术规范》；

GOST 4197—1974《试剂　亚硝酸钠　技术规范》；

GOST 4199—1976《试剂　十水四硼酸钠　技术规范》；

GOST 4207—1975《试剂　三水亚铁氰化钾　技术规范》；

GOST 4217—1977《试剂　硝酸钾　技术规范》；

GOST 4456—1975《试剂　硫酸铬　技术规范》；

GOST/ISO 5725-2：2002《测量方法与测量结果的准确性（正确性与精密度）　第 2 部分：标准测量方法的重复性与再现性测定方法》；

GOST/ISO 5725-6：2002《测量方法与测量结果的准确性（正确性与精密度）　第 6 部分：精度值的实际运用》；

GOST 5823—1978《试剂　二水醋酸锌　技术规范》；

GOST 6709—1972《蒸馏水　技术规范》；

GOST 8756.0—1970《罐头食品　取样与试验的准备工作》；

GOST 9792—1973《肠类制品与猪肉、羊肉、牛肉及其他肉畜、肉禽产品验收规范与取样方法》；

GOST 10652—1973《试剂　乙二酸四乙基二钠（特里龙 B）　技术规范》；

GOST 12026—1976《实验室滤纸　技术规范》；

GOST 20469—1995《日用电动绞肉机　技术规范》；

GOST 25336—1982《实验室玻璃容器与设备　基本参数与尺寸》；

GOST 25794.1—1983《试剂　酸碱滴定液的制备方法》；

GOST 26272—1998《电子机械式石英手表与怀表　总技术规范》；

GOST 26678—1985《日用参数列式压缩式电冰箱与冷冻设备》；

GOST 29169—1991（ISO 648：1977）《实验室玻璃容器　单刻度滴管》；

GOST 29227—1991（ISO 835-1：1981）《实验室玻璃容器　刻度滴管　第一部分：总要求》。

27.4　术语和定义的差异

[中国标准] 没有术语和定义的描述。

[塔吉克斯坦标准] 没有术语和定义的描述。

27.5　技术要求差异

27.5.1　方法原理

[中国标准] 3 种检测方法。

第一法　离子色谱法

试样经沉淀蛋白质、除去脂肪后，采用相应的方法提取和净化，以氢氧化钾溶液为淋洗液，阴离子交换柱分离，电导检测器或紫外检测器检测。以保留时间定性，外标法定量。

第二法　分光光度法

亚硝酸盐采用盐酸萘乙二胺法测定，硝酸盐采用镉柱还原法测定。

试样经沉淀蛋白质、除去脂肪后，在弱酸条件下，亚硝酸盐与对氨基苯磺酸重氮化后，再与盐酸萘乙二胺耦合形成紫红色染料，外标法测得亚硝酸盐含量。采用镉柱将硝酸盐还原成亚硝酸盐，测得亚硝酸盐总量，由测得的亚硝酸盐总量减去试样中亚硝酸盐含量，既得试样中硝酸盐含量。

第三法　蔬菜、水果中硝酸盐的测定　紫外分光光度法

用 pH 9.6～9.7 的氨缓冲液提取样品中硝酸根离子，同时加活性炭去除色素类，加沉淀剂去除蛋白质及其他干扰物质，利用硝酸根离子和亚硝酸根离子在紫外区 219 nm 处具有等吸收波长的特性，测定提取液的吸光度，其测得结果为硝酸盐和亚硝酸盐吸光度的总和，鉴于新鲜蔬菜、水果中亚硝酸盐含量甚微，可忽略不计。测定结果为硝酸盐的吸光度，可从工作曲线上查得相应的质量浓度，计算样品中硝酸盐的含量。

[塔吉克斯坦标准] 方法基于镉柱还原法，先将样品通过还原镉柱使硝酸离子还原成亚硝酸离子，再用光度法测定磺胺类、N-（1-萘）乙二胺盐酸盐与亚硝酸盐发生反应时的显色强度，可测定出亚硝酸离子含量，然后换算成硝酸盐。

27.5.2　仪器和设备、标准物质

[中国标准]

第一法　离子色谱法

（1）仪器和设备：离子色谱仪、食物粉碎机、超声波清洗器、分析天平、离心机、

0.22 μm、水性滤膜针头滤器、净化柱、注射器。（2）标准物质：亚硝酸钠、硝酸盐。

第二法　分光光度法

（1）仪器和设备：天平、组织捣碎机、超声波清洗器、恒温干燥箱、分光光度计、镉柱或镀铜镉柱。（2）标准物质：亚硝酸钠、硝酸盐。

第三法　蔬菜、水果中硝酸盐的测定　紫外分光光度法

（1）仪器和设备。紫外分光光度计、分析天平、组织捣碎机、可调式往返震荡机、pH 计。（2）标准物质：硝酸钾。

［塔吉克斯坦标准］（1）测量装置和辅助设备。机械绞肉机、非自动衡器、冰箱、恒温水浴锅、分光光度计、pH 计、电子机械表、玻璃还原镉柱、实验室滤纸。（2）标准物质：硝酸钾标准溶液，73.25 μg/cm³，亚硝酸钠标准溶液。

27.5.3　精密度、检出限和定量限

［中国标准］

第一法　离子色谱法

（1）精密度：在重复性条件下获得的两次独立测定结果的绝对差值不得超过算术平均值的 10%。（2）检出限和定量限：硝酸盐检出限为 0.4 mg/kg。没有定量限描述。

第二法　分光光度法

（1）精密度：在重复性条件下获得的两次独立测定结果的绝对差值不得超过算术平均值的 10%。（2）检出限和定量限：硝酸盐检出限为液体乳 0.6 mg/kg，乳粉 5 mg/kg，干酪及其他 10 mg/kg。没有定量限描述。

第三法　蔬菜、水果中硝酸盐的测定　紫外分光光度法

（1）精密度：在重复性条件下获得的两次独立测定结果的绝对差值不得超过算术平均值的 10%。（2）检出限和定量限：硝酸盐检出限为 1.2 mg/kg。没有定量限描述。

［塔吉克斯坦标准］（1）精密度：试验方法的精密度根据多个实验室共同试验的结果确定，符合 GOST/ISO 5725-2、GOST/ISO 5725-6 的要求；在置信系数 p=0.95 时，试验方法的计量特性见表 27-1；同一操作者使用同一测量装置及试剂对同一试样进行化验，得出的两个平行测定结果之间的偏差应不超过表 27-1 中规定的重复性（收敛性）极限值 r；两个不同实验室测得的两个结果之间的偏差应不超过表 27-1 中规定的再现性极限值 R；在遵守该标准要求的前提下，置信系数 p=0.95 时测量结果相对误差限度（$\pm\delta$）不应超出表 27-1 中的规定值。

表 27-1　度量特征参数的限量值

指数名称	硝酸盐质量分数测量范围 /%	精密度指数		
		相对误差限度 $\pm\delta$/%	重复性（收敛性）极限值 r/%	再现性极限值 R %
硝酸盐质量分数	0.000 75～0.020 00（含）	15	10	25
	0.02～0.07（含）	8	5	10

（2）检出限和定量限：没有检出限和定量限的描述。

27.6　其他差异

[中国标准] 针对所有食品；检测波长为 538 nm；镉柱装置为 U 型管，有镉柱和镀铜镉柱两种。

[塔吉克斯坦标准] 针对所有类型的肉、肉制品、含肉制品，以及盐水、腌制混合物；检测波长为 540 nm±2 nm；镉柱装置为直管镉柱。

第 28 章　脂肪测定

28.1　标准名称

［中国标准］GB 5009.6—2016《食品安全国家标准　食品中脂肪的测定》。

［塔吉克斯坦标准］GOST 23042—1986《肉及肉制品　脂肪的测定方法》。

28.2　适用范围的差异

［中国标准］（1）规定了食品中脂肪含量的测定方法。（2）第一法适用于水果、蔬菜及其制品、粮食及粮食制品、肉及肉制品、蛋及蛋制品、水产及其制品、焙烤食品、糖果等食品中游离态脂肪含量的测定。（3）第二法适用于水果、蔬菜及其制品、粮食及粮食制品、肉及肉制品、蛋及蛋制品、水产及其制品、焙烤食品、糖果等食品中游离态脂肪及结合态脂肪总量的测定。（4）第三法适用于乳及乳制品、婴幼儿配方食品中脂肪的测定。（5）第四法适用于乳及乳制品、婴幼儿配方食品中脂肪的测定。

［塔吉克斯坦标准］适用于肉及肉制品（肉罐头除外），规定了脂肪快速测定法与索氏提取器测定脂肪的方法。

28.3　规范性引用文件清单的差异

［中国标准］没有规范性引用文件清单，但做出了整体总结性描述，如除非另有说明，该方法所用试剂均为分析纯，水为 GB/T 6682 规定的三级水。

［塔吉克斯坦标准］没有规范性引用文件清单。

28.4　术语和定义的差异

［中国标准］没有术语和定义的描述。

［塔吉克斯坦标准］没有术语和定义的描述。

28.5 技术要求差异

28.5.1 方法原理

[中国标准] 4 种检测方法。

第一法 索氏抽提法

脂肪易溶于有机溶剂。试样直接用无水乙醚或石油醚等溶剂抽提后，蒸发除去溶剂，干燥，得到游离态脂肪的含量。

第二法 酸水解法

食品中的结合态脂肪必须用强酸使其游离出来，游离出的脂肪易溶于有机溶剂。试样经盐酸水解后用无水乙醚或石油醚提取，除去溶剂即得游离态和结合态脂肪的总含量。

第三法 碱水解法

用无水乙醚和石油醚抽提样品的碱（氨水）水解液，通过蒸馏或蒸发去除溶剂，测定溶于溶剂中的抽提物的质量。

第四法 盖勃法

在乳中加入硫酸破坏乳胶质性和覆盖在脂肪球上的蛋白质外膜，离心分离脂肪后测量其体积。

[塔吉克斯坦标准] 3 种检测方法。

第一法 使用过滤分离漏斗测定脂肪的方法

使用氯仿与乙醇的混合物，通过过滤分离漏斗提取肉及肉制品中所含的总脂肪。

第二法 使用脂肪提取过滤装置（型号 Я10-ФУС），测定脂肪的方法

用丙酮对试样处理后，使用氯仿，通过脂肪过滤装置提取，肉及肉制品中所含的总脂肪。

第三法 采用索氏提取器测定脂肪的方法

使用己烷或石油醚（沸点 50 ℃～60 ℃），通过索氏提取器提取肉及肉制品中所含的总脂肪。

28.5.2 仪器和设备、标准物质

[中国标准]

第一法 索氏抽提法

（1）仪器和设备：索氏抽提器、恒温水浴锅、分析天平、电热鼓风干燥箱、干燥器、滤纸筒、蒸发皿。（2）标准物质：没有标准物质。

第二法　酸水解法

（1）仪器和设备：恒温水浴锅、电热板、锥形瓶、分析天平、电热鼓风干燥箱。（2）标准物质：没有标准物质。

第三法　碱水解法

（1）仪器和设备：分析天平、离心机、电热鼓风干燥箱、恒温水浴锅、干燥器、抽脂瓶。（2）标准物质：没有标准物质。

第四法　盖勃法

（1）仪器和设备：乳脂离心机、盖勃氏乳脂计、单标乳吸管。（2）标准物质：没有标准物质。

[塔吉克斯坦标准]

第一法　使用过滤分离漏斗测定脂肪的方法

（1）测量装置和辅助设备：日用绞肉机、通用实验室天平、实验室干燥箱、水浴、化学仪器架、金属称量瓶、干燥器、过滤分离漏斗、玻璃接收容器、喷射泵。（2）标准物质：没有标准物质。

第二法　使用脂肪提取过滤装置（型号 Я10-ФУС），测定脂肪的方法

（1）测量装置和辅助设备：日用绞肉机、通用实验室天平、通用型摇晃装置、脂肪提取过滤装置。（2）标准物质：没有标准物质。

第三法　采用索氏提取器测定脂肪的方法

（1）测量装置和辅助设备：索氏提取器、绞肉机、天平、全封闭电热圈的电热板。（2）标准物质：没有标准物质。

28.5.3　精密度、检出限和定量限

[中国标准]

第一法　索氏抽提法

（1）精密度：在重复性条件下获得的两次独立测定结果的绝对差值不得超过算数平均值的10%。（2）检出限和定量限：没有检出限和定量限的描述。

第二法　酸水解法

（1）精密度：在重复性条件下获得的两次独立测定结果的绝对差值不得超过算数平均值的10%。（2）检出限和定量限：没有检出限和定量限的描述。

第三法　碱水解法

（1）精密度：当样品中脂肪含量≥15% 时，两次独立测定结果之差≤0.3 g/100 g；当样品中脂肪含量在 5%～15% 时，两次独立测定结果之差≤0.2 g/100 g；当样品中脂

肪含量≤5% 时，两次独立测定结果之差≤0.1 g/100 g。（2）检出限和定量限：没有检出限和定量限的描述。

第四法　盖勃法

（1）精密度：在重复性条件下获得的两次独立测定结果的绝对差值不得超过算数平均值的 5%。（2）检出限和定量限：没有检出限和定量限的描述。

[塔吉克斯坦标准]

（1）精密度：规定的计算结果误差应在 ±0.1% 范围内。（2）检出限和定量限：没有检出限和定量限的描述。

28.6　其他差异

[中国标准] 有 4 种检测方法，针对包含了水果、蔬菜及其制品、粮食及粮食制品、肉及肉制品、蛋及蛋制品、水产及其制品、焙烤食品、糖果等食品中游离态脂肪及结合态脂肪总量的测定，以及乳及乳制品、婴幼儿配方食品中脂肪的测定。

[塔吉克斯坦标准] 有 3 种检测方法，只针对肉及肉制品脂肪（肉罐头除外）含量测定。

第 29 章　金黄色葡萄球菌的检测

29.1　标准名称

[中国标准]

GB 4789.10—2016《食品安全国家标准　食品微生物学检验金黄色葡萄球菌检验》；

SN/T 1869—2007《食品中多种致病菌快速检测方法　PCR 法》。

[塔吉克斯坦标准] GOST 7702.2.4—1993《禽肉及其副食品、半成品　金黄色葡萄球菌的检测方法与数量测定方法》。

29.2　适用范围的差异

[中国标准]（1）GB 4789.10—2016 规定了食品中金黄色葡萄球菌（*Staphylococcus aureus*）的检验方法。第一法适用于食品中金黄色葡萄球菌的定性检验；第二法适用于金黄色葡萄球菌含量较高的食品中金黄色葡萄球菌的计数；第三法适用于金黄色葡萄球菌含量较低的食品中金黄色葡萄球菌的计数。（2）SN/T 1869—2007 规定了用普通 PCR 技术快速检测食品中沙门氏菌、志贺氏菌、金黄色葡萄球菌、小肠结肠炎耶尔森氏菌、单核细胞增生李斯特氏菌、空肠弯曲菌、肠出血性大肠埃希氏菌 O157 ：H7、副溶血性弧菌、霍乱弧菌和创伤弧菌的方法。该标准适用于食品中沙门氏菌、志贺氏菌、金黄色葡萄球菌、小肠结肠炎耶尔森氏菌、单核细胞增生李斯特氏菌、空肠弯曲菌、肠出血性大肠埃希氏菌 O157 ：H7、副溶血性弧菌、霍乱弧菌和创伤弧菌的检验。

[塔吉克斯坦标准]（1）适用于开膛禽肉，半开膛禽肉，带全套内脏、颈部及其他剖割部位的开膛禽肉，剔骨禽肉，粉碎禽肉，禽类的副食品与半成品。（2）规定了金黄色葡萄球菌的检测方法与数量测定方法。

29.3　规范性引用文件清单的差异

[中国标准]

GB 4789.10—2016 没有规范性引用文件清单。

SN/T 1869—2007 规范性引用文件有：

GB/T 4789.4《食品微生物学检验　沙门氏菌检验》；

GB/T 4789.5《食品微生物学检验　志贺氏菌检验》；

CB/T 4789.6《食品微生物学检验　致泻大肠埃希氏菌检验》；

GB/T 4789.7《食品微生物学检验　副溶血性弧菌检验》；

GB/T 4789.8《食品微生物学检验　小肠结肠炎耶尔森氏菌检验》；

GB/T 4789.9《食品微生物学检验　空肠弯曲菌检验》；

GB/T 4789.10《食品微生物学检验　金黄色葡萄球菌检验》；

GB/T 4789.30《食品微生物学检验　单核细胞增生李斯特氏菌检验》；

GB/T 6682《分析实验室用水规格和试验方法》；

GB 19489《实验室　生物安全通用要求》；

SN 0170《出口食品中沙门氏菌检验方法》；

SN 0172《出口食品中金黄色葡萄球菌检验方法》；

SN 0173《出口食品副溶血性弧菌检验方法》；

SN 0174《出口食品中小肠结肠炎耶尔森氏菌检验方法》；

SN 0175《出口食品中空肠弯曲菌检验方法》；

SN 0184《出口食品中单核细胞增生李斯特氏菌检验方法》；

SN/T 0973《进出口肉及肉制品中肠出血性大肠杆菌 O157：H7 检验方法》；

SN/T 1022《出口食品中霍乱弧菌检验方法》；

WS/T 230《临床诊断中聚合酶链反应（PCR）技术的应用》；

ISO 6579《微生物学——沙门氏菌检验方法指南》；

ISO 11290-1《食品和动物饲料微生物学——单核细胞增生李斯特氏菌定性和定量检测方法　第 1 部分：定性检测方法》；

ISO 16654《食品和动物饲料微生物学—大肠杆菌 O157 检测方法》；

NMKL No.156《北欧食品协会　食品中致病性弧菌定性和定量检测方法》；

FDA/BAM Chapter 5《美国食品药品管理局　微生物学分析手册　第 2 章　沙门氏菌》；

FDA/BAM Chapter 9《美国食品药品管理局　微生物学分析手册　第 9 章　弧菌》；

FDA/BAM Chapter 10《美国食品药品管理局　微生物学分析手册　食品中单核细胞增生李斯特氏菌定性和定量检测方法》；

USDA/FSIS MLG4C.01《美国农业部食品安全检验局　生肉、畜胴体擦拭样品、整鸡淋洗液、即食食品、禽肉制品和巴氏蛋制品中沙门氏菌 BAX-PCR 筛选方法》；

USDA/PSIS MLG 8A.01《美国农业部食品安全检验局　单核细胞增生李斯特氏菌 BAX 筛选方法》。

［塔吉克斯坦标准］没有规范性引用文件清单。

29.4　术语和定义的差异

［中国标准］没有术语和定义的描述。

［塔吉克斯坦标准］没有术语和定义的描述。

29.5　技术要求差异

29.5.1　检验程序

［中国标准］GB 4789.10—2016 包含 3 种检测方法。

第一法　金黄色葡萄球菌定性检验（如图 29-1 所示）

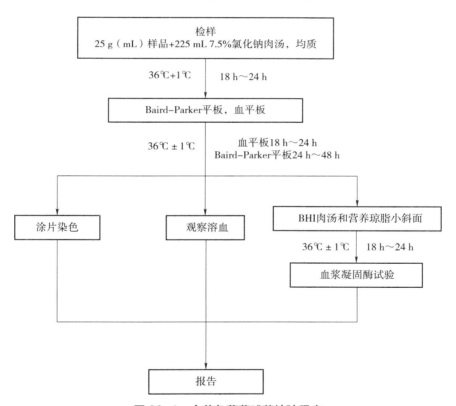

图 29-1　金黄色葡萄球菌检验程序

第二法　金黄色葡萄球菌平板计数法（如图 29-2 所示）

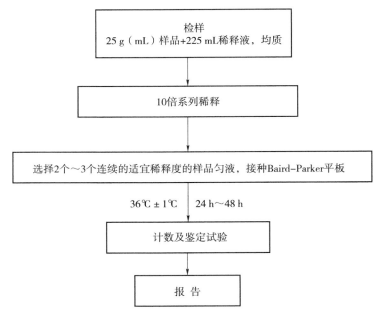

图 29-2　金黄色葡萄球菌平板计数法检验程序

第三法　金黄色葡萄球菌 MPN 计数（如图 29-3 所示）

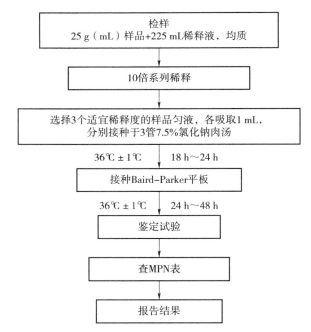

图 29-3　金黄色葡萄球菌 MPN 法检程序

SN/T 1869—2007 标准：普通 PCR 法（如图 29-4 所示）。

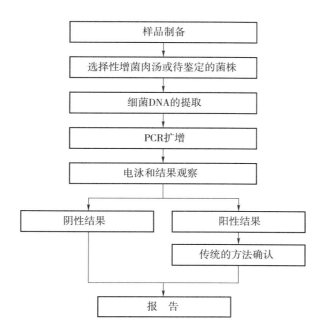

图 29-4　PCR 检测致病菌程序图

[塔吉克斯坦标准] 将定量食品，或其表面冲洗液，或其稀释液，放置在高盐的选择性培养基上进行培养，或加入氯化锂，根据家兔的血浆凝集反应确定生成的微生物对于金黄色葡萄球菌的依附性。

29.5.2　仪器和设备、标准菌株

[中国标准]

GB 4789.10—2016 仪器和设备：恒温培养箱、冰箱、恒温水浴箱、天平、均质器、振荡器、无菌吸管、无菌锥形瓶、无菌培养皿、涂布棒、pH 计或 pH 比色管或精密 pH 试纸。标准菌株：金黄色葡萄球菌。

SN/T 1869—2007 仪器和设备：PCR 仪、电泳装置、凝胶分析成像系统、PCR 超净工作台、高速台式离心机、微量可调移液器。标准菌株：金黄色葡萄球菌。

[塔吉克斯坦标准]（1）测量装置和辅助设备：没有仪器设备的描述。（2）标准菌株：金黄色葡萄球菌。

29.6　其他差异

中国标准有 3 种方法，几乎包含了所有食品，塔吉克斯坦两种方法都只针对禽肉及禽类的副食品、半成品。

塔吉克斯坦标准的主要方法和我国的 GB 4789.10—2016 中原理是基本一致的，仅有的区别在于样品处理方法，但是中国国标中结果计算方法和塔吉克斯坦标准中的计算方法不同。

第 30 章　鲜、冻四分体牛肉产品

30.1　标准名称

[中国标准] GB/T 9960—2008《鲜、冻四分体牛肉》。

[塔吉克斯坦标准] GOST 12512—1967《出口四分体冷冻牛肉　技术规范》。

30.2　适用范围的差异

[中国标准]（1）规定了鲜、冻四分体牛肉的相关术语和定义、技术要求、检验方法和检验规则、标志、贮存和运输。（2）适用于健康活牛经屠宰加工、冷加工后，用于供应市场销售、肉制品及罐头原料的鲜、冻四分体牛肉。

[塔吉克斯坦标准] 适用于出口的四分体冷冻牛肉。

30.3　规范性引用文件清单的差异

[中国标准]

规范性引用文件有：

GB 2707《鲜（冻）畜肉卫生标准》；

GB 2763《食品中农药最大残留限量》；

GB/T 4789.2《食品卫生微生物学检验　菌落总数测定》；

GB/T 4789.3《食品卫生微生物学检验　大肠菌群测定》；

GB/T 4789.4《食品卫生微生物学检验　沙门氏菌检验》；

GB/T 4789.6《食品卫生微生物学检验　致泻大肠埃希氏菌检验》；

GB/T 5009.11《食品中总砷及无机砷的测定》；

GB/T 5009.12《食品中铅的测定》；

GB/T 5009.15《食品中镉的测定》；

GB/T 5009.17《食品中总汞及有机汞的测定》；

GB/T 5009.44《肉与肉制品卫生标准的分析方法》；

GB 12694《肉类加工厂卫生规范》；

GB 18393《牛羊屠宰产品品质检验规程》；

GB 18394《畜禽肉水分限量》;

GB 18406.3《农产品安全质量　无公害畜禽肉安全要求》;

GB/T 19477《牛屠宰操作规程》;

NY/T 676《牛肉质量分级》;

JJF 1070《定量包装商品净含量计量检验规则》;

定量包装商品计量监督管理办法（国家质量监督检验检疫总局〔2005〕第75号令）

动物性食品中兽药最高残留限量（中华人民共和国农业部公告〔2002〕第235号）

［塔吉克斯坦标准］

详细列举实验中所涉及的所有规范性引用标准。

GOST 6309—1993《缝纫用棉线和合成线　技术条件》;

GOST 26930—1986《原料与食品　砷的测定方法》;

GOST 7269—2015《肉类　产品取样方法与肉质新鲜度感官鉴定方法》;

GOST 26932—1986《原料与食品　铅的测定方法》;

GOST 14192—1996《商品标签》;

GOST 26933—1986《原料与食品　镉的测定方法》;

GOST 19496—1993《肉　组织学分析法》;

GOST 28498—1990《玻璃液体温度计总技术要求测定方法》;

GOST 21237—1975《肉　细菌分析法》;

GOST 29298—2005《棉及混纺的日用织物　一般技术条件》;

GOST 23392—1978《肉　新鲜度化学和显微镜检查法》;

GOST 26927—1986《食品和原料　汞测定法》。

30.4　术语和定义的差异

［中国标准］GB/T 9960—2008 涉及以下术语和定义。（1）成熟：牛屠宰后，胴体在 0 ℃～4 ℃环境下吊挂存放，肉的 pH 回升，嫩度和风味改善的过程。（2）冷却：在 0 ℃～4 ℃的环境下，36 h 内将肉块中心温度冷却至 7 ℃以下的工艺过程。（3）冻结：肉块冷却后，在 -28 ℃以下 48 h 内使中心温度降至 -18 ℃以下的工艺过程。（4）二分体牛肉：将屠宰加工后的整只牛胴体沿脊椎中线纵向锯（劈）成二分体的牛肉。（5）四分体牛肉：将屠宰加工后的整只牛胴体先沿脊椎中线纵向锯（劈）成二分体，再将两分体横向截成四分体的牛肉。

[塔吉克斯坦标准] 无术语和定义的描述。

30.5　技术要求差异

30.5.1　方法原理

[中国标准] GB/T 9960—2008 中对原料、冷加工的技术要求进行了描述，分别对组织状态、色泽、黏性、气味、煮沸后肉汤等项目进行了描述。

[塔吉克斯坦标准] GOST 12512—1967 限定出口年龄，对肥度进行分类，有验收规范，对生产工艺、肥度特性进行了规定。

30.5.2　理化、卫生和微生物指标差异

[中国标准] 鲜、冻四分体片肉理化指标应符合 GB 2707 的规定，肉类加工过程卫生应符合 GB 12694 的规定，菌落总数按 GB/T 4789.2 检验，大肠菌群按 GB/T 4789.3 检验，沙门氏菌按 GB/T 4789.4 检验，致泻大肠埃希氏菌按 GB/T 4789.6 检验。

[塔吉克斯坦标准] GOST 12512—1967 规定的检验指标有：微毒素、抗生素、激素、农残和亚硝胺等 5 大类。

30.5.3　检验方法列示差异

[中国标准] 详细列出了感官的具体检验方法，其他理化、卫生、微生物指标，仅列出检验方法标准号。

[塔吉克斯坦标准] 仅列出检验方法标准号。

30.5.4　检验规则和验收规范差异

[中国标准] 分别对检验分类、组批、抽样、试样抽取程序和检验程序、试样抽取方法和判定规则与复检，进行了详细的描述，未对检验规则和验收规则进行描述。

[塔吉克斯坦标准] 对分批验收、抽样、验收结果不合格处理和检验标准执行等规范进行了描述。

30.5.5　标签、标志、包装、贮存差异

[中国标准] 分别对标签、运输包装标志所依据的标准进行了规定，对包装和贮存要求进行了规定，未对标签、运输包装标志、包装和贮存要求进行描述。

[塔吉克斯坦标准] 分别对标签、包装运输进行了详细的描述。

第31章 奶及奶制品中双歧杆菌测定方法

31.1 标准名称

[中国标准]

GB 4789.18—2010《食品安全国家标准 食品微生物学检验 乳与乳制品》；

GB 4789.34—2016《食品安全国家标准 食品微生物学检验 双歧杆菌检验》。

[塔吉克斯坦标准] GOST 33924—2016《奶及奶制品 双歧杆菌的测定方法》。

31.2 适用范围的差异

[中国标准]（1）GB 4789.18—2010 适用于乳与乳制品的微生物学检验；
（2）GB 4789.34—2016 规定了双歧杆菌（*Bifidobacterium*）的鉴定及计数方法。该
标准适用于双歧杆菌纯菌菌种的鉴定及计数，食品中仅含有单一双歧杆菌的菌种鉴
定，食品中仅含有双歧杆菌属的计数，即食品中可包含一个或多个不同的双歧杆菌
菌种。

[塔吉克斯坦标准] 适用于奶及奶制品，确定了双歧杆菌的选择性技术方法，采用
厌氧培养、37 ℃菌落计数技术。

31.3 规范性引用文件清单的差异

[中国标准] GB 4789.18—2010 和 GB 4789.34—2016 都没有规范性引用文件清单。

[塔吉克斯坦标准]

规范性引用以下标准文件：

GOST/ISO 29981：2013《奶制品 假定双歧杆菌的计算 37 ℃条件下的菌落计
数法》；

GOST 12.1.004—1991《劳动安全标准系统 消防安全 总要求》；

GOST 12.1.005—1988《劳动安全标准系统 工作区域空气的总卫生要求》；

GOST 12.1.007—1976《劳动安全标准系统 有害物质 分类与总安全要求》；

GOST 12.1.019—1979《劳动安全标准系统 用电安全 总要求及保护方式分类》；

GOST 12.4.009—1983《劳动安全标准系统 消防设备 基本类型 位置与维护》；

GOST 12.4.021—1975《劳动安全标准系统 通风系统 总要求》；

GOST 13928—1984《储备奶及凝乳 验收规范、取样方法及分析前的试样准备工作》；

GOST 26809.1—2014《奶及奶制品 验收规范、取样方法及分析前的试样准备工作 第一部分：奶、奶制品和含奶制品》；

GOST 32901—2014《奶及奶加工制品 微生物分析方法》

31.4 术语和定义的差异

[中国标准] 没有术语和定义的描述。

[塔吉克斯坦标准] 涉及以下术语及定义。双歧杆菌：是一种革兰氏阳性、不运动、非孢子形成、过氧化氢酶阴性、细胞呈杆状、一端有时呈分叉状、严格厌氧的细菌属。

31.5 技术要求差异

31.5.1 检验程序

[中国标准] GB 4789.18—2010 中没有检验程序的描述；GB 4789.34—2016 的检验程序如图 31-1 所示。

[塔吉克斯坦标准] 无检验程序内容。

31.5.2 仪器和设备、标准菌株

[中国标准]（1）GB 4789.18—2010 仪器和设备：采样工具、样品容器、温度计、铝箔、封口膜、实验室检验用品。标准菌株：双歧杆菌。（2）GB 4789.34—2016 仪器和设备：实验室常规灭菌及培养设备、恒温培养箱、冰箱、天平、无菌试管、无菌吸管、无菌培养皿。标准菌株：双歧杆菌。

[塔吉克斯坦标准]（1）测量装置和辅助设备：厌氧菌培养器、产气袋、厌氧恒温箱、灭菌器、洗瓶，装有杀菌过滤器。（2）标准菌株：双歧杆菌。

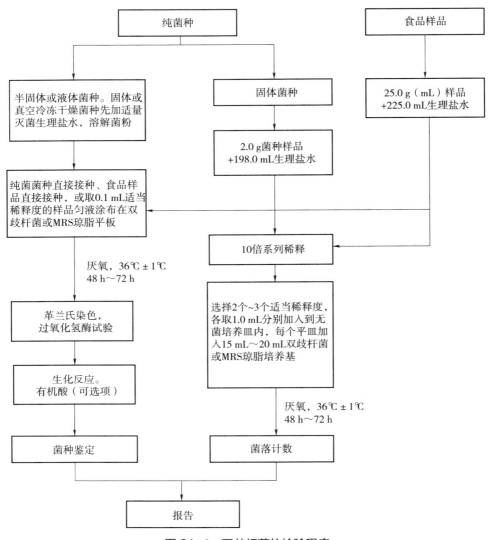

图 31-1 双歧杆菌的检验程序

31.6 其他差异

31.6.1 设备和材料差异

[中国标准]（1）GB 4789.18—2010 中对采样工具、样品容器、其他用品（温度计、铝箔、封口膜、记号笔、采样登记表等）做了具体的要求，常规检验用品按 GB 4789.1 执行，微生物指标菌检验分别按 GB 4789.2、GB 4789.3、GB 4789.15 执行，致病菌检验分别按 GB 4789.4、GB 4789.10、GB 4789.30、GB 4789.40 执行，双歧杆菌和乳酸菌检验分别按 GB/T 4789.34、GB 4789.35 执行，对设备和材料进行了补充。

（2）GB 4789.34—2016 中对除微生物实验室常规灭菌及培养设备外，其他设备和材料如：恒温培养箱的温度、冰箱的温度、天平的感量范围和无菌试管、无菌吸管、无菌培养皿等规格、参数都做了具体的要求和规定。

[塔吉克斯坦标准] GOST 33924—2016 中的测量装置、辅助设备及容器参照 GOST 32901，并补充了器材及具体参数，如：厌氧菌培养器，需维持良好的厌氧环境，含有 10%～20% 二氧化碳，符合本国的现行标准文件要求；产气袋；厌氧恒温箱，需维持温度：（37±1）℃，保证厌氧环境，符合本国的现行标准文件要求；灭菌器，用于过滤灭菌，符合本国的现行标准文件要求；10 cm³ 洗瓶，需装有杀菌过滤器，过滤孔眼尺寸为 0.22 μm，符合本国的现行标准文件要求。并允许使用符合相关要求的一次性容器。

31.6.2　试剂差异性

[中国标准] GB 4789.18—2010 无试剂要求；GB 4789.34—2016 中对除微生物实验室常规灭菌及培养设备外，其他设备和材料如：恒温培养箱的温度、冰箱的温度、天平的感量范围和无菌试管、无菌吸管、无菌培养皿等规格等参数都做了具体的要求和规定。

[塔吉克斯坦标准] GOST 33924—2016 中规定了测量装置、辅助设备、容器及试剂，并根据 GOST 32901 的要求补充了部分器材与试剂，如：双氯青霉素、莫匹罗星、新霉素、培养基 ГМК-1、培养基 MRS、培养基 TOS-MUP、双歧杆菌检测培养基 ОББ、双歧杆菌检测培养基 Блаурокка、氯化锂、L- 半胱氨酸盐酸盐。而且允许使用符合相关要求的一次性容器。

31.6.3　采样方案差异

[中国标准] GB 4789.18—2010 中不仅规定了采样的总体要求，还对生乳、液态乳制品（巴氏杀菌乳、发酵乳、灭菌乳、调制乳等）、半固态乳制品（淡炼乳、加糖炼乳、调制炼乳、稀奶油、奶油、无水奶油等）、固态乳制品（干酪、再制干酪、乳粉、乳清粉、乳糖和酪乳粉等）的采样方案提出了要求；GB 4789.34—2016 中无采样方案的要求。

[塔吉克斯坦标准] 取样与试样准备应符合 GOST 13928、GOST 26809.1 和 GOST 32901 的要求。

第 32 章　李斯特氏菌检测方法

32.1　标准名称

[中国标准]

GB 4789.30—2016《食品安全国家标准　食品微生物学检验　单核细胞增生李斯特氏菌检验》；

GB/T 22429—2008《食品中沙门氏菌、肠出血性大肠埃希氏菌 O157 及单核细胞增生李斯特氏菌的快速筛选检验　酶联免疫法》；

SN/T 0184.3—2008《进出口食品中单核细胞增生李斯特氏菌检测方法　第 3 部分：免疫磁珠法》；

SN/T 0184.4—2022《出口食品中单核细胞增生李斯特菌的检测方法　第 4 部分：肽核酸荧光原位杂交（PNA-FISH）方法》；

SN/T 1869—2007《食品中多种致病菌快速检测方法　PCR 法》；

SN/T 2754.4—2011《出口食品中致病菌环介导恒温扩增（LAMP）检测方法　第 4 部分：单核细胞增生李斯特菌》。

[塔吉克斯坦标准] GOST 7720.2.5—1993《禽肉、副产品及其半成品　李斯特氏菌的检测和数量测定方法》。

32.2　适用范围的差异

[中国标准]（1）GB 4789.30—2016 规定了食品中单核细胞增生李斯特氏菌（*Listeriamonocytogenes*）的检验方法。第一法适用于食品中单核细胞增生李斯特氏菌的定性检验；第二法适用于单核细胞增生李斯特氏菌含量较高的食品中单核细胞增生李斯特氏菌的计数；第三法适用于单核细胞增生李斯特氏菌含量较低（＜100 CFU/g）而杂菌含量较高的食品中单核细胞增生李斯特氏菌的计数，特别是牛奶、水以及含干扰菌落计数的颗粒物质的食品。（2）GB/T 22429—2008 规定了食品中沙门氏菌、肠出血性大肠埃希氏菌 O157 及单核细胞增生李斯特氏菌的快速筛选检验酶联免疫法的检测步骤和判断原理，适用于食品中沙门氏菌、肠出血性大肠埃希氏菌 O157 及单核细胞增生李斯特氏菌的定性检验。（3）SN/T 0184.3—2008 规定了进出口食品中单核细胞增生李

斯特氏菌取样、制样和免疫磁珠检测方法，适用于进出口食品中单核细胞增生李斯特氏菌的检验。（4）SN/T 0184.4—2022 规定了食品中李斯特氏菌的胶体金检测方法，适用于进出口食品中李斯特氏菌的快速筛选检测。（5）SN/T 1869—2007 规定了用普通PCR 技术快速检测食品中沙门氏菌、志贺氏菌、金黄色葡萄球菌、小肠结肠炎耶尔森氏菌、单核细胞增生李斯特氏菌、空肠弯曲菌、肠出血性大肠埃希氏菌 O157 ： H7、副溶血性弧菌、霍乱弧菌和创伤弧菌。第二法用 BAX 全自动致病菌 PCR 检测方法，包括食品中沙门氏菌、单核细胞增生李斯特氏菌、适用于食品中沙门氏菌、志贺氏菌、金黄色葡萄球菌、小肠结肠炎耶尔森氏菌、单核细胞增生李斯特氏菌、空肠弯曲菌、肠出血性大肠埃希氏菌 O157 ： H7、副溶血性弧菌、霍乱弧菌和创伤弧菌的检验。（6）SN/T 2754.4—2011 规定了检测出口食品中单核细胞增生李斯特氏菌的环介导恒温核酸扩增（LAMP）法，适用于出口食品中单核细胞增生李斯特氏菌的筛选检测。

　　[塔吉克斯坦标准]（1）适用于销售及工业加工的以下产品：禽肉，全开膛胴体肉，半开膛胴体肉，带全套内脏、脖颈的全开膛胴体肉，切块禽肉，剔骨肉，绞碎肉。（2）禽类副产品和半成品标准中规定了李斯特氏菌的检测和数量测定方法。

32.3　规范性引用文件清单的差异

　　[中国标准]

　　GB 4789.30—2016 没有规范性引用文件清单。

　　GB/T 22429—2008 规范性引用文件有：

　　GB/T 4789.4《食品卫生微生物学检验　沙门氏菌检验》；

　　GB/T 4789.6《食品卫生微生物学检验　致泻大肠埃希氏菌检验》；

　　GB/T 4789.28—2003《食品卫生微生物学检验　染色法、培养基和试剂》；

　　GB/T 4789.30《食品卫生微生物学检验　单核细胞增生李斯特氏菌检验》；

　　GB 4789.30—2016《食品微生物学检验单核细胞增生李斯特氏菌检验》。

　　SN/T 0184.3—2010 规范性引用文件有：

　　GB 19489《实验室生物安全通用要求》；

　　SN/T 0184.1《进出口食品中单核细胞增生李斯特氏菌检验方法》。

　　SN/T 0184.4—2022 规范性引用文件有：

　　GB/T 6682《分析实验室用水规格和试验方法》；

　　GB 19489《实验室　生物安全通用要求》；

　　SN/T 0184.1《进出口食品中单核细胞增生李斯特氏菌检测方法》。

　　SN/T 1869—2007 规范性引用文件有：

GB/T 4789.4《食品微生物学检验　沙门氏菌检验》；

GB/T 4789.5《食品微生物学检验　志贺氏菌检验》；

GB/T 4789.6《食品微生物学检验　致泻大肠埃希氏菌检验》；

GB/T 4789.7《食品微生物学检验　副溶血性弧菌检验》；

GB/T 4789.8《食品微生物学检验　小肠结肠炎耶尔森氏菌检验》；

GB/T 4789.9《食品微生物学检验　空肠弯曲菌检验》；

GB/T 4789.10《食品微生物学检验　金黄色葡萄球菌检验》；

GB/T 4789.30《食品微生物学检验　单核细胞增生李斯特氏菌检验》；

GB/T 6682《分析实验室用水规格和试验方法》；

GB 19489《实验室　生物安全通用要求》；

SN 0170《出口食品中沙门氏菌检验方法》；

SN 0172《出口食品中金黄色葡萄球菌检验方法》；

SN 0173《出口食品副溶血性弧菌检验方法》；

SN 0174《出口食品中小肠结肠炎耶尔森氏菌检验方法》；

SN 0175《出口食品中空肠弯曲菌检验方法》；

SN 0184《出口食品中单核细胞增生李斯特氏菌检验方法》；

SN/T 0973《进出口肉及肉制品中肠出血性大肠杆菌 O157：H7 检验方法》；

SN/T 1022《出口食品中霍乱弧菌检验方法》；

WS/T 230《临床诊断中聚合酶链反应（PCR）技术的应用》；

ISO 6579《微生物学——沙门氏菌检验方法指南》；

ISO 11290-1《食品和动物饲料微生物学——单核细胞增生李斯特氏菌定性和定量检测方法　第 1 部分：定性检测方法》；

ISO 16654《食品和动物饲料微生物学—大肠杆菌 O157 程测方法》；

NMKL No.156《北欧食品协会　食品中致病性弧菌定性和定量检测方法》；

FDA/BAM Chapter 5《美国食品药品管理局　微生物学分析手册　第 2 章沙门氏菌》；

FDA/BAM Chapter 9《美国食品药品管理局　微生物学分析手册　第 9 章弧菌》；

FDA/BAM Chapter 10《美国食品药品管理局　微生物学分析手册　食品中单核细胞增生李斯特氏菌定性和定量检测方法》；

USDA/FSIS MLG4C.01《美国农业部食品安全检验局　生肉、畜胴体擦拭样品、整鸡淋洗液、即食食品、禽肉制品和巴氏蛋制品中沙门氏菌 BAX-PCR 筛选方法》；

USDA/PSIS MLG 8A.01《美国农业部食品安全检验局　单核细胞增生李斯特氏菌

BAX 筛选方法》；

SN/T 2754.4—2011 规范性引用文件有：

GB 4789.30—2010《食品安全国家标准　食品微生物学检验　单核细胞增生李斯特氏菌检验》；

GB/T 6682《分析实验室用水规格和试验方法》；

GB 19489《实验室　生物安全通用要求》；

GB/T 27403—2008《实验室质量控制规范　食品分子生物学检测》。

[塔吉克斯坦标准]

规范性引用以下标准：

GOST 7702.0—1974《禽肉　取样方法　感官法鉴别质量》；

GOST 7702.1—1974《禽肉　肉质新鲜度化学分析及显微镜分析法》；

GOST 23481—1979《禽肉　组织学分析法》；

GOST 28825—1990《禽肉　验收》；

GOST 7702.2.0—1995/GOST R 50396.0—92《禽肉、禽类副产品和半成品　取样方法与微生物研究的准备工作》；

GOST 7702.2.1—1995/GOST R 50396.1—92《禽肉、禽类副产品和半成品　嗜中温需氧及兼性厌氧微生物数量测定方法》；

GOST 7702.2.5—1993《禽肉、禽类副产品和半成品　李斯特氏菌检测及数量测定方法》。

32.4　术语和定义的差异

[中国标准] 没有术语和定义的描述。

[塔吉克斯坦标准] 没有术语和定义的描述。

32.5　技术要求差异

32.5.1　检验程序

[中国标准]

GB 4789.30—2016 有 3 种检测方法。

第一法　单核细胞增生李斯特氏菌定性检验

单核细胞增生李斯特氏菌定性检验程序如图 32-1 所示。

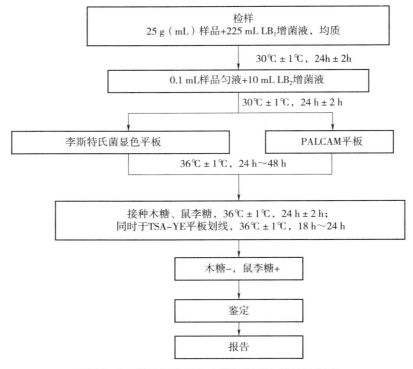

图 32-1 单核细胞增生李斯特氏菌定性检验程序

第二法 单核细胞增生李斯特氏菌平板计数法

单核细胞增生李斯特氏平板计数程序如图 32-2 所示。

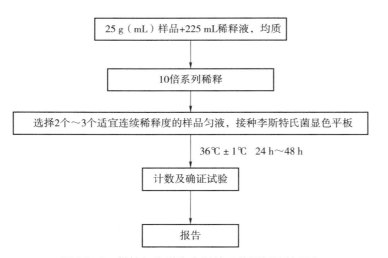

图 32-2 单核细胞增生李斯特氏菌平板计数程序

第三法 单核细胞增生李斯特氏菌 MPN 计数法

单核细胞增生李斯特氏菌 MPN 计数法检验程序如图 32-3 所示。

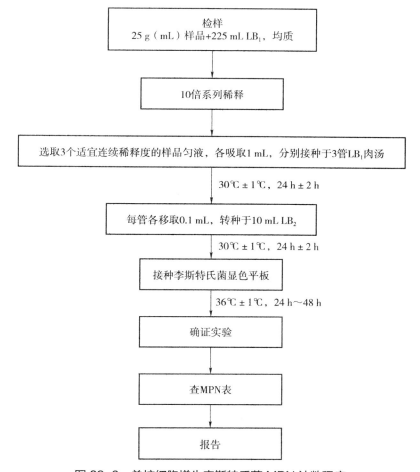

图 32-3　单核细胞增生李斯特氏菌 MPN 计数程序

　　GB/T 22429—2008 检验程序如下。样品作增菌处理，增菌液经加热处理后移入包被特异性抗体（一抗）的固相容器中，使目标菌与一抗结合，洗去未结合的其他成分；加入特异性酶标抗体（二抗），再次洗去未结合的其他成分；加入特定底物与之反应，生成荧光化合物或有色化合物，通过检测荧光强度或吸光度，与参照值比较，得出检验结果。

　　SN/T 0184.3—2010 检验程序如下。将直径 0.05 μm～4 μm 具有磁性的微珠的表面化学修饰，并与李斯特氏菌特异性抗体结合，制成免疫磁珠，它能与食品中李斯特氏菌抗原结合，从而检出食品中的李斯特氏菌。样品经 24 h～48 h 增菌后，分别取 1 mL 增菌液和 20 μL 免疫磁珠加入带盖塑料管中，在磁板背景下混合，如果有李斯特氏菌抗原存在，免疫磁珠就会将其捕获，然后利用磁性将免疫磁珠聚集，经清洗后接种到显色培养基和任选一种培养基（OXA 或 PALCAM 琼脂），对于选择性分离平板上典型李斯特氏菌菌落进行确认，最终通过系列试验确定是否存在单核细胞增生李斯特氏菌。

SN/T 0184.4—2022 检验程序如下。该标准采用胶体金免疫分析技术，将氯金酸用还原法制成一定直径的金溶胶颗粒，标记李斯特氏菌抗体。以硝酸纤维素膜为载体，膜上含有被事先固定于膜上检测带的抗李斯特氏菌的抗体和质控带的抗体。检测时，将处理好的样品加到试纸条的加样孔中，样品在毛细作用下向试纸条的另一端移动，此过程中样品中的李斯特氏菌先与胶体金形成复合物，再与抗体固定在膜上的抗体特异性结合，并被其截获而显现红色。

SN/T 1869—2007 2 种检测方法。

第一法　普通 PCR 法

普通 PCR 方法检验程序如图 32-4 所示。

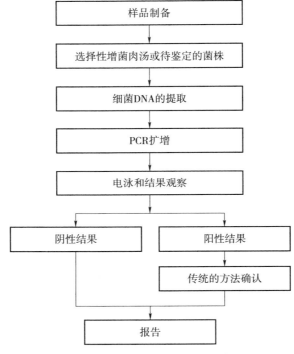

图 32-4　PCR 检测致病菌程序图

第二法　BAX 全自动致病菌 PCR 检测方法

按照 BAX 用户指导书来准备试剂，进行检测和读取结果如图 32-5 所示。

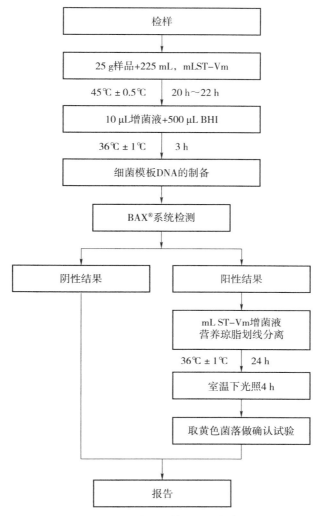

图 32-5　BAX 阪崎肠杆菌 PCR 方法检测程序

　　BAX 全自动致病菌检测系统是应用 PCR 技术检测食品中的致病菌的自动方法。扩增反应开始，BAX 系统 PCR 片剂中的荧光染料就会与双链 DNA 结合，光照时发出荧光信号。扩增反应后，BAX 系统开始检测，接着自动化的 BAX 系统利用荧光检测来分析 PCR 产物，从而得到阳性或阴性结果。

　　SN/T 2754.4—2011 检验程序如下。食品中单核细胞增生李斯特氏菌 LAMP 检测程序如图 32-6 所示。

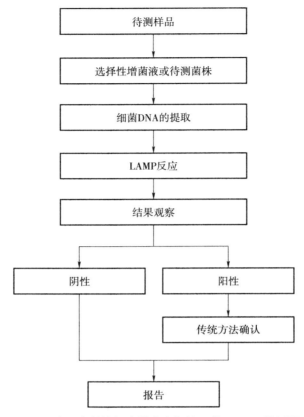

图 32-6　食品中单核细胞增生李斯特氏菌 LAMP 检测程序

[塔吉克斯坦标准] 检测时取一定数量的食品，或其表面冲洗液及其稀释液，在液体培养基中接种，在（37+1）℃条件下温育（24+1）h，根据培养菌形态特性、生物试验以及使用发光血清时李斯特氏菌的发光能力来判断滋生的微生物是否属于李斯特氏菌。

李斯特氏菌的数量测定采用最大可能数法，适用样品：1 g 的样品中少于 150 个李斯特氏菌，但 10 g 的样品中多于 3 个李斯特氏菌；1 cm³ 的样品中少于 15 个李斯特氏菌，但 100 cm³ 样品中多于 3 个李斯特氏菌。

32.5.2　仪器和设备、标准菌株

[中国标准]

GB 4789.30—2016 仪器和设备、标准菌株如下。（1）仪器和设备：实验室常规灭菌及培养设备、冰箱、恒温培养箱、均质器、显微镜、电子天平、锥形瓶、无菌吸管、无菌平皿、无菌试管、离心管、无菌注射器、全自动微生物生化鉴定系统。（2）标准菌株：单核细胞增生李斯特氏菌。

GB/T 22429—2008 仪器和设备、标准菌株如下。（1）仪器和设备：酶联免疫分析仪、冰箱、恒温培养箱、均质器、电子天平、旋涡混合器、恒温水浴锅、灭菌设备。（2）标准菌株：单核细胞增生李斯特氏菌。

SN/T 0184.4—2022 仪器和设备、标准菌株如下。（1）仪器和设备：恒温培养箱、均质器、天平、高压灭菌锅、灭菌吸管、灭菌平皿、灭菌试管、冰箱。（2）标准菌株：单核细胞增生李斯特氏菌。

SN/T 0184.3—2008 仪器和设备、标准菌株如下。（1）仪器和设备：培养箱、水浴锅、微量移液器、刻度移液管、灭菌玻璃器具、灭菌管、抗李斯特氏菌免疫磁珠、旋涡混合器、带有磁架的磁性分离器。（2）标准菌株：单核细胞增生李斯特氏菌。

SN/T 1869—2007 仪器和设备、标准菌株如下。（1）仪器和设备：PCR 仪、电泳装置、凝胶分析成像系统、PCR 超净工作台、高速台式离心机、微量可调移液器、BAX 全自动致病菌检测系统（启动包）。（2）标准菌株：单核细胞增生李斯特氏菌。

SN/T 2754.4—2011 仪器和设备、标准菌株如下。（1）仪器和设备：移液器、高速台式离心机、水浴锅或加热模块、计时器。（2）标准菌株：单核细胞增生李斯特氏菌。

[塔吉克斯坦标准]（1）测量装置和辅助设备：没有仪器设备的描述。（2）标准菌株：单核细胞增生李斯特氏菌。

第 33 章　沙门氏菌检测方法

33.1　标准名称

[中国标准]

GB 4789.4—2016《食品安全国家标准　食品微生物学检验　沙门氏菌检验》；

SN/T 1059.7—2010《进出口食品中沙门氏菌检测方法　实时荧光 PCR 法》；

SN/T 1869—2007《食品中多种致病菌快速检测方法　PCR 法》；

NY/T 550—2002《动物和动物产品沙门氏菌检测方法》。

[塔吉克斯坦标准] GOST 7702.2.3—1993《禽肉、副产品及其半成品　沙门氏菌的检测方法》。

33.2　适用范围的差异

[中国标准]（1）GB 4789.4—2016 规定了食品中沙门氏菌（*Salmonella*）的检验方法，适用于食品中沙门氏菌的检验。（2）SN/T 1059.7—2010 规定了食品中沙门氏菌实时荧光 PCR 检验操作规程，适用于食品中沙门氏菌的检验。（3）SN/T 1869—2007规定了用普通 PCR 技术快速检测食品中沙门氏菌、志贺氏菌、金黄色葡萄球菌、小肠结肠炎耶尔森氏菌、单核细胞增生李斯特氏菌、空肠弯曲菌、肠出血性大肠埃希氏菌 O157 ：H7、副溶血性弧菌、霍乱弧菌和创伤弧菌，用 BAX 全自动致病菌 PCR 检测系统检测食品中沙门氏菌、单核细胞增生李斯特氏菌、空肠弯曲菌、肠出血性大肠埃希氏菌 O157 ：H7 和阪崎肠杆菌的方法。该标准适用于食品中沙门氏菌、志贺氏菌、金黄色葡萄球菌、小肠结肠炎耶尔森氏菌、单核细胞增生李斯特氏菌、空肠弯曲菌、肠出血性大肠埃希氏菌 O157 ：H7、副溶血性弧菌、霍乱弧菌和创伤弧菌的检验。（4）NY/T 550—2002 规定了动物和动物产品沙门氏菌检测方法，适用于动物和动物产品的沙门氏菌检测。

[塔吉克斯坦标准]（1）适用于销售与工业加工的禽肉，包括：全开膛胴体肉，半开膛胴体肉，带全套内脏、脖颈及其他分割部位的全开膛胴体肉，剔骨肉，绞碎肉；禽类副产品与半制品。（2）规定了沙门氏菌的检测方法。

33.3　规范性引用文件清单的差异

[中国标准]

GB 4789.4—2016 没有规范性引用文件清单。

SN/T 1059.7—2010 没有规范性引用文件清单。

SN/T 1869—2007 规范性引用文件有：

GB/T 4789.4《食品微生物学检验　沙门氏菌检验》；

GB/T 4789.5《食品微生物学检验　志贺氏菌检验》；

CB/T 4789.6《食品微生物学检验　致泻大肠埃希氏菌检验》；

GB/T 4789.7《食品微生物学检验　副溶血性弧菌检验》；

GB/T 4789.8《食品微生物学检验　小肠结肠炎耶尔森氏菌检验》；

GB/T 4789.9《食品微生物学检验　空肠弯曲菌检验》；

GB/T 4789.10《食品微生物学检验　金黄色葡萄球菌检验》；

GB/T 4789.30《食品微生物学检验　单核细胞增生李斯特氏菌检验》；

GB/T 6682《分析实验室用水规格和试验方法》；

GB 19489《实验室　生物安全通用要求》；

SN 0170《出口食品中沙门氏菌检验方法》；

SN 0172《出口食品中金黄色葡萄球菌检验方法》；

SN 0173《出口食品副溶血性弧菌检验方法》；

SN 0174《出口食品中小肠结肠炎耶尔森氏菌检验方法》；

SN 0175《出口食品中空肠弯曲菌检验方法》；

SN 0184《出口食品中单核细胞增生李斯特氏菌检验方法》；

SN/T 0973《进出口肉及肉制品中肠出血性大肠杆菌 O157：H7 检验方法》；

SN/T 1022《出口食品中霍乱弧菌检验方法》；

WS/T 230《临床诊断中聚合酶链反应（PCR）技术的应用》；

ISO 6579《微生物学——沙门氏菌检验方法指南》；

ISO 11290-1《食品和动物饲料微生物学——单核细胞增生李斯特氏菌定性和定量检测方法　第 1 部分：定性检测方法》；

ISO 16654《食品和动物饲料微生物学—大肠杆菌 O157 检测方法》；

NMKL No.156《北欧食品协会　食品中致病性弧菌定性和定量检测方法》；

FDA/BAM Chapter 5《美国食品药品管理局　微生物学分析手册　第 2 章沙门氏菌》；

FDA/BAM Chapter 9《美国食品药品管理局　微生物学分析手册　第 9 章弧菌》；

FDA/BAM Chapter 10《美国食品药品管理局　微生物学分析手册　食品中单核细胞增生李斯特氏菌定性和定量检测方法》；

USDA/FSIS MLG4C.01《美国农业部食品安全检验局　生肉、畜胴体擦拭样品、整鸡淋洗液、即食食品、禽肉制品和巴氏蛋制品中沙门氏菌 BAX-PCR 筛选方法》；

USDA/PSIS MLG 8A.01《美国农业部食品安全检验局　单核细胞增生李斯特氏菌 BAX 筛选方法》。

NY/T 550—2002 规范性引用文件有：

GB 4789.4—1994《食品卫生微生物学检验　沙门氏菌检验》；

GB 4789.28—1994《食品卫生微生物学检验　染色法、培养基和试剂》。

［塔吉克斯坦标准］没有规范性引用文件清单。

33.4　术语和定义的差异

［中国标准］没有术语和定义的描述。

［塔吉克斯坦标准］没有术语和定义的描述。

33.5　技术要求差异

33.5.1　检验程序

［中国标准］GB 4789.4—2016 沙门氏菌检验程序如图 33-1 所示。SN/T 1059.7—2010 没有检验程序具体描述。SN/T 1869—2007 标准包含两个方法。

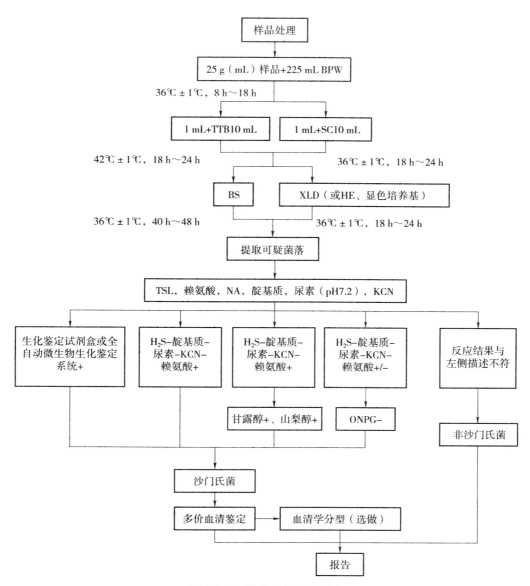

图 33-1 沙门氏菌检验程序

第一法　普通 PCR 法

普通 PCR 方法检测程序如图 33-2 所示。

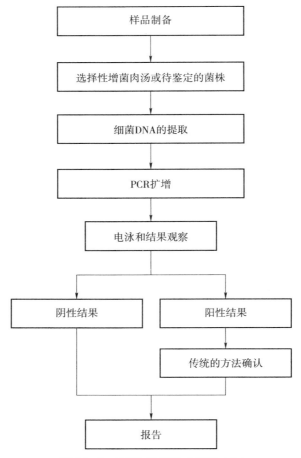

图 33-2　PCR 检测致病菌程序图

第二法　BAX 全自动致病菌 PCR 检测方法

原理：BAX 全自动致病菌检测系统是应用 PCR 技术检测食品中的致病菌的自动方法。扩增反应开始，BAX 系统 PCR 片剂中的荧光染料就会与双链 DNA 结合，光照时发出荧光信号。扩增反应后，BAX 系统开始检测，接着自动化的 BAX 系统利用荧光检测来分析 PCR 产物，从而得到阳性或阴性结果，检测程序如图 33-3 所示。

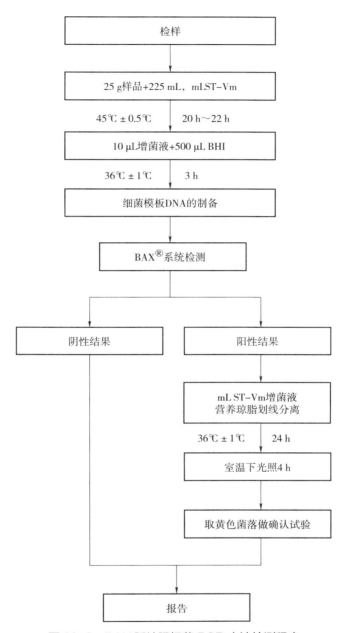

图 33-3　BAX 阪崎肠杆菌 PCR 方法检测程序

NY/T 550—2002 沙门氏菌检测程序如图 33-4 所示。

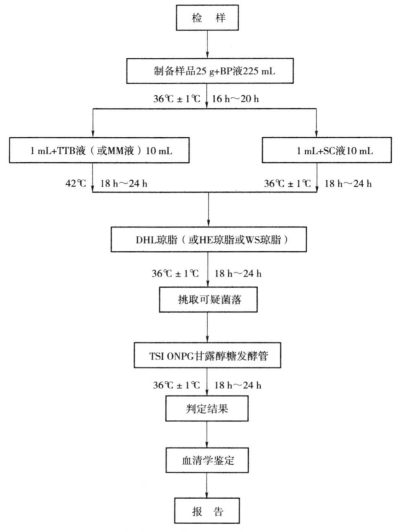

图 33-4　沙门氏菌检测程序

[塔吉克斯坦标准] 该方法原理在于取定量的食品或其表面冲洗液，在选择性或非选择性液体培养基上进行接种，在具有沙门氏菌形态特征及微生物学特征的鉴别培养基上萃取纯净培植物，检查萃取培植物的生化特性，并检验其血清反应。

33.5.2　仪器和设备、标准菌株

[中国标准]

GB 4789.4—2016 仪器和设备：实验室常规灭菌及培养设备、冰箱、恒温培养箱、均质器、振荡器、电子天平、无菌锥形瓶、无菌吸管、无菌培养皿、无菌试管、pH 计或 pH 比色管或精密 pH 试纸、全自动微生物生化鉴定系统、无菌毛细管。标准菌株：

沙门氏菌。

SN/T 1059.7—2010 仪器和设备：荧光定量 PCR 仪、冷冻高速离心机、匀浆器、恒温水浴锅、微量可调加样器、微量加样器吸头、天平、高压灭菌锅、冰箱、PCR 反应管、离心管。标准菌株：沙门氏菌。

SN/T 1869—2007 仪器和设备：PCR 仪、电泳装置、凝胶分析成像系统、PCR 超净工作台、高速台式离心机、微量可调移液器、BAX 全自动致病菌检测系统（启动包）。标准菌株：沙门氏菌。

NY/T 550—2002 仪器和设备：天平、均质器、乳钵、培养箱、广口瓶。标准菌株：沙门氏菌。

[塔吉克斯坦标准]（1）测量装置和辅助设备：没有仪器设备的描述。（2）标准菌株。沙门氏菌。

33.6　其他差异

塔吉克斯坦标准的检测方法与我国的 GB 4789.4—2016 和 NY/T 550—2002 检测原理基本一致，区别在于中国标准和塔吉克斯坦标准的报告方式不同。